高等学校"十一五"规划教材

TMS320LF240x 系列 DSP 原理、开发与应用

(第 2 版)

张毅刚　赵光权
孙　宁　俞　洋　编著

哈尔滨工业大学出版社

内 容 简 介

本书介绍了美国 TI 公司 16 位定点的 TMS320LF240x 系列 DSP 芯片及其应用系统设计。TMS320LF240x 系列芯片是当前世界上集成度最高、性能最强并广泛应用于自动控制、智能仪器仪表、机电一体化、工业自动化等领域的 DSP 芯片。本书主要介绍了 TMS320LF240x 系列芯片的硬件结构、片内各外设部件、应用系统的硬件设计、仿真开发系统的使用,以及如何使用 C 语言、C 语言和汇编语言混合编写应用程序。

本教材可供自动控制、智能仪器仪表、机电一体化、工业自动化专业的硕士研究生、本科生使用,也可供从事上述领域的广大工程技术人员参考。

图书在版编目(CIP)数据

TMS320LF240x 系列 DSP 原理开发与应用/张毅刚等编著.
2 版. —哈尔滨:哈尔滨工业大学出版社,2007.8(2016.6 重印)
ISBN 978-7-5603-2374-9

Ⅰ.T… Ⅱ.张… Ⅲ. 数字信号-信息处理-微处理器
Ⅳ. TN911.72

中国版本图书馆 CIP 数据核字(2007)第 124664 号

策划编辑	王超龙
责任编辑	杨明蕾 唐 蕾
封面设计	卞秉利
出版发行	哈尔滨工业大学出版社
社　　址	哈尔滨市南岗区复华四道街 10 号 邮编 150006
传　　真	0451-86414749
网　　址	http://hitpress.hit.edu.cn
印　　刷	哈尔滨工业大学印刷厂
开　　本	787mm×1092mm 1/16 印张 20.25 字数 487 千字
版　　次	2006 年 8 月第 1 版 2007 年 8 月第 2 版
	2016 年 6 月第 5 次印刷
书　　号	ISBN 978-7-5603-2374-9
定　　价	42.00 元

(如因印装质量问题影响阅读,我社负责调换)

前　言

本书为高等学校"十一五"规划教材。

目前,国内许多大学已经为硕士研究生及本科生开设了有关数字信号处理器(DSP,Digital Signal Processor)应用设计的课程,国内的许多科研机构和企业已经对 DSP 进行了广泛的开发和应用研究,因此迫切需要这方面的技术人才及相应的教材和参考书。

DSP 自 20 世纪 80 年代诞生以来,在短短的时间里得到了飞速发展。由于它既有独特的高速数字信号处理功能,又具有实时性强、低功耗、高集成度等嵌入式微处理器的特点,所以被广泛地应用在通信、图像处理、工业自动化及自动控制、智能仪器仪表、机电一体化、航空、航天、网络及家用电器等各个领域,成为最有发展潜力的技术和产业之一,具有广阔的市场空间。

美国 TI(德克萨斯仪器)公司是当今世界上最大的 DSP 芯片生产厂商,其产品的世界 DSP 市场占有率达 60% 以上。TI 公司于 1982 年推出的 TMS320 系列 DSP 是目前世界上最有影响的主流 DSP 产品。本书介绍的是 TMS320 系列 DSP 的三大主流产品(TMS320C2000 家族、TMS320C5000 家族、TMS320C6000 家族)中 TMS320C2000 家族中的 TMS320LF240x 系列。

TMS320LF240x 系列是 TMS320C2000 家族中最新的、功能强大的 DSP 芯片,其中最具革命性的产品是 TMS320LF2407/LF2407A,它是目前世界上集成度最高、性能最强的用于控制领域的 DSP 芯片。

TMS320LF2407/LF2407A 芯片内集成了 32 K 字闪存、2.5 K 字 RAM、高速双 8 路或单 16 路 10 位模数转换器(ADC)、16 个脉宽调制(PWM)通道、1 个异步串行通信接口 SCI、1 个同步串行外设接口 SPI、1 个 CAN 2.0B 接口模块。本书主要以 TMS320LF2407/LF2407A 为主进行讲解。

全书共分 15 章。第 1 章对 DSP 进行了综述;第 2 章概述了 TMS320C2000 家族中的 TMS320LF240x 系列;第 3 章至第 12 章详细地介绍了 TMS320LF240x 系列的 CPU 内核、片内各外设部件;第 13 章至第 15 章分别介绍了如何进行以 TMS320LF240x 为核心的应用系统开发、硬件系统设计,以及如何使用 C 语言、C 语言和汇编语言混合进行编程。

本书可作为工科院校自动控制、智能仪器仪表、机电一体化、工业自动化专业的本科生、硕士研究生学习 DSP 课程的教材,也可供开发、使用 TMS320LF240x 系列的工程技术人员参考。

本书由哈尔滨工业大学自动化测试与控制研究所张毅刚教授担任主编,并完成了全书的统稿工作。参加编写工作的还有赵光权、孙宁、俞洋诸位教师。此外,哈尔滨工业大学自动化测试与控制研究所刘旺、刘兆庆、马云彤、孟升卫、梁军等各位同志为程序的调试,付出了辛勤的劳动。研究生付鹏飞、郝克成和王骥为本书的插图做了大量的工作。在此,对他们一并表示衷心的感谢。

由于时间紧迫,书中疏漏之处在所难免,敬请读者批评指正。

作者
2006 年 6 月于哈尔滨工业大学

目 录

第 1 章 数字信号处理器(DSP)综述 ·········· 1
 1.1 什么是 DSP ·········· 1
 1.2 DSP 技术的发展及现状 ·········· 1
 1.3 DSP 的应用 ·········· 3
 1.4 DSP 与单片机、嵌入式微处理器的区别 ·········· 4
 1.5 DSP 的基本结构及主要特征 ·········· 5
 1.6 DSP 的分类及主要技术指标 ·········· 6
 1.7 如何选择 DSP ·········· 8

第 2 章 TMS320LF240x 系列 DSP 概述 ·········· 10
 2.1 TI 公司 TMS320 系列 DSP 简介 ·········· 10
 2.2 TMS320LF240x 系列 DSP 简介 ·········· 12

第 3 章 TMS320LF240x 的 CPU 功能模块和时钟模块 ·········· 20
 3.1 CPU 功能模块 ·········· 20
 3.2 锁相环(PLL)时钟模块和低功耗模式 ·········· 25

第 4 章 系统配置和中断模块 ·········· 31
 4.1 系统配置寄存器 ·········· 31
 4.2 中断优先级和中断向量表 ·········· 34
 4.3 外设中断扩展控制器 ·········· 36
 4.4 中断响应的过程 ·········· 39
 4.5 中断响应的等待时间 ·········· 39
 4.6 CPU 的中断寄存器 ·········· 40
 4.7 复位和无效地址检测 ·········· 47
 4.8 外部中断控制寄存器 ·········· 48
 4.9 实现可屏蔽中断的例程 ·········· 49

第 5 章 存储器和 I/O 空间 ·········· 54
 5.1 片内存储器 ·········· 54
 5.2 程序存储器 ·········· 55
 5.3 数据存储器 ·········· 56
 5.4 I/O 空间 ·········· 59
 5.5 外部存储器接口选通信号说明 ·········· 60
 5.6 等待状态发生器 ·········· 60
 5.7 外部存储器接口 ·········· 62

第6章 数字输入输出 I/O ... 64
- 6.1 数字 I/O 寄存器简介 ... 64
- 6.2 I/O 端口复用控制寄存器 ... 65
- 6.3 数据和方向控制寄存器 ... 68
- 6.4 数字 I/O 端口配置实例 ... 73
- 6.5 数字 I/O 的应用实例 ... 76

第7章 事件管理器 ... 81
- 7.1 事件管理器模块概述 ... 81
- 7.2 通用定时器 ... 87
- 7.3 比较单元 ... 103
- 7.4 PWM 电路及 PWM 信号的产生 ... 109
- 7.5 空间向量 PWM ... 117
- 7.6 捕捉单元 ... 121
- 7.7 正交编码器脉冲电路 ... 127
- 7.8 事件管理器中断 ... 129
- 7.9 事件管理器应用举例 ... 139

第8章 模数转换(ADC)模块 ... 145
- 8.1 ADC 模块特性 ... 145
- 8.2 ADC 模块概述 ... 146
- 8.3 ADC 时钟预定标 ... 154
- 8.4 ADC 校准 ... 155
- 8.5 ADC 控制寄存器 ... 156
- 8.6 ADC 转换时间 ... 166
- 8.7 ADC 转换应用实例 ... 167

第9章 串行通信接口 SCI ... 171
- 9.1 概述 ... 171
- 9.2 可编程的数据格式 ... 174
- 9.3 SCI 多处理器通信 ... 175
- 9.4 SCI 通信模式 ... 178
- 9.5 SCI 端口中断 ... 180
- 9.6 SCI 波特率计算 ... 181
- 9.7 SCI 控制寄存器 ... 181

第10章 串行外设接口 SPI ... 191
- 10.1 概述 ... 191
- 10.2 SPI 操作 ... 193
- 10.3 SPI 控制寄存器 ... 200
- 10.4 SPI 示例波形 ... 207

10.5 SPI 应用实例 209

第 11 章 CAN 控制器模块 210
11.1 CAN 总线技术概述 210
11.2 CAN 模块介绍 211
11.3 CAN 控制器的结构和存储器映射 212
11.4 CAN 控制器应用 215

第 12 章 看门狗(WD)定时器 219
12.1 概述 219
12.2 WD 操作 220
12.3 WD 控制寄存器 222

第 13 章 TMS320LF240x 的系统开发 225
13.1 DSP 应用系统的开发过程 225
13.2 DSP 系统的仿真调试工具 227
13.3 DSP 系统开发环境 231
13.4 控制程序开发语言的选择 243

第 14 章 TMS320LF240x 硬件系统设计 245
14.1 DSP 硬件系统设计的一般步骤 245
14.2 3.3 V 和 5 V 混合逻辑系统设计 246
14.3 电源转换电路设计 247
14.4 时钟及复位电路设计 248
14.5 外部数据存储器和程序存储器的扩展 250
14.6 实现片选的基本方法 255
14.7 JTAG 仿真接口设计 257
14.8 总线驱动及 I/O 接口电路扩充设计 257
14.9 DSP 的串行通信接口技术 259
14.10 DSP 与 A/D、D/A 的接口 262

第 15 章 DSP 的 C 语言编程 268
15.1 DSP C 语言简介 268
15.2 DSP C 语言特性 268
15.3 DSP C 语言与汇编语言混合编程 276
15.4 运行支持函数 285
15.5 常用数字信号处理程序设计 286
15.6 闪存程序化 291
15.7 程序设计举例 294

附录 A 运行期支持库及宏列表 301
附录 B 头文件 2407C.H 306
参考文献 314

第1章 数字信号处理器(DSP)综述

1.1 什么是 DSP

DSP 是英文 Digital Signal Processor(数字信号处理器)的缩写。DSP 是指以数字信号来处理大量信息的器件,是一种特别适合于实现各种数字信号处理运算的微处理器,它也是嵌入式微处理器大家庭中的一员。DSP 也可以是英文 Digital Signal Processing(数字信号处理)的缩写。数字信号处理是 20 世纪 60 年代前后发展起来的一门新学科。在过去很长的时间里,由于受集成电路技术和数字化器件发展水平的限制,数字信号处理的学习和应用只限于理论概念的讲授和仿真,所以国内人们常称其为数字信号处理,而较少使用 DSP 一词。

20 世纪 70 年代,随着计算机技术及大规模集成电路技术的发展,数字信号处理的理论、方法和算法得以在数字信号处理器中大量实现,"DSP"一词逐渐流行起来,因此人们常用"DSP"来指通用的数字信号处理器,用"数字信号处理"来指信号的数字化处理的理论及方法,用"DSP 技术"来指和数字信号处理器有关的数字信号处理算法实现技术和理论。

由于 DSP 技术的飞速发展,为数字信号处理的研究及应用打开了新局面,造就了一大批新型电子产品,推动了新的理论和应用领域的发展。由于 DSP 具有丰富的硬件资源、改进的并行结构、高速的数据处理能力和功能强大的指令系统,它已经成为世界半导体产业中紧随微处理器与微控制器(单片机)之后的又一个热点,在通信、航空、航天、机器人、工业自动化、自动控制、网络及家电等各个领域得到了广泛的应用。

1.2 DSP 技术的发展及现状

20 世纪 60 年代初期,数字信号处理的基础理论已经比较成熟,各种应用算法和快速实现方法成为应用研究的重点。尤其是 1965 年 Cooler 和 Tukey 发明了快速傅立叶变换算法(FFT),使傅立叶分析的速度提高了数百倍,从而为数字信号处理的应用奠定了基础。但由于当时的计算机技术和数字电路技术发展水平的限制,计算速度不高,无法进行实时处理,因而 FFT 的应用受到了限制。

20 世纪 70 年代后,由于集成电路技术的发展,使用硬件实现 FFT 和数字滤波的算法成为可能。1978 年,AMI 公司宣布第一个 DSP 问世,但人们一般认为,20 世纪 70 年代后期推出的 Intel2920 才是第一片具有独立结构的 DSP。

进入 20 世纪 80 年代,随着数字信号处理技术和计算机应用范围的扩大,迫切要求提高数字信号处理的实时处理速度,从而推动了 DSP 的发展。1981 年,美国德州仪器(TI)公司研制出了著名的 TMS320 系列的首片低成本、高性能的 DSP——TMS320C10,使 DSP 技术向前跨出了意义重大的一步。

20 世纪 90 年代以后,由于超大规模集成电路(VLSI)技术,以及微处理器技术的迅猛发展,数字信号处理无论在理论上还是在工程应用中,都是发展最快的学科之一,并且日趋完善和成熟。特别是20世纪90年代中期,由于Internet网络的迅猛发展和高清晰度数字电视的研究以及各种网络通信、多媒体技术的普及和应用,极大地刺激了数字信号处理理论,尤其是数字信号处理技术在工程上的实现和推广应用。与此同时,DSP的性能指标不断提高,而价格却在不断下降,因此DSP获得了越来越广泛的应用,目前已经成为不少新兴科技,诸如通信、多媒体系统、消费电子、医用电子等飞速发展的主要推动力。

DSP的发展经历了三个主要阶段,目前已发展到第四代、第五代产品。目前,全球DSP市场中的主要厂商有美国的TI、Motorola、ADI、Zilog等公司。其中TI公司位居榜首,在全球DSP市场的占有率约为60%左右。

尽管当前的DSP技术已达到较高的水平,但在一些实时性要求很高的场合,单片的DSP的处理能力还是不能满足要求。因此,多总线、多流水线和多处理器并行就成为提高系统性能的重要途径之一。许多公司注重在提高单片DSP性能的同时,在结构上为多处理器的并行应用提供方便。例如,TI公司的某型号DSP,设置了6个8 bit的通信口,既可作级联,也可作并行连接,每个口都有DMA能力。ADI公司的SHARC系列DSP为满足多片互联的需要,专门设置有LINK链路口,可无缝连接多达6片DSP,组成一定的拓扑结构的网络,这些都是专门为多处理器应用而设计的。除考虑片外DSP之间的连接设计外,另一种方法就是把DSP内核集成在一个芯片内。如TI公司1995年推出的TMS320C80(又称多媒体视频处理器)内有5个强有力、完全可编程的DSP处理器。

随着DSP的处理速度越来越快,DSP的功耗也随之越来越大。尤其是随着DSP的大量使用,特别是在电池供电的便携式及嵌入式小型或微型设备中的大量使用,都迫切要求DSP在提高工作性能的同时,降低工作电压,减少功耗。为此,各DSP生产厂家积极研制并陆续推出多种低电压、低功耗芯片。例如,TI公司的TMS320VC5416,内核工作电压只有1.5 V,有的DSP设置了多种节能等待状态。总之,低电压和低功耗已成为DSP的重要技术指标之一。

系统芯片的集成即SOC(System on Chip)技术,是下一代DSP产品的主要发展方向之一。芯片技术能降低电子产品成本和体积,就连当代电子学革命之父、2000年诺贝尔物理学奖获得者、美国TI公司的杰克·基尔比也没有想到,他在1959年发明的芯片技术,会将电子产品的成本降低到了百万分之一的地步,体积缩小到令人难以置信的程度。例如,具有电视质量的无线电会议、家庭娱乐设施、电子游戏等。最近,可将8个DSP核(每个具有1亿个晶体管)集成到拇指大的一块芯片上。预计到2010年,可将12个DSP核(每个具有5亿个晶体管)集成到一块芯片上,这相当于将今天的笔记本电脑集成到手表大的体积内。

在DSP芯片向着高性能、高速、低功耗方向发展的同时,数字信号处理理论也在不断地发展。自适应滤波、卡尔曼滤波、同态滤波等理论逐步成熟和应用,各种快速算法,声音与图像的压缩编码、识别与鉴别,加密解密,调制解调,信道辨别与均衡,智能天线,频谱分析等算法都成为研究的热点,并有长足的进步,为各种实时处理的应用,提供了算法基础。

今天,随着全球信息化和Internet网的普及、多媒体技术的广泛应用、尖端技术向民用领域的迅速转移、数字技术大范围进入消费类电子产品等,DSP不断更新换代,价格大幅度下降,各种开发工具日臻完善,DSP已成为最有发展和应用前景的电子器件之一。据国际著名市场调查研究公司Forward Concepts发布的一份统计和预测报告显示,目前世界DSP产品市场每年正以30%的增幅大幅度增长,其增长速度比半导体工业快50倍。

1.3 DSP的应用

自从20世纪70年代末诞生以来,DSP得到飞速发展,其价格越来越低,并已被广泛地应用在各个领域。当今,通信设备和网络、多媒体技术等是DSP的最大的用户。从DSP的一个最典型的应用——手机,可见DSP的应用市场之大。

DSP的主要应用如下。

(1) 数字信号处理运算。快速傅立叶变换(FFT),卷积,数字滤波,自适应滤波,相关,模式匹配,加密等。

(2) 通信。调制解调器,自适应均衡,数据加密,数据压缩,扩频通信,纠错编码,传真,可视电话等。

(3) 网络控制及传输设备。网络功能和性能的不断提高,如视频信箱、交互式电视等,要求更宽、更灵活的传输带宽,实时传输和处理数据的网络控制器、网络服务器和网关都需要DSP的支持。

(4) 语音处理。语音编码,语音合成,语音识别,语音邮件,语音存储等。

(5) 电机和机器人控制。在单片内集成多个DSP处理器,可采用先进的神经网络和模糊逻辑控制等人工智能算法。机器人智能的视觉、听觉和四肢的灵活运动必须有DSP技术支持才能实时实现。

(6) 激光打印机、扫描仪和复印机。DSP不仅仅是控制,还有繁重的数字信号处理任务,如字符识别、图像增强、色彩调整等。

(7) 自动测试诊断设备及智能仪器仪表、虚拟仪器。现代电子系统设备中,有近60%的设备及资金是用于测试设备,自动测试设备集高速数据采集、传输、存储、实时处理于一体,是DSP的又一广阔应用领域。

(8) 图像处理。二维、三维图形处理,图像压缩、传输与增强,动画,机器人视觉,模式识别等。

(9) 军事。保密通信,雷达处理,导航,导弹制导等。如机载空-空导弹,在有限的体积内装有红外探测仪和相应的DSP处理部分,完成目标的自动锁定与跟踪,战斗机上的目视瞄准器和步兵头盔式微光仪,需要DSP完成图像的滤波与增强,智能化目标的搜索、捕获。

(10) 自动控制。机器人控制,磁盘控制,自动驾驶,声控,发动机控制等。

(11) 医疗仪器。助听,诊断工具,超声仪,CT,核磁共振等。

(12) 家用电器。数字电话,数字电视,音乐合成,音调控制,玩具与游戏,高保真音响,数字收音机,数字电视等。

(13) 汽车。防滑刹车,引擎控制,伺服控制,振动分析,安全气囊的控制器,视像地图等。一辆现代的高级轿车上,有30多处电子控制设备上用到了DSP技术。

(14) 多媒体个人数字化产品。数码相机,MP3,掌上电脑,电子辞典,数码录音笔,数码复读机等。

1.4 DSP 与单片机、嵌入式微处理器的区别

DSP、单片机以及嵌入式微处理器虽然都是嵌入式家族的一员，但 DSP 与单片机、嵌入式微处理器的最大区别是能够高速、实时地进行数字信号处理运算。数字信号处理运算的特点是乘/加及反复相乘求和(乘积累加)。为了能快速地进行数字信号处理的运算，DSP 设置了硬件乘法/累加器，能在单个指令周期内完成乘/加运算。为满足 FFT、卷积等数字信号处理的特殊要求，目前 DSP 大多在指令系统中设置了"循环寻址"及"位倒序"寻址指令和其他特殊指令，使得寻址、排序的速度大大提高。DSP 完成 1 024 复点 FFT 的运算，需要的时间仅为微秒量级。

高速数据的传输能力是 DSP 高速实时处理的关键之一。新型的 DSP 设置了单独的 DMA 总线及其控制器，在不影响或基本不影响 DSP 处理速度的情况下，作并行的数据传送，传送速率可达每秒百兆字节。DSP 内部有流水线，它在指令并行、功能单元并行、多总线、时钟频率提高等方面不断创新和改进。因此，DSP 与单片机、嵌入式微处理器相比，在内部功能单元并行、多 DSP 核并行、速度快、功耗小方面尤为突出。

单片机也称微控制器或嵌入式控制器，它是为中、低成本控制领域而设计和开发的。单片机的位控能力强、I/O 接口种类繁多、片内外设和控制功能丰富、价格低、使用方便，但与 DSP 相比，处理速度较慢。DSP 具有的高速并行结构及指令、多总线，单片机却没有。DSP 处理的算法的复杂度和大的数据处理流量更是单片机不可企及的。

嵌入式微处理器的基础是通用计算机中的 CPU(微处理器)。嵌入式微处理器是嵌入式系统的核心。为满足嵌入式应用的特殊要求，嵌入式微处理器虽然在功能上和标准微处理器基本是一样的，但在工作温度、抗电磁干扰、可靠性等方面一般都做了各种增强。与工业控制计算机相比，嵌入式微处理器具有体积小、质量轻、成本低、可靠性高的优点，但是在电路板上必须包括 ROM、RAM、总线接口、各种外设等器件，从而降低了系统的可靠性，技术保密性也较差。在应用设计中，嵌入式微处理器及其存储器、总线、外设等安装在专门设计的一块电路板上，只保留和嵌入式应用有关的母板功能，可大幅度减小系统的体积和功耗。目前，较流行的是基于 ARM7、ARM9 系列内核的嵌入式微处理器。

嵌入式微处理器与 DSP 的一个很大区别，就是嵌入式处理器的地址线要比 DSP 的数目多，也就是说，所能扩展的存储器空间要比 DSP 的存储器空间大得多，所以可配置实时多任务操作系统(RTOS)。RTOS 是针对不同处理器优化设计的高效率、可靠性和可信性很高的实时多任务内核，它将 CPU 时间、中断、I/O、定时器等资源都包装起来，留给用户一个标准的应用程序接口(API)，并根据各个任务的优先级，合理地在不同任务之间分配 CPU 时间。RTOS 是嵌入式应用软件的基础和开发平台。常用的 RTOS 为 Linux(容量为几百 KB)和 VxWorks(容量为几 MB)。

由于嵌入式实时多任务操作系统具有的高度灵活性，开发者可以很容易地对它进行定制或作适当开发，来满足实际应用需要。例如，移动计算平台、信息家电(机顶盒、数字电视)、媒体手机、工业控制和商业领域(例如，智能工控设备、ATM 机等)、电子商务平台，甚至军事应用。它的吸引力是巨大的，所以，目前嵌入式微处理器的应用是继单片机、DSP 之后的又一大应用热门。但是，由于嵌入式微处理器通常不能高效地完成许多基本的数字处理

运算,例如,乘法累加、矢量旋转、三角函数等。它的体系结构对特殊类型的数据结构只能提供通用的寻址操作,而 DSP 则有专门的简捷寻址机构和辅助硬件来快速完成。所以嵌入式微处理器不适合高速、实时的数字信号处理运算,而更适合"嵌入"到系统中,完成高速的"通用"计算与复杂的控制用途。

DSP、单片机以及嵌入式微处理器三者各有所长,技术的发展使得 DSP、单片机、嵌入式微处理器相互借鉴彼此的优点,互相取长补短。现在,部分单片机内部都有硬件乘法器,单片机内部也有了 DSP 内部才有的流水线作业(但规模小些)。借鉴 PC 机的优点,DSP 内部也有了一定规模的高速缓存,吸收 Intel 的嵌入式系统芯片和系统软件的优点。有的 DSP 内部集成了高速运行的 DSP 内核及控制功能丰富的嵌入式处理器内核。例如,内部集成有 TI 公司的 C54xCPU 内核和 ARM 公司的 ARM7TDMIE 内核的 DSP,既具有高速的数据处理能力,又有各种类型的外设接口和位控能力,大大拓宽了 DSP 在控制领域的应用范围。

DSP 在注重高速的同时,也在发展自己的低价位控制芯片。美国 Cygnal 公司的 C8051F020 8 位单片机,内部采用流水线结构,大部分指令的完成时间为 1 或 2 个时钟周期,峰值处理能力为 25 MIPS,片上集成有 8 通道 A/D、两路 D/A、两路电压比较器、内置温度传感器、定时器、可编程数字交叉开关和 64 个通用 I/O 口、电源监测、看门狗(WD)、多种类型的串行总线(两个 UART、SPI)等。

1.5 DSP 的基本结构及主要特征

DSP 是一种具有特殊结构的微处理器,为了达到快速进行数字信号处理的目的,DSP 的总线结构大都采用了程序和数据分开的形式,并具有流水线操作的功能,单周期完成乘法的硬件乘法器以及一套适合数字信号处理运算的指令集。DSP 的基本结构及主要特征如下所述。

1. 程序和数据分开的哈佛结构

哈佛结构就是将程序和数据存储在两个不同的存储空间中,程序存储器空间和数据存储器空间分别独立编址。传统的冯·诺依曼结构是程序存储器和数据存储器共用一个公共的存储空间和单一的地址和数据总线,依靠指令计数器中提供的地址来区分是指令、数据还是地址。取指令和取数据都访问同一存储器空间,数据的吞吐率低。

在哈佛结构中,由于程序存储器和数据存储器分开,即每个存储器空间独立编址、独立访问,并具有独立的程序总线和数据总线,取指令和执行指令能完全重叠进行。现在的 DSP 普遍采用改进的哈佛结构,改进的哈佛结构允许数据存放在程序存储器中,并被算术指令、运算指令直接使用,增强了灵活性。指令存储在高速缓冲器(Cache)中,当执行本指令时,不需要再从存储器中读取指令,节省一个机器周期的时间。

2. 流水线操作

由于 DSP 芯片采用多组总线结构,允许 CPU 同时进行指令和数据的访问。因此,可在 DSP 内部实行指令执行的流水线操作。

执行一条指令,总要经过取指、译码、取数、执行运算,需要若干个指令周期才能完成。流水线技术是将各个步骤重叠起来进行,即第一条指令取指、译码时,第二条指令取数;第一条指令取数时,第二条指令译码,第三条指令取指,依次类推。例如,TMS320LF240x 就可以实现4级流水线操作(图1.1)。

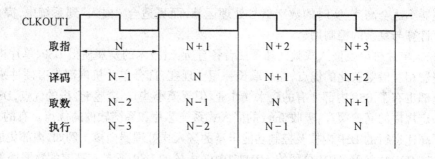

图1.1 4级流水线操作

3. 专门的硬件乘法器和乘加指令

在数字信号处理的算法中,大量的运算是乘法和累加,乘法和累加要占用绝大部分的处理时间。例如,数字滤波、卷积、相关、向量和矩阵运算中,有大量的乘和累加运算。个人计算机计算乘法需要多个周期用软件实现,而DSP设置了硬件乘法器以及乘加指令MAC,在单周期内取两个操作数一次完成乘加运算。

4. 特殊的指令

在DSP的指令系统中,专为实现数字信号处理的算法而设置了专门的特殊指令。例如,DMOV指令,把指令的数据复制到该地址加1的地址中,原单元的内容不变,即数据移位,相当于数字信号处理中的延迟,例如,$x(n)$的延迟为$x(n-1)$。另一特殊指令LTD,在一个指令周期可完成LT、DMOV和APAC三条指令的内容。此外,DSP大多在指令系统中设置了"循环寻址"及"位倒序寻址"指令和其他特殊指令,使得寻址、排序的速度大大提高,从而能方便、快速地实现FFT算法。

5. 丰富的片内存储器件和灵活的寻址方式

片内集成Flash和双口RAM,通过片内总线访问这些存储空间,因此不存在总线竞争和速度匹配问题,从而大大提高了数据的读/写速度。

6. 独立的直接存储器访问(DMA)总线及其控制器

DSP为DMA单独设置了完全独立的总线和控制器。

7. 高速的指令运行周期

采用哈佛结构、流水线操作、专用的硬件乘法器以及特殊的DSP指令,丰富的片内存储器件和灵活的寻址方式以及DMA方式,DSP指令周期可为几十纳秒至几纳秒,甚至1 ns以下。

1.6 DSP的分类及主要技术指标

1.6.1 DSP的分类

DSP一般按以下三种方式分类。

1. 按数据格式分

按照数据的格式来分,DSP可分为定点芯片和浮点芯片两种。

定点 DSP 芯片按照定点的数据格式进行工作,其数据长度通常为 16 位、24 位、32 位。定点 DSP 的特点是:体积小、成本低、功耗小、对存储器的要求不高,但数值表示范围较窄,必须使用定点定标的方法,并要防止结果的溢出。

浮点 DSP 芯片按照浮点的数据格式进行工作,其数据长度通常为 32 位、40 位。由于浮点数的数据表示动态范围宽,运算中不必顾及小数点的位置,因此开发较容易,但它的硬件结构相对复杂、功耗较大,且比定点 DSP 芯片的价格高。通常,浮点 DSP 芯片使用在对数据动态范围和精度要求较高的系统中。

不同的 DSP 的浮点格式不一定完全一样,如 IEEE 的标准浮点格式(如摩托罗拉的 MC96002)、自定义的浮点格式(如 TI 公司的 TMS320C3x)。

2. 按照用途分类

DSP 按照用途可分为通用型和专用型。

通用型适用于普通的数字信号处理应用。

专用型是为了适应不同的数字信号处理运算或特定的应用场合而设计的。例如,数字卷积、数字滤波、FFT 等。

1.6.2 DSP 的主要技术指标

由于 DSP 的种类繁多,结构差别很大,不同厂商的产品指标甚至不具备可比性,因此,下述技术指标只是从不同角度描述了 DSP 的处理能力或技术性能,仅作为系统设计时的一种参考。

1. 时钟频率

对时钟频率要考虑两个方面,一是 DSP 内部工作主频,这是 DSP 的真正工作频率。一般是内部主频越高,DSP 的数据处理速度越快。另一个是 DSP 的外部时钟频率,这是 DSP 片外所加的实际时钟频率,这个时钟频率一般要经过 DSP 内部的锁相环倍频至 DSP 的内部工作主频。外部时钟频率低有利于减少外部电路间的干扰,使 PCB 布线容易,所以一般是外部时钟频率低(减少干扰),内部时钟频率高(提高处理速度)。

2. 机器周期

DSP 执行一条指令所需要的时间,通常用机器周期来衡量。DSP 的大部分指令是单周期指令,即执行时间为一个机器周期。机器周期也从一个方面反映了 DSP 的数据处理速度。

3. MIPS

目前,最通常使用的是 MIPS(Millions of Instruction Per Second),即每秒执行的百万条指令。它综合了时钟频率、DSP 并行度、机器周期等描述 DSP 处理速度的指标。由于 MIPS 与机器周期是互为倒数的关系,可从 MIPS 来计算机器周期,例如,TMS320LF2407A 的 MIPS 为 40 MIPS,其机器周期为 25 ns。

4. MOPS

MOPS(Millions of Operation Per Second),即每秒执行的百万条操作。但是操作次数并不等于指令条数,一般完成一条指令需要若干次操作。不同的 DSP 对于操作的定义不同,不同指令所需要完成的操作次数也不相同,所以 MOPS 指标只是相对于同一种 DSP 系列使用才有意义。

5. MFLOPS

MFLOPS(Millions of Float Operation Per Second)，即每秒执行的百万次浮点运算。它是衡量浮点 DSP 浮点运算能力的又一个指标，是指浮点 DSP 内部浮点处理单元每秒钟执行浮点运算的次数。

6. MACS

MACS 是指 DSP 在 1 s 内完成乘/累加运算的次数。因为乘/累加运算是数字信号处理算法中的基本运算，所以有的 DSP 厂商就用此指标来反映 DSP 的速度性能。但是 DSP 的应用涉及许多乘/累加运算以外的运算，因此 MACS 并不是全面评价 DSP 性能的可靠指标。

上述的有关衡量 DSP 运算速度的指标，均是以程序、数据都在 DSP 内部，DSP 全速运行的结果。实际上，当程序、数据有一部分在 DSP 片外时，尤其是存储器的速度跟不上 DSP 速度要求时，DSP 处理速度就不得不降下来。

1.7 如何选择 DSP

从本质上说，并不存在最好的 DSP，正确的 DSP 选择取决于具体的应用场合。没有任何 DSP 能够满足所有的，或者大多数应用的需要。对于一种应用来说是好的选择，对另外的应用则可能是很差的选择。

DSP 第一类应用：采用专门的复杂算法来处理大量数据。以声纳和地震探矿为例，其产品的产量并不大，但算法非常复杂，产品的设计工作量很大，也更复杂。因此，设计者希望使用性能最高的、最容易使用的、能支持多处理器配置的方案。

DSP 第二类应用：大量便宜的嵌入式系统，如手机、硬盘和光盘驱动器（用于伺服控制）和便携式播放器。在这些应用中，成本和集成是极为重要的。对便携式的以电池供电的产品，功耗也极为重要。

1. 如何选择数据格式

数据处理运算的格式分为定点格式和浮点格式。

大多数 DSP 使用定点运算，有的 DSP 使用浮点运算。

浮点运算与定点运算相比，灵活性和数据的动态范围都比较大，因此，比较容易编程。因为浮点 DSP 电路更复杂，芯片也更大，所以成本和功耗也就比较大。

但在很多情况下，不需要关注数据的动态范围和精度，可考虑使用定点 DSP。大多数批量生产的产品使用定点 DSP，主要考虑其成本和功耗低。

程序员和算法设计者根据实际应用的要求，通过分析和仿真来确定数据的动态范围和精度，然后在需要的时候，在代码中增加定标运算。

对于需要很高动态范围和精度的应用，或在开发的容易程度比成本更重要的情况下，浮点 DSP 就有其优势。

2. 数据宽度

所有浮点 DSP 为 32 位，大多数定点 DSP 是 16 位，但有的也使用 20 位、24 位、32 位数据字。

数据字的长短是影响成本的重要因素，因为它极大地影响芯片的大小、引脚数以及 DSP 的片外存储器的大小。

3. 速度

有多种方法来衡量 DSP 的速度,最基本的是指令周期,即用 MIPS——每秒执行多少百万条指令。但问题是,不同的 DSP 在单个周期所完成的工作是大不相同的。

使用 MOPS 和 MFLOPS 要十分小心,因为不同厂商的关于"操作或运算"的概念是不同的。

其次,要注意的是,DSP 的输入时钟可能和 DSP 的指令速率一致,也可能内部时钟加倍。现在许多 DSP 是用低频的时钟来产生片上所需的高频时钟。

4. 存储器的安排

应关注双访问存储器(DARAM)的单元多少、哈佛结构、高速缓存、存储空间的大小。

5. 开发的难易程度

为减少产品成本,可使用比较便宜的开发工具。

通常使用的编程语言,有 C 语言、汇编语言等。使用 C 语言编程用的较多,对实时性要求高的程序,仍用汇编语言编程,也有 C 语言和汇编语言混合编程的。

消费类产品由于成本限制,不一定要使用高性能的 DSP。

6. 支持多处理器

雷达是高数据率和大运算量的应用系统,往往需要多个 DSP,在这种情况下,DSP 间是否容易连接、连接的性能等都是重要的因素。近年推出的 DSP 大都非常注意增加专门的接口或 DMA 通道,来支持多 DSP 的运行。

7. 功耗和电源管理

在 DSP 应用中对功耗的要求是很严格的,越来越多的 DSP 用于电池供电的便携式应用(如手机、便携式播放器等),希望功耗越小越好的同时,又要求有很高的处理速度。但 DSP 的功耗与速度是成正比的,速度越高,相应的功耗越大,而相同工作电压的低速 DSP,其功耗自然较小。所以单纯用功耗来反映 DSP 的耗能指标是不全面的。每秒百万条指令功耗是综合了 DSP 速度和功率的较为全面的耗能指标。目前,许多 DSP 厂商都降低了 DSP 的供电电压,加强了电源管理功能。

8. 器件封装

决定 DSP 的价格的主要因素之一是器件封装,这是选择 DSP 要考虑的一个问题。一般一种芯片会有几种封装形式,用户可根据需要来选用,国内常采用表贴 TQFP 封装。目前新的高速 DSP 芯片均为 BGA(Ball Gnd Aarry)封装。BGA 封装引脚短且为球形,所以高频特性好、干扰小,但目前焊接需要专门的设备,对用户不太方便,并且焊接后用户不易检查和修改。

第 2 章 TMS320LF240x 系列 DSP 概述

在世界众多的 DSP 厂商中,美国 TI 公司是当今世界上最大的 DSP 厂商,TI 公司于 1982 年推出的 TMS320 系列 DSP 是目前世界上最有影响的主流 DSP 产品,始终占有世界 DSP 市场的较大份额(60%左右)。

2.1 TI 公司 TMS320 系列 DSP 简介

TI 公司的主流产品为 TMS320 系列 DSP,其体系结构是专为实时数字信号处理而设计的,已先后推出多代 DSP 产品。该系列包括:定点、浮点、多处理器 DSP。最具代表性的产品如下。

(1) 定点。TMS320C1x、TMS320C2x、TMS320C2xx、TMS320C5x、TMS320C54x、TMS320C2xx、TMS320C240x、TMS320C62xx 系列等。

(2) 浮点。TMS320C3x、TMS320C4x、TMS320C67x 系列等。

(3) 多处理器 DSP。TMS320C8x 等。

(4) 专用 DSP。AV7xxx 等。

每一系列的 DSP 中又有许多不同品种,来对应不同的应用。目前,最新发展起来的并最有应用前景的三大系列 DSP 为 TMS320C2000 系列、TMS320C5000 系列和 TMS320C6000 系列,如图 2.1 所示。它们将逐步替代老型号的产品,成为未来相当长时间内的 TI 公司的主流 DSP 产品。

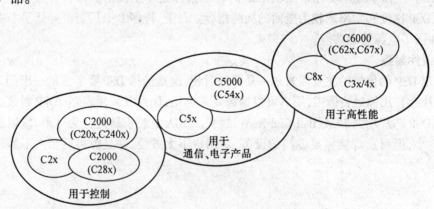

图 2.1 TMS320 的三大主流系列

TMS320C2000 系列是应用于测控领域的最佳 16 位定点 DSP。主要产品为两个子系列:C20x、C240x 以及具有更高性能的改进型 C27x 和 C28x 系列芯片。

TMS320C5000 系列是低功耗高性能的 16 位定点 DSP。主要用在无线通信和有线通信设备中,如 IP 电话、PDA、网络电话、服务器、多种便携式信息系统以及消费类电子产品等。

TMS320C6000 系列是高性能 DSP,具有最佳性能/价格比。其中,C62xx 为 16 位定点

DSP,可用于无线基站、调制解调器、网络系统、中心局交换机、数字音频广播设备等;C67x是32位浮点芯片,可用于基站数字波束形成、图像处理、语音识别和3D图形等。

2.1.1 TMS320C2000 系列

该系列DSP将闪存、10位A/D、CAN(控制器局域网)接口等各种片内外设集成在一起,主要包括TMS320C20x、TMS320C240x及TMS320C28x等产品。

1. TMS320C20x 系列

该系列主要用于电话、数字相机、嵌入式家电设备等。

2. TMS320C240x 系列

该系列为16位定点DSP,主要用于数字电机控制、电机控制、智能仪器仪表、工业自动化、机电一体化等。典型产品LF2407的速度为30 MIPS,LF2407A的速度为40 MIPS。有关该子系列DSP的详细介绍见本章2.2节。TMS320C240x系列也是本书所要介绍的内容。

3. TMS320C28x 系列

该系列的DSP为32位定点,速度可达400 MIPS。片内集成有闪存、12位A/D、CAN(控制器局域网)总线模块、SPI、SCI等片内外设。

该系列的代表性产品为TMS320F2812,其主要性能指标如下。

(1) 具有高性能的32位CPU,可直接进行32×32位的操作,具有改进的哈佛总线结构。

(2) 工作速度为150 MIPS,采用高性能的CMOS工艺,I/O供电电压为3.3 V,内核供电电压为3.3 V。

(3) 片内集成有128 K字的闪烁存储器,18 K字的SRAM,1 K字的OTM ROM存储器,4 K字的Boot ROM存储器,最大可外扩1 M字的外部存储器。

(4) 在4个16位定时器的基础上,增加了3个32位CPU定时器。

(5) 具有与LF2407相同的PWM通道,通用的I/O引脚的数量增加到56个。

(6) 16通道的12 bit的ADC,采集速率80 ns。

由于TMS320LF2812的高性能,使其成为继TMS320LF2407/TMS320LF2407A之后,DSP的应用设计者应重点关注的品种。

2.1.2 TMS320C5000 系列

该系列具有高性能、多种片内外设、选择多样、封装小、省电等优点,电源可降至0.9 V,速度可达600 MIPS,适用于无线电通信、因特网等,目前已广泛地用于数字音乐唱机、3G电话、数字相机中。

1. TMS320C54x 系列

16位定点,功耗0.32 mW/MIPS,速度为32~532 MIPS。

2. TMS320C55x 系列

8~48位浮点,功耗0.05 mW/MIPS,速度为288~600 MIPS,程序字宽度为32位。

2.1.3 TMS320C6000 系列

TMS320C6000系列为高性能的DSP,它包括TMS320C62x定点系列、TMS320C64x定点系列、TMS320C67x浮点系列。

1. TMS320C62x 系列

工作频率：150~300 MHz，运行速度 1 200~2 400 MIPS，内部集成有 2 个乘法器，6 个算术逻辑单元，超长指令字(VLIW)结构，大容量的片内存储器和大范围的寻址能力，4 个 DMA 接口，2 个多通道缓存串口，2 个 32 位片内外设。

2. TMS320C64x 系列

工作频率：400~600 MHz，运行速度 3 200~4 800 MIPS，具有特殊功能的指令集。

3. TMS320C67x 系列

为高性能浮点 DSP，工作频率 100~225 MHz，运行速度 600~1 350 MFLOPS，具有 4 个浮点/定点算术逻辑单元，2 个定点算术逻辑单元，2 个浮点/定点乘法器。

2.2　TMS320LF240x 系列 DSP 简介

2.2.1　TMS320LF240x 系列的各种型号产品

TMS320LF240x 系列主要包括如下型号的产品。

(1) 片内闪存：TMS320LF2402、TMS320LF2406、TMS320LF2407、TMS320LF2407A。

(2) 片内 ROM：TMS320LC2402、TMS320LC2404、TMS320LC2406。

其中最具革命性的产品为 LF2407/LF2407A，这是当今世界上集成度最高、性能最强的运动控制 DSP 芯片。LF2407 的处理速度为 30 MIPS，LF2407A 的处理速度为 40 MIPS。

TMS320LF240x 系列 DSP 是专为数字电机控制和其他控制系统而设计的。它内部不但有高性能的 C2xx CPU 内核，配置有高速数字信号处理的结构，且有单片电机控制的外设。TMSLF240x 系列将数字信号处理的高速运算功能与面向电机的强大控制功能结合在一起，成为传统的多微处理器单元和多片系统的理想替代品，可用于控制功率开关转换器，可提供多电机的控制等。由于 TMS320LF240x 的高集成度，一片芯片即可构成一个测控系统的控制器。

TMS320LF240x 采用诸如自适应控制、卡尔曼滤波和控制等先进的控制算法，支持多项式的高速实时算法，因而可减少力矩纹波、降低功耗、减少振动，从而延长被控设备的寿命，为各种电机提供了高速、高效和全变速的先进控制技术。

TMS320LF240x 采用 4 级流水线结构与改进的哈佛结构。

片内外设及存储器资源如下。

(1) 双 8 路或单 16 路的 10 位 A/D 转换器，转换时间为 375 ns(该指标视型号而不同)。

(2) 片内存储器。32 K 字闪存、2.5 K 字 RAM，其中包含 544 字的双端口 RAM(DARAM)，2 K 字的单端口 RAM(SARAM)。

(3) 41 个可独立编程的多路复用 I/O 引脚。

(4) 两个事件管理器 EVA、EVB，适用于控制各种类型的电机，为工业自动化方面的应用奠定了基础。两个事件管理器 EVA、EVB 包含有如下资源。

① 2 个 16 位通用定时器。

② 8 个 16 位 PWM 通道。

③ 对外部事件进行定时捕捉的 3 个捕捉单元，其中 2 个具有直接与光电编码器输出脉冲相连接的能力。

④ 防止击穿故障的可编程 PWM 死区控制。

(5) 串行通信接口(SCI)模块。

(6) 串行外设接口(SPI)模块。

(7) 带锁相环(PLL)的时钟模块。

(8) 5 个外部中断(1 个复位中断、2 个驱动保护中断与 2 个可屏蔽中断)。

(9) CAN 2.0B 模块,即控制器局域网模块。

(10) 看门狗(WD)定时器模块。

(11) 可扩展的 192 K 字的空间,分别为 64 K 字的程序存储器空间、64 K 字的数据存储器空间、64 K 字的 I/O 空间。

(12) 用于仿真的 JTAG 接口。

2.2.2　TMS320LF2407/2407A 的引脚介绍

TMS320LF2407A 共有 144 条引脚,如图 2.2 所示。

TMS320LF240x 的功能结构如图 2.3 所示。由该图也可看出与各功能模块相关的引脚。按功能模块划分的 TMS320LF2407/LF2407A 的各引脚的功能如表 2.1 所示。

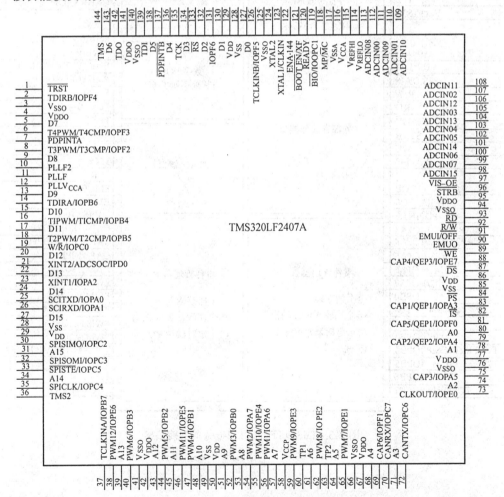

图 2.2　TMS320LF2407 的引脚分布

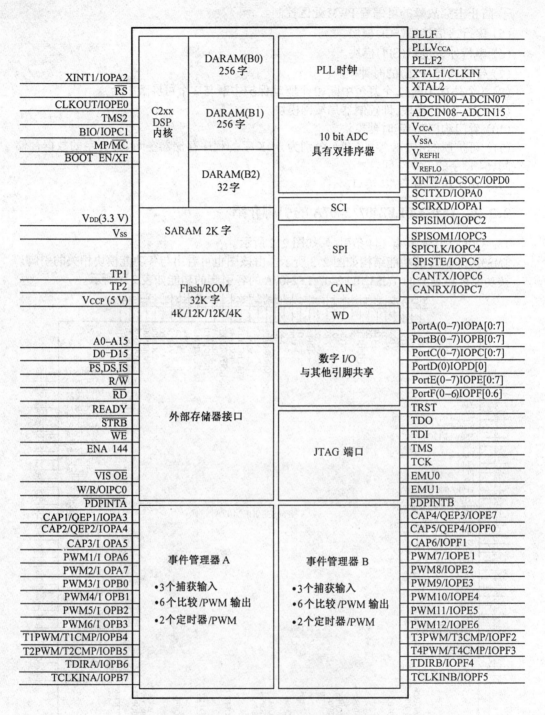

图 2.3 TMS320LF2407/LF2407A 的功能结构

表 2.1　TMS320LF2407/2407A 的引脚功能介绍

引脚名	引脚号	功　能
地址、数据、存储器控制信号		
A0~A15		16 位地址总线：A0~A15，其中 A0(80 脚)、A1(78 脚)、A2(74 脚)、A3(71 脚)、A4(68 脚)、A5(64 脚)、A6(61 脚)、A7(57 脚)、A8(53 脚)、A9(51 脚)、A10(48 脚)、A11(45 脚)、A12(43 脚)、A13(39 脚)、A14(34 脚)、A15(31 脚)
D0~D15		16 位数据总线：D0~D15，其中 D0(127 脚)、D1(130 脚)、D2(132 脚)、D3(134 脚)、D4(136 脚)、D5(138 脚)、D6(143 脚)、D7(5 脚)、D8(9 脚)、D9(13 脚)、D10(15 脚)、D11(17 脚)、D12(20 脚)、D13(22 脚)、D14(24 脚)、D15(27 脚)
$\overline{DS}$	87	外部数据空间选通，低有效。$\overline{DS}$只在访问外部数据空间时为低电平，其他时刻总保持为高电平
$\overline{PS}$	84	外部程序空间选通，低有效。$\overline{PS}$只在访问外部程序空间时为低电平，其他时刻总保持为高电平
$\overline{IS}$	82	外部 I/O 空间选通，低有效。$\overline{IS}$只在访问外部 I/O 空间时为低电平，其他时刻总保持为高电平
$R/\overline{W}$	92	读/写选通，指明与外围器件通信期间信号的传送方向。通常情况下为读方式(高电平)，写方式时为低电平
$W/\overline{R}$/IOPC0	19	写/读选通(为 $R/\overline{W}$ 的反)或通用 I/O。读方式时为低电平，写方式时为高电平
$\overline{WE}$	89	写使能，$\overline{WE}$的下降沿表示 DSP 正在驱动外部数据总线 D0~D15。对外部程序存储器、数据存储器和 I/O 空间写时 $\overline{WE}$ 均有效
$\overline{RD}$	93	读使能，表示一个有效的外部读周期，对外部程序存储器、数据存储器和 I/O 空间读
$\overline{STRB}$	96	外部程序存储器、数据存储器访问选通
READY	120	若外设未准备好，需要插入等待状态，则需要将该引脚拉为低电平(此时，处理器将等待一个周期，并且再次检测 READY 信号)。如不需要等待，上拉即可。注意，若要处理器执行 READY 检测，程序至少要设定一个软件等待状态，为了满足外部 READY 时序要求，等待状态发生控制器(WSGR)至少要设定一个等待状态
MP/$\overline{MC}$	118	微处理器/微计算机(控制器)方式选择，若复位期间该引脚为低电平，则工作在微控制器方式，复位后从内部程序存储器的 0000h 处开始执行程序。若复位期间引脚为高电平，则工作在微处理器方式，复位后从外部程序存储器的 0000h 处开始执行程序
ENA-144	122	当该引脚接高电平时，使能外部数据存储器信号，即 2407 可正常访问外部数据存储器；反之若该引脚接低电平，则 2407 与 2406、2402 控制器一样，也就是说没有外部存储器，这种情况下一旦 $\overline{DS}$ 为低，则产生一个无效地址。该引脚内部下拉
VIS-OE	97	可视输出使能引脚。在可视输出的方式下(通过片内等待状态发生控制器 WSGR 的 BIVS 模式位)，可以通过外部数据总线跟踪 DSP 内部数据总线的动作。当 DSP 运行在可视输出的方式下，外部数据总线驱动为输出的任何时候该引脚有效即为低电平。因此该引脚可用作外部编码逻辑，以防止数据总线冲突

续表 2.1

引脚名	引脚号	功　能
事件管理器 A(EVA)		
CAP1/QEP1/IOPA3	83	捕捉输入 1/正交编码脉冲输入 1(EVA)或通用 I/O
CAP2/QEP2/IOPA4	79	捕捉输入 2/正交编码脉冲输入 2(EVA)或通用 I/O
CAP3/IOPA5	75	捕捉输入 3(EVA)或通用 I/O
PWM1/IOPA6	56	比较/PWM 输出 1(EVA)或通用 I/O
PWM2/IOPA7	54	比较/PWM 输出 2(EVA)或通用 I/O
PWM3/IOPB0	52	比较/PWM 输出 3(EVA)或通用 I/O
PWM4/IOPB1	47	比较/PWM 输出 4(EVA)或通用 I/O
PWM5/IOPB2	44	比较/PWM 输出 5(EVA)或通用 I/O
PWM6/IOPB3	40	比较/PWM 输出 6(EVA)或通用 I/O
T1PWM/T1CMP/IOPB4	16	定时器 1 比较输出(EVA)或通用 I/O
T2PWM/T2CMP/IOPB5	18	定时器 2 比较输出(EVA)或通用 I/O
TDIRA/IOPB6	14	通用计数器方向选择(EVA)或通用 I/O,1 为加计数;0 为减计数
TCLKINA/IOPB7	37	通用计数器(EVA)外部时钟输入或通用 I/O
事件管理器 B(EVB)		
CAP4/QEP3/IOPE7	88	捕捉输入 4/正交编码脉冲输入 3(EVB)或通用 I/O
CAP5/QEP4/IOPF0	81	捕捉输入 5/正交编码脉冲输入 4(EVB)或通用 I/O
CAP6/IOPF1	69	捕捉输入 6(EVB)或通用 I/O
PWM7/IOPE1	65	比较/PWM 输出 7(EVB)或通用 I/O
PWM8/IOPE2	62	比较/PWM 输出 8(EVB)或通用 I/O
PWM9/IOPE3	59	比较/PWM 输出 9(EVB)或通用 I/O
PWM10/IOPE4	55	比较/PWM 输出 10(EVB)或通用 I/O
PWM11/IOPE5	46	比较 PWM 输出 11(EVB)或通用 I/O
PWM12/IOPE6	38	比较 PWM 输出 12(EVB)或通用 I/O
T3PWM/T3CMP/IOPF2	8	定时器 3 比较输出(EVB)或通用 I/O
T4PWM/T4CMP/IOPF3	6	定时器 4 比较输出(EVB)或通用 I/O
TDIRB/IOPF4	2	通用计数器方向选择(EVB)或通用 I/O。1 为加计数;0 为减计数
TCLKINB/IOPF5	126	通用计数器(EVB)外部时钟输入或通用 I/O

续表2.1

引脚名	引脚号	功　能
模数转换器		
ADCIN00	112	ADC 的模拟输入 0
ADCIN01	110	ADC 的模拟输入 1
ADCIN02	107	ADC 的模拟输入 2
ADCIN03	105	ADC 的模拟输入 3
ADCIN04	103	ADC 的模拟输入 4
ADCIN05	102	ADC 的模拟输入 5
ADCIN06	100	ADC 的模拟输入 6
ADCIN07	99	ADC 的模拟输入 7
ADCIN08	113	ADC 的模拟输入 8
ADCIN09	111	ADC 的模拟输入 9
ADCIN010	109	ADC 的模拟输入 10
ADCIN011	108	ADC 的模拟输入 11
ADCIN012	106	ADC 的模拟输入 12
ADCIN013	104	ADC 的模拟输入 13
ADCIN014	101	ADC 的模拟输入 14
ADCIN015	98	ADC 的模拟输入 15
V_{REFHI}	115	ADC 的模拟参考电压高电平输入端
V_{REFLO}	114	ADC 的模拟参考电压低电平输入端
V_{CCA}	116	ADC 模拟供电电压(3.3 V),建议该供电电压与数字供电电压隔离
V_{SSA}	117	ADC 模拟地,建议该模拟地与数字地隔离
CAN、串口通信(SCI)、串行外部设备接口(SPI)		
CANRX/IOPC7	70	CAN 接收数据脚或通用 I/O 脚
CANTX/IOPC6	72	CAN 发送数据脚或通用 I/O 脚
SCITXD/IOPA0	25	SCI 发送数据脚或通用 I/O 脚
SCIRXD/IOPA1	26	SCI 接收数据脚或通用 I/O 脚
SPICLK/IOPC4	35	SPI 时钟脚或通用 I/O 脚
SPISIMO/IOPC2	30	SPI 从输入、主输出或通用 I/O 脚
SPISOMI/IOPC3	32	SPI 从输出、主输入或通用 I/O 脚
$\overline{SPISTE}$/IOPC5	33	SPI 从发送使能(可选)或通用 I/O 脚

续表 2.1

引脚名	引脚号	功能
外部中断、时钟		
$\overline{RS}$	133	控制器复位引脚,低电平复位。当$\overline{RS}$从低电平变为高电平时,从程序存储器的 0 地址开始执行程序;当看门狗定时器溢出时,在$\overline{RS}$引脚产生一个系统复位脉冲。$\overline{RS}$影响寄存器和状态位
$\overline{PDPINTA}$	7	功率驱动保护中断输入。当该引脚检测到一个下降沿时,中断有效,将 EVA 的所有 PWM 引脚置为高阻态。因此,当电机驱动/电源逆变器工作不正常时,如出现过压、过流时,可以将该引脚置低使中断有效来保护电机和功率器件
XINT1/IOPA2	23	外部用户中断 1(跳沿有效)或通用 I/O 脚,跳沿极性可编程
XINT2/ADCSOC/IOPD0	21	外部用户中断 2(跳沿有效)或作 A/D 转换开始输入或通用 I/O 脚,跳沿极性可编程
CLKOUT/IOPE0	73	时钟输出或通用 I/O 脚。当用做时钟输出时,可输出 CPU 时钟或看门狗时钟
$\overline{PDPINTB}$	137	功率驱动保护中断输入。当该引脚检测到一个下降沿时,中断有效,将 EVB 的所有 PWM 引脚置为高阻态。因此,当电机驱动/电源逆变器工作不正常时,如出现过压、过流时,可以将该引脚置低使中断有效来保护电机和功率器件
振荡器、锁相环、闪存、引导及其他		
XTAL1/CLKIN	123	锁相环振荡器输入引脚,晶体振荡器或时钟输入到锁相环时,该引脚接到参考晶体振荡器的一端
XTAL2	124	锁相环振荡器输出引脚,该引脚接到参考晶体振荡器的一端
$PLLV_{CCA}$	12	锁相环供电电压(3.3 V)
IOPF6	131	通用 I/O 脚
$\overline{BOOT\_EN}$/XF	121	引导 ROM 使能/通用 I/O XF 脚,复位后 XF 被置为高电平
PLLF	11	锁相环外接滤波器输入 1
PLLF2	10	锁相环外接滤波器输入 2
V_{CCP}(5 V)	58	Flash 编程电压输入端。要对 Flash 编程该脚必须接 5 V,如果该脚接地则不能对 Flash 编程。器件正常运行时,该脚可以接 5 V,也可以接地。无论何时该引脚都不能悬空,且不要使用任何限流电阻
TP1(Flash)	60	Flash 阵列测试引脚,悬空
TP2(Flash)	63	Flash 阵列测试引脚,悬空
$\overline{BIO}$/IOPC1	119	分支控制输入引脚或通用 I/O 脚,由 BCND pma,BIO 指令检测该引脚电平,若为低则执行分支程序。如不用分支控制,必须将其拉为高电平。复位时,配置为分支控制输入功能,如不用此功能,就可用作通用 I/O

续表 2.1

引脚名	引脚号	功能
仿真和测试		
EMU0	90	带内部上拉的仿真引脚 0
EMU1/$\overline{OFF}$	91	仿真引脚 1
TCK	135	带内部上拉的 JTAG 测试时钟
TDI	139	带内部上拉的 JTAG 测试数据输入,在 TCK 的上升沿从 TDI 输入的数据被锁存到选定的寄存器(指令或数据)
TDO	142	JTAG 扫描输出,测试数据输出,在 TCK 的下降沿,选定寄存器中的内容(指令或数据)被移出到该引脚
TMS	144	带内部上拉的 JTAG 测试方式选择 1,该串行控制输入在 TCK 的上升沿锁存到 TAP 控制器中
TMS2	36	带内部上拉的 JTAG 测试方式选择 2,该串行控制输入在 TCK 的上升沿锁存到 TAP 控制器中,只用于测试和仿真,在应用中,该引脚可不接
$\overline{TPST}$	1	带内部下拉的 JTAG 测试复位
电源电压		
V_{DD}	29,50,86,129	内核电源电压 + 3.3 V,数字逻辑电源电压(注:所有电源和电源地引脚必须正确连接且不能悬空)
V_{DDO}	4,42,67,77,95,141	I/O 缓冲器电源电压 + 3.3 V,数字逻辑和缓冲器电源电压
V_{SS}	28,49,85,128	内核电源地,数字参考地
V_{SSO}	3,41,66,76,94,125,140	I/O 缓冲器电源地,数字逻辑和缓冲器电源地

熟悉并深入理解 TMS320LF2407/LF2407A 的各引脚的功能是十分重要的,因为它是 DSP 应用系统硬件设计的基础。

第 3 章 TMS320LF240x 的 CPU 功能模块和时钟模块

本章介绍 TMS320LF240x 的 CPU 功能模块和时钟模块。

3.1 CPU 功能模块

TMS320LF240x 的 CPU 功能模块包括：输入定标移位器、中央算术逻辑单元(CALU)和乘法单元等。CPU 模块的功能结构如图 3.1 所示。

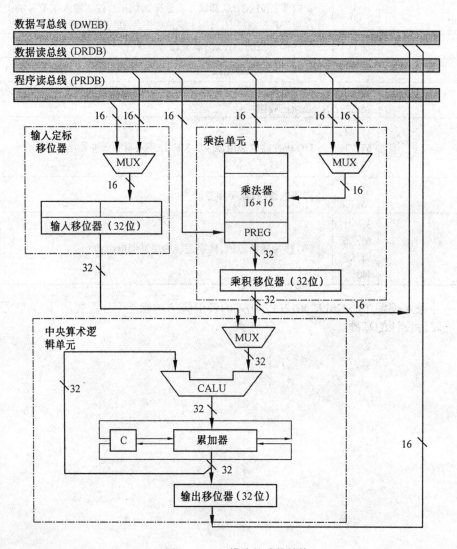

图 3.1 CPU 模块的功能结构

3.1.1 输入定标移位器

LF240x DSP 的 CPU 输入定标移位器将来自程序/数据存储器的 16 位数据调整为 32 位数据送到中央算术逻辑单元(CALU)。因此,输入定标移位器的 16 位输入与数据总线相连,32 位输出与中央算术逻辑单元相连。该输入定标移位器在算术定标以及逻辑操作设置时非常有用。

输入定标移位器对输入数据进行 0~15 位左移。左移时,输出的最低有效位(LSB)为 0,最高有效位(MSB)根据状态寄存器 ST1(将在本章 3.1.6 小节介绍)的 SXM(符号扩展方式)位的值来决定是否需要进行符号扩展。当 SXM = 1 时,高位进行符号扩展;当 SXM = 0 时,高位填 0。移位的次数由包含在指令中的常量或临时寄存器(TREG)中的值来指定。

3.1.2 乘法器

LF240x 采用一个 16×16 位的硬件乘法器,可以在单个机器周期内产生一个 32 位的有符号或无符号乘积。除了执行无符号乘法指令(MPYU)外,所有的乘法指令均执行有符号的乘法操作,即相乘的两个数都作为二进制的补码数,而运算结果为一个 32 位的二进制的补码数。乘法器接收的两个乘数,一个来自 16 位的临时寄存器(TREG),另一个通过数据读总线(DRDB)取自数据存储器,或通过程序读总线(PRDB)取自程序存储器。两个输入值相乘后,32 位的乘积结果保存在 32 位的乘积寄存器(PREG)中。PREG 的输出连接到乘积定标移位器,通过乘积定标移位器,乘积结果可以从 PREG 传到 CALU 或数据存储器

乘积定标移位器对乘积的结果采用 4 种乘积移位方式,如表 3.1 所示。移位方式由状态寄存器 ST1 的乘积移位方式位(PM)指定。这些移位方式对于执行乘法/累加操作、进行小数运算或者进行小数乘积的调整都很有用。

表 3.1 乘积定标移位器的乘积移位方式

PM	移 位	作用和意义
00	无移位	乘积送到 CALU 或数据写总线,不移位
01	左移 1 位	移去二进制补码乘法产生的额外符号位,产生 Q31 格式的乘积
10	左移 4 位	当与一个 13 位的常数相乘时,移去在 16×13 位(常数)二进制补码产生的额外的 4 位符号位,产生 Q31 格式的乘积
11	右移 6 位	对乘积结果定标,以使得运行 128 次的乘积累加而累加器不会溢出

注:Q31 格式是一种二进制小数格式,该格式在二进制小数点的后面有 31 个数字。

3.1.3 中央算术逻辑单元

中央算术逻辑单元(CALU)实现大部分算术和逻辑运算功能,而且大多数的功能都只需要一个时钟周期,这些运算功能包括:16 位加、16 位减、布尔运算、位测试以及移位和循环功能。

由于 CALU 可以执行布尔运算,因此使得控制器具有位操作功能。CALU 的移位和循环在累加器中完成。CALU 之所以被称为中央算术逻辑单元,在于它是一个独立的算术单元,它和后面介绍的辅助寄存器算术单元(ARAU)在程序执行时,是完全不同的两个模块。

LF240x DSP 中央算术逻辑单元(CALU)可实现大部分算术和逻辑运算功能,而且大多数的功能只需要一个机器周期。一旦操作在 CALU 中被执行,运算结果会被传送到累加器中,在累加器中再实现附加操作,如移位等操作。

CALU 是一个通用目标算术逻辑单元,它可以对来自数据存储器或者来自立即操作指令的 16 位数进行操作。除了一般的算术指令,CALU 可以执行布尔运算操作,使高速控制器所要求的位操作很容易。CALU 有两个输入,一个由累加器提供,另一个由乘积寄存器(PREG)或数据定标移位器的输出提供。当 CALU 执行完一次操作后将结果送至 32 位累加器,由累加器对其结果进行移位。累加器的输出送到 32 位输出数据定标移位器,经过输出数据定标移位器,累加器的高、低 16 位字可分别被移位或存入数据寄存器。

CALU 的溢出饱和方式可以由状态寄存器 ST0(见本章 3.1.6 小节的介绍)的溢出模式(OVM)位来使能或禁止。

根据 CALU 和累加器的状态,CALU 可执行各种分支指令。这些指令可以根据这些状态位有意义地结合,有条件地执行。为了溢出管理,这些条件包括 OV(根据溢出跳转)和 EQ(根据累加器是否为 0 跳转)等。另外,BACC(跳到累加器的地址)指令可以跳转到由累加器所指定的地址,不影响累加器的位测试指令(BIT 和 BITT),允许对数据存储器中的一个字的指定位进行测试。

对绝大多数的指令,状态寄存器 ST1 的第 10 位符号扩展位(SXM)决定了在 CALU 计算时是否使用符号扩展。若 SXM 为 0,则符号扩展无效;若 SXM 为 1,则符号扩展有效。

3.1.4 累加器(ACC)

当 CALU 中的运算完成后,其结果就被送至累加器,并在累加器中执行单一的移位或循环操作。累加器的高位和低位字中的任意一个可以被送至输出数据定标移位器,在此定标移位后,再保存于数据存储器。下面为一些和累加器有关的状态位和转移指令。

1. 进位标志位 C

位于状态寄存器 ST1 的第 9 位,下述情况之一将影响进位标志位 C。

(1) 加到累加器或从累加器减

① 当 C = 0,减结果产生借位时或加结果未产生进位时。

② 当 C = 1,加结果产生进位时或减结果未产生借位时。

(2) 将累加器数值移 1 位或循环移 1 位

在左环移或循环左移的过程中,累加器的最高有效位被送至 C 位;在右环移或循环右移的过程中,累加器的最低有效位被送至 C 位。

2. 溢出方式标志位 OVM

位于状态寄存器 ST0 的第 11 位。OVM 位决定累加器 ACC 如何反映算术运算的溢出。当累加器处于溢出方式,即 OVM = 1,且运算溢出,累加器被设定为下列两个特定值之一。

① 若为正溢出,ACC 中填最大正数 7FFF FFFFh。

② 若为负溢出,ACC 中填最大负数 8000 0000h。

当 OVM = 0,ACC 中的结果正常溢出。

3. 溢出标志位 OV

位于状态寄存器 ST0 的第 12 位,当未检测到累加器溢出时,OV = 0;当累加器溢出时,OV = 1,且被锁存。

4. 测试/控制标志位 TC

位于状态寄存器 ST1 的第 11 位,根据被测位的值置 1 或清 0。

与累加器有关的转移指令大都取决于 C、OV、TC 的状态和累加器的值。

3.1.5 输出数据定标移位器

输出数据定标移位器存储指令中指定的位数,将累加器输出的内容左移 0~7 位,然后将移位器的高位字或低位字存到数据存储器中(用 SACH 或 SACL 指令)。在此过程中,累加器的内容保持不变。

3.1.6 状态寄存器 ST0 和 ST1

LF240x DSP 的两个状态寄存器 ST0 和 ST1 特别重要,它们包含了 DSP 运行时的各种状态和控制位。这两个寄存器的内容可被读出并保存到数据存储器(用 SST 指令),或从数据存储器读出加载到 ST0 和 ST1(用 LST 指令),从而在子程序调用或进入中断时实现 CPU 各种状态的保存。

当采用 SETC 指令和 CLRC 指令时,可对 ST0 和 ST1 中的各个位单独置 1 或清 0。

状态寄存器 ST0 的格式如图 3.2 所示。

15~13	12	11	10	9	8 0
ARP	OV	OVM	1	INTM	DP

图 3.2 状态寄存器 ST0 的格式

ST0 各位的含义如下。

ARP(位 15~位 13):辅助寄存器(AR)间接寻址的指针,选择当前的 8 个辅助寄存器 AR 中的一个。AR 被装载时,原 ARP 的值被复制到 ARB 中。

OV(位 12):溢出标志位。用以指示 CALU 中是否发生溢出,如溢出则该位保持为 1。

OVM(位 11):溢出方式标志位。

    OVM = 0,累加器中结果正常溢出。

    OVM = 1,根据溢出的情况,累加器被设定为它的最大正值或负值。

INTM(位 9):中断总开关位。

    INTM = 1,所有可屏蔽中断被禁止。

    INTM = 0,所有可屏蔽中断有效。

DP(位 8~位 0):数据存储器页面指针。

9 位的 DP 与指令字中的 7 位一起形成 16 位的数据存储器的直接地址。

状态寄存器 ST1 的格式如图 3.3 所示。

15~13	12	11	10	9	8	7	6	5	4	3	2	1~0
ARB	CNF	TC	SXM	C	1	1	1	1	XF	1	1	

图 3.3 状态寄存器 ST1 的格式

ST1 各位的含义如下。

ARB(位 15~位 13):辅助寄存器指针缓冲器。

当 ARP 被加载到 ST0 时,原来的 ARP 被复制到 ARB 中,也可将 ARB 复制到 ARP 中。

CNF(位 12):片内 DARAM 配置位。

  CNF = 0,片内 DARAM 映射到数据存储器区;

  CNF = 1,片内 DARAM 映射到程序存储器区。

TC(位 11):测试/控制标志位。根据被测试位的值,该位被置 1 或清 0。

SXM(位 10):符号扩展方式位,决定在计算时是否使用符号扩展。

  SXM = 1,数据通过定标移位器传送到累加器时将产生符号扩展。

  SXM = 0,不产生符号扩展。

C(位 9):进位标志位。

XF(位 4):XF 引脚状态位。

可用 SETC 指令置 1,用 CLRC 指令清 0。

PM(位 1~位 0):乘积移位方式。

  RM = 00,乘法器的 32 位乘积不移位,直接入 CALU。

  RM = 01,PREG 左移 1 位后装入 CALU,最低位填 0。

  RM = 10,PREG 左移 4 位后装入 CALU,低 4 位填 0。

  RM = 11,PREG 输出进行符号位扩展,右移 6 位。

3.1.7 辅助寄存器算术单元(ARAU)

  CPU 中还包括辅助寄存器算术单元(ARAU),该算术单元完全独立于中央算术逻辑单元(CALU),图 3.4 所示为 ARAU 和相关的逻辑。ARAU 的主要功能是在 CALU 操作的同时执行 8 个辅助寄存器 AR7~AR0 中的算术运算,8 个辅助寄存器提供了强大而灵活的间接寻址能力,利用辅助寄存器中的 16 位地址可访问数据存储器 64 K 字空间的任一单元。

  选择某一辅助寄存器时只需要向 ST0 寄存器的 ARP 指针装入 3 位(0~7)数据。可以通过 MAR 指令或 LST 指令把装载 ARP 作为主要操作来执行,也可通过任何支持间接寻址的指令把装载 ARP 作为辅助操作来执行,其中 MAR 指令仅用于修改辅助寄存器和 ARP,而 LST 指令可通过数据读总线(DRAB)把一个数据存储器的值传送到 ST0。

  辅助寄存器除可用于数据存储器的地址寻址外,还可用于以下用途。

  (1) 通过 CMPR 指令,利用辅助寄存器支持条件转移、调用和返回。

  (2) 利用辅助寄存器作为暂存单元。

  (3) 利用辅助寄存器进行软件计数。根据需要将其加 1 或减 1。

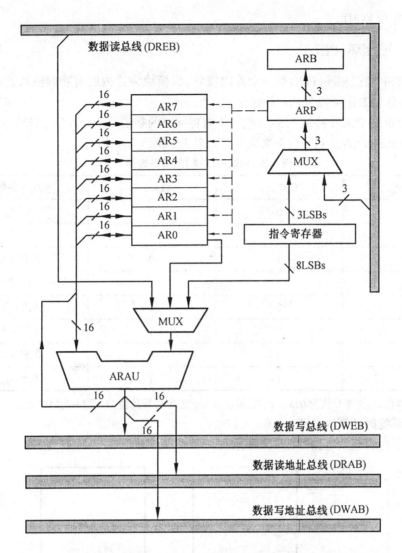

图 3.4 辅助寄存器算术单元(ARAU)

3.2 锁相环(PLL)时钟模块和低功耗模式

LF240x DSP 片内集成有锁相环(PLL)电路,可从一个较低频率的外部时钟合成片内较高工作频率的时钟。

LF240x DSP 有三个引脚与时钟模块有关。

(1) XTAL1/CLKIN。外接的基准晶体到片内振荡器输入引脚,如使用外部振荡器,外部振荡器的输出必须接到该引脚。

(2) XTAL2。片内 PLL 振荡器驱动外部晶振的时钟输出引脚。

(3) CLKOUT/IOPE0。该脚可作为时钟输出或通用 I/O 脚,CLKOUT 可用来输出 CPU 时钟或看门狗定时器时钟,这由系统控制状态寄存器(SCSR1,详见第 4 章)中的位 14(CLKSRC)决定。当该脚不用于时钟输出时,就可作为通用 I/O:IOPE0。DSP 复位时,本引脚的功能配置为时钟输出 CLKOUT。

3.2.1 锁相环(PLL)

LF240x DSP 的锁相环(PLL)是一个片内模块,该模块为片内所有功能模块提供必要的时钟信号,而且 PLL 还可控制低功耗操作。

LF240xDSP 的 PLL 支持从 0.5~4 倍输入时钟频率的乘法因子。PLL 的倍率由系统控制状态寄存器(SCSR1)的位 11~位 9 来决定。如表 3.2 所示。

表 3.2 锁相环(PLL)的倍率选择

CLK PS2	CLK PS1	CLK PS0	系统时钟倍频
0	0	0	$4 * f_{in}$
0	0	1	$2 * f_{in}$
0	1	0	$1.33 * f_{in}$
0	1	1	$1 * f_{in}$
1	0	0	$0.8 * f_{in}$
1	0	1	$0.66 * f_{in}$
1	1	0	$0.57 * f_{in}$
1	1	1	$0.5 * f_{in}$

注:LF240x 复位时,倍率默认为 0.5。此时,系统控制状态寄存器的位 11~位 9 为(1,1,1)。

1. 锁相环的时钟模块电路

锁相环的时钟模块电路如图 3.5 所示。

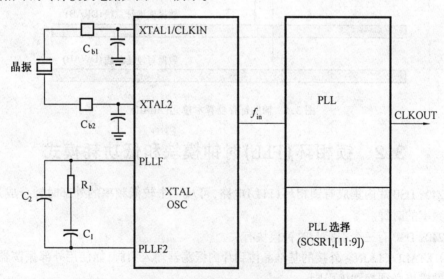

图 3.5 锁相环的时钟模块电路

LF240x 有两种时钟工作方式。

(1) 内部时钟。外接基准晶体 + 片内 PLL 电路共同组成系统时钟电路。

(2) 外部时钟。一个独立的外部时钟接至 XTAL1/CLKIN 引脚,此时内部时钟振荡器被旁路。

2. 外部滤波器电路回路

PLL 使用外部滤波器电路来抑制信号抖动和电磁干扰，使信号抖动和电磁干扰影响最小。由于电路中存在大量噪声，如何使得滤波效果最好，在滤波器电路设计时，还需要通过实验来确定滤波器回路元件的参数。

滤波器电路回路接到 LF240x 的 PLLF 和 PLLF2 引脚（图 3.5），滤波器电路回路的元件为 R_1、C_1 和 C_2，电容 C_1 和 C_2 必须是无极性的。在不同振荡器（加到 XTAL1 引脚的时钟）频率下具有阻尼系数 2.0 的 R_1、C_1 和 C_2 的推荐参数见表 3.3。

表 3.3 具有阻尼系数 2.0 的滤波元件推荐参数

XTAL1/CLKIN 频率/MHz	R_1/Ω	$C_1/\mu F$	$C_2/\mu F$
44	4.7	3.9	0.082
5	5.6	2.7	0.056
6	6.8	1.8	0.039
7	8.2	1.5	0.033
8	9.1	1	0.022
9	10	0.82	0.015
10	11	0.68	0.015
11	12	0.56	0.012
12	13	0.47	0.01
13	15	0.39	0.008 2
14	15	0.33	0.006 8
15	16	0.33	0.006 8
16	18	0.27	0.005 6
17	18	0.22	0.004 7
18	20	0.22	0.004 7
19	22	0.18	0.003 9
20	24	0.15	0.003 3

所有连接 PLL 的 PCB 导线尽可能短。一个旁路电容（0.01～0.1 μF）应该连接在 PLLV$_{CCA}$ 和 V$_{SS}$ 引脚之间。如图 3.6 所示为在 PLLV$_{CCA}$ 和 V$_{SS}$ 引脚之间增加了一个可选的低通滤波电路。

当连接 PLL 引脚时，应注意以下几个方面。

（1）使用短引线连接 PLLV$_{CCA}$ 引脚到低通滤波器。10 MHz 的截断滤波器不是必需的，但是可以提高信号的抖动性能，并减少电磁干扰。

（2）使导线尽可能短，保证 C$_{bypass}$（0.01～0.1 μF 的陶瓷电容）最近连接于 PLLV$_{CCA}$ 和 V$_{SS}$ 之间。

（3）使这些导线、芯片和旁路电容形成的环路面积最小。面积越大，则电磁干扰越大。

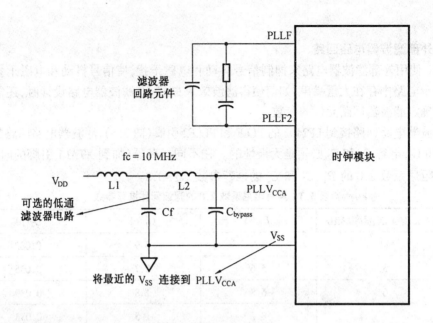

图 3.6 可选的滤波电路

要避免附近具有噪声的导线连接到时钟模块的引脚上。

3. 内部时钟

外接基准晶体和片内的 PLL(锁相环)电路共同组成系统的内部时钟电路,如图 3.7 所示。

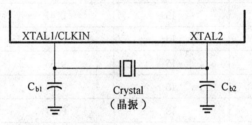

图 3.7 内部时钟的外部晶体的连接

4. 外部振荡器时钟

一个独立的外部振荡器产生的时钟接至 XTAL1/CLKIN 引脚,此时内部的振荡器被旁路,XTAL2 的引脚空着不接。外部时钟的电路如图 3.8 所示。

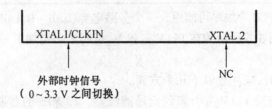

图 3.8 外部振荡器时钟的连接

5. PLL 旁路方式

LF240x 可以设置为对片内 PLL 实现旁路的工作方式,这种方式可通过复位时拉低

TRST、TMS 和 TMS 引脚来实现。在这种方式下可以实现 PLL 旁路,改变系统控制状态寄存器 SCSR1 的位 11 ~ 位 9 无效。此时改变系统时钟的唯一方法是改变输入时钟频率,系统的时钟与外输入时钟相同。例如,要获得一个 30 MHz 的 CPU 时钟速度,那么必须提供一个 30 MHz 的时钟 CLKIN,在这种方式下,外部的滤波器元件是不需要的。

在 PLL 旁路方式下的时钟规范如下。

(1) 使用内部时钟方式,那么最小和最大的 CLKIN 频率分别为 4 MHz 和 20 MHz。

(2) 使用外部时钟方式,那么最小和最大的 CLKIN 频率分别为 4 MHz 和 30 MHz(对 2407A 为 40 MHz)。

3.2.2 看门狗定时器时钟

WDCLK 被用来给看门狗提供时钟源。当 CPU 的时钟频率为 CPUCLK = 40 MHz 时,WDCLK 有一个 78 125 Hz 的名义频率。WDCLK 来自于 CPU 的 CLKOUT(图 3.5)。这可以保证即使当 CPU 处于 IDLE1 或 IDLE2 模式(低功耗模式,见本章 3.2.3 小节)看门狗定时器也能持续计数。WDCLK 是由看门狗定时器的外围器件生成的,其计算公式为

$$WDCLK = CLKOUT/512$$

当 CPU 的挂起信号有效时,WDCLK 将被停止,这可以通过停止时钟输入到时钟分频器(由 CLKIN 获取 WDCLK)来实现。

3.2.3 低功耗模式

LF240x 有一 IDLE(睡眠)指令,可关闭 CPU 时钟,进入睡眠状态,节约能耗。当收到一个中断请求或者复位时,CPU 会退出睡眠状态。

1. 时钟域

LF240x 有以下两个时钟域。

(1) CPU 时钟域。包含大部分 CPU 逻辑的时钟。

(2) 系统时钟域。包含外设时钟(来自 CLKOUT 分频)和用于 CPU 中断逻辑的时钟。

IDLE1 模式:当 CPU 进入睡眠状态,CPU 时钟域停止,系统时钟域继续运行。

IDLE2 模式:当 CPU 进入睡眠状态,CPU 时钟域和系统时钟域均停止,进一步降低功耗。

HALT 模式:振荡器(即输入到 PLL 的时钟)和 WDCLK 被关闭。

当执行 IDLE 指令时,系统控制状态寄存器(SCSR1)的位 13、位 12 指明进入哪一种低功耗模式。具体如下。

00——CPU 进入 IDLE1 模式。

01——CPU 进入 IDLE2 模式。

1x——CPU 进入 HALT 模式。

2. 唤醒低功耗模式

(1) 复位。复位信号可使器件退出 IDLE 模式。

(2) 外部中断。外部中断 XINTx 可使器件退出低功耗模式,但不能退出 HALT 模式。

(3) 唤醒中断。有些外设具有启动器件时钟的能力,然后产生一个中断去响应一定的外部事件,如通信线路上的动作。例如,即使没有时钟运行,CAN 唤醒中断也可以声明一个 CAN 错误中断请求。

3. 退出低功耗模式

外设中断可以用来唤醒处于低功耗模式工作的器件。根据以下几种情况执行唤醒动作（和随后的器件动作）。

(1) 请求的外设中断是否使能于外设级。
(2) 与请求的外设中断相关的 IMR.n 位是否已经被使能。
(3) ST0 寄存器 INTM 位的状态。

3.2.4 片内 Flash 的断电与上电

进入 HALT 模式之前，片内 Flash 模块可以被断电，会使电流消耗降到最低。下面为 Flash 模块断电的程序。

```
******************************************************************
    ; Flash 模块断电的程序
    ; - - - - - - - - - - - - - - - - - - - - - - - - - - - - - -
    LDP     #0h                ;设置 DP = 0
    SPLK    #0008h,60h         ;设置 0008h，即可将 Flash 置于断电模式
    OUT     60h, #0FF0Fh       ;将 Flash 置于控制寄存器访问模式
    LACL    #0h                ;0000h 为管道控制寄存器的地址
    TBLW    60h                ;写操作可以将 Flash 断电
******************************************************************
```

使用 $\overline{PDPINTx}$ 和 $\overline{RS}$ 信号可以退出 LPM2(HALT) 模式。如果 $\overline{PDPINTx}$ 被用于给 Flash 模块上电（退出 LPM2 状态），当 $\overline{RS}$ 自动给 Flash 上电，需要执行下面的指令：

```
******************************************************************
    ; Flash 模块上电程序
    ; - - - - - - - - - - - - - - - - - - - - - - - - - - - - - -
    LDP     #0h                ;设置 DP = 0
    SPLK    #0000h,60h         ;设置 0000h，即可将 Flash 退出断电模式
    OUT     60h, #0FF0Fh       ;将 Flash 置于控制寄存器访问模式
    LACL    #0h                ;0000h 为管道控制寄存器的地址
    TBLW    60h                ;写操作可以将 Flash 上电
    IN      60h, #0FF0Fh       ;将 Flash 置于阵列访问模式
******************************************************************
```

Flash 上电后，读一个 Flash 中的确定地址确保 Flash 为应用程序的使用准备好。例如，程序存储器中的 0000h 有一个操作码为 7980h 的"branch"指令，因此地址 0000h 可以读取并为 7980h 选中，使 Flash 上电有效。

第4章 系统配置和中断模块

本章介绍 LF240x DSP 的系统配置寄存器和中断模块,以及用于增加中断请求容量的外设中断扩展(PIE)控制器。

LF240x DSP 的系统配置用来对 DSP 片内的功能模块进行用户配置,根据具体用途来进行模块定制。

中断模块部分的内容主要包括:中断优先级和中断向量表、外设中断扩展控制器(PIE)、中断向量、中断响应的流程、中断响应的时间、CPU 中断寄存器、外设中断寄存器、复位、无效地址检测、外部中断控制寄存器。

4.1 系统配置寄存器

4.1.1 系统控制和状态寄存器

1. 系统控制和状态寄存器 1(SCSR1)

系统控制和状态寄存器 SCSR1 映射到数据存储器空间中的地址为 7018h,格式如图 4.1 所示。

15	14	13	12	11	10	9	8
保留	CLKSRC	LPM1	LPM0	CLKPS2	CLKPS1	CLKPS0	保留
R-0	RW-0	RW-0	RW-0	RW-1	RW-1	RW-1	R-0
7	6	5	4	3	2	1	0
ADC CLKEN	SCI CLKEN	SPI CLKEN	CAN CLKEN	EVB CLKEN	EVA CLKEN	保留	ILLADP
RW-0	RW-0	RW-0	RW-0	RW-0	RW-0	R-0	RC-0

图 4.1 系统控制和状态寄存器 1(SCSR1)格式
R—可读;W—可写;C—清除;-0 或 -1—复位后的值

位 15:保留。

位 14:CLKSRC,为 CLKOUT 引脚输出时钟源的选择位。

    0—CLKOUT 引脚输出 CPU 时钟。

    1—CLKOUT 引脚输出 WDCLK 时钟。

位 13、位 12:LPM1,LPM0,低功耗模式选择,指明在执行 IDLE 指令后进入哪一种低功耗模式。

    00—进入 IDLE1(LPM0)模式。

    01—进入 IDLE2(LPM1)模式。

    1x—进入 HALT (LPM2)模式。

位 11 ~ 位 9:CLKPS2 ~ CLKPS0,为锁相环(PLL)时钟预定标选择位,对输入时钟频率 f_{in} 选择 PLL 的倍频系数,如表 4.1 所示。

表 4.1 PLL 倍频系数

CLKPS2	CLKPS1	CLKPS0	系统时钟倍频
0	0	0	$4 \times f_{in}$
0	0	1	$2 \times f_{in}$
0	1	0	$1.33 \times f_{in}$
0	1	1	$1 \times f_{in}$
1	0	0	$0.8 \times f_{in}$
1	0	1	$0.66 \times f_{in}$
1	1	0	$0.57 \times f_{in}$
1	1	1	$0.5 \times f_{in}$

位 8：保留。

位 7：ADC CLKEN，ADC 模块时钟使能控制位。

  0——禁止 ADC 模块时钟(节能)。

  1——使能 ADC 模块时钟，且正常运行。

位 6：SCI CLKEN，SCI 模块时钟使能控制位。

  0——禁止 SCI 模块时钟(节能)。

  1——使能 SCI 模块时钟，且正常运行。

位 5：SPI CLKEN，SPI 模块时钟使能控制位。

  0——禁止 SPI 模块时钟(节能)。

  1——使能 SPI 模块时钟，且正常运行。

位 4：CAN CLKEN，CAN 模块时钟使能控制位。

  0——禁止 CAN 模块时钟(节能)。

  1——使能 CAN 模块时钟，且正常运行。

位 3：EVB CLKEN，EVB 模块时钟使能控制位。

  0——禁止 EVB 模块时钟(节能)。

  1——使能 EVB 模块时钟，且正常运行。

位 2：EVA CLKEN，EVA 模块时钟使能控制位。

  0——禁止 EVA 模块时钟(节能)。

  1——使能 EVA 模块时钟，且正常运行。

位 1：保留。

位 0：ILLADR，无效地址检测位。

当检测到一个无效地址时，该位被置 1，置 1 后该位需要软件来清 0，向该位写 0 即可，复位初始化时该位清 0。

注意：任何无效的地址会导致不可屏蔽中断(NMI)事件发生。

2. 系统控制和状态寄存器 2(SCSR2)

系统控制和状态寄存器 2(SCSR2)被映射到数据存储器空间中的地址为 7019h，格式如图 4.2 所示。

15	14	13	12	11	10	9	8
保留							
RW－0							

7	6	5	4	3	2	1	0
保留	I/P QUAL	WD保护位	XMIFHI–Z	$\overline{\text{BOOTEN}}$	MP/$\overline{\text{MC}}$	DON	PON
	RW－0	RW－1	RW－0	RW－$\overline{\text{BOOTEN}}$脚	RW－MP/$\overline{\text{MC}}$脚	RW－1	RW－1

图4.2 系统控制和状态寄存器2(SCSR2)格式
R—可读；W—可写；C—清除；–0—复位后的值

位15~位7：保留。

位6：I/P QUAL，时钟输入限定。它限定输入到LF240x的CAP1~6，XINT1~2，ADCSOC以及PDPINTA/PDPINTB引脚上的信号被正确锁存时，所需要的最小脉冲宽度。脉冲宽度只有达到这个宽度之后，内部的输入状态才会改变。

0—锁存脉冲至少需要5个时钟周期。

1—锁存脉冲至少需要11个时钟周期。

如果这些引脚作为I/O使用，则不会使用输入时钟限定电路。

位5：看门狗(WD)保护位。该位可用软件来禁止WD工作。该位是一个只能清除的位，复位后该位默认为1。通过向该位写1对其清0。

0—保护WD，防止WD被软件禁止。

1—复位时的默认值。

位4：XMIFHI–Z。该位控制外部存储器接口信号（XMIF）。

0—所有XMIF信号处于正常驱动模式(即非高阻态)。

1—所有XMIF信号处于高阻态。

注意：该位仅对LF2407/LF2407A型号有效，对其他型号为保留位。

位3：$\overline{\text{BOOTEN}}$(使能位)。该位反映了$\overline{\text{BOOTEN}}$引脚在复位时的状态。

0—使能引导ROM。地址0000h~00FFh被片内引导ROM块占用。禁止用Flash存储器。

1—禁止引导ROM。LF2407片内Flash程序存储器映射地址范围为0000h~7FFFh。

位2：MP/$\overline{\text{MC}}$(微处理器/微控制器选择)。该位反映了器件复位时MP/$\overline{\text{MC}}$引脚的状态。

0—器件设置为微控制器方式，程序空间0000h~7FFFh被映射到片内程序存储器空间。

1—器件设置为微处理器方式，程序空间0000h~7FFFh被映射到片外程序存储器空间(必须外扩外部程序存储器)。

位1、位0：SARAM的程序/数据空间选择。

00—地址空间不被映射，该空间被分配到外部存储器。

01—SARAM被映射到片内程序空间。

10—SARAM被映射到片内数据空间。

11—SARAM被映射到片内程序空间，又被映射到片内数据空间。

4.1.2 器件标识号寄存器(DINR)

器件标识号寄存器(DINR)映射到数据存储器空间中的地址为701Ch，格式如图4.3所示。

15	14	13	12	11	10	9	8
DIN15	DIN14	DIN13	DIN12	DIN11	DIN10	DIN9	DIN8
R - x	R - x	R - x	R - x	R - x	R - x	R - x	R - x
7	6	5	4	3	2	0	1
DIN7	DIN6	DIN5	DIN4	DIN3	DIN2	DIN1	DIN0
R - x	R - x	R - x	R - x	R - x	R - x	R - x	R - x

图 4.3 器件标识号寄存器(DINR)格式
R—可读；- x—由硬连线器件器件指定的 DIN 值

位 15 ~ 位 4:DIN15 ~ DIN4。这些位包含了所用 DSP 的器件标识号(DIN)。
位 3 ~ 位 0:DIN3 ~ DIN0。这些位包含了所用 DSP 的器件的版本、给定值。
不同型号的 DSP 所对应的 DIN15 ~ DIN0 的值如下：

器件	版本	DIN15 ~ DIN0
LF2407	1.0 ~ 1.5	0510h
LF2407	1.6	0511h
LF2407A	1.0	0520h
LC2406A	1.0	0700h
LC2402A	1.0	0610h

4.2 中断优先级和中断向量表

LF2407 DSP 具有 3 个不可屏蔽中断和 6 个级别的可屏蔽中断(INT1 ~ INT6)，采用了中断扩展设计来满足 LF2407 DSP 多个外设的中断需求。

在每级可屏蔽中断(INT1 ~ INT6)中又有多个中断源，每个中断源具有唯一的中断入口地址向量。表 4.2 为 LF2407 DSP 的不可屏蔽中断源的优先级和中断入口地址向量表。表 4.3 为 LF240x DSP 的可屏蔽中断源的优先级和中断入口地址向量表。

表 4.2　LF2407 DSP 的不可屏蔽中断源的优先级和中断入口地址向量表

中断优先级	中断名称	CPU 中断向量地址	外设中断向量	中断源外设	说　明
1	Reset	0000h	N/A	复位引脚看门狗	复位和看门狗溢出
2	保留	0026h	N/A	CPU	用于仿真
3	NMI	0024h	N/A	不可屏蔽中断	不可屏蔽中断，只能是软件中断

表 4.3　LF2407 DSP 的可屏蔽中断源的优先级和中断入口地址向量表

中断优先级	中断名称	CPU 中断向量地址	外设中断向量	中断源外设	说　明
INT1(级别 1)					
4	PDPINTA	0002h	0020h	EVA	功率驱动保护中断
5	PDPINTB	0002h	0019h	EVB	功率驱动保护中断

续表 4.3

中断优先级	中断名称	CPU中断向量地址	外设中断向量	中断源外设	说明
6	ADCINT	0002h	0004h	ADC	高优先级模式下的ADC中断
7	XINT1	0002h	0001h	外中断1	高优先级的外部引脚中断
8	XINT2	0002h	0011h	外中断2	高优先级的外部引脚中断
9	SPIINT	0002h	0005h	SPI	高优先级的SPI中断
10	RXINT	0002h	0006h	SCI	高优先级的SCI接收中断
11	TXINT	0002h	0007h	SCI	高优先级的SCI发送中断
12	CANMBINT	0002h	0040h	CAN	高优先级的邮箱中断
13	CANERINT	0002h	0041h	CAN	高优先级的CAN错误中断
INT2(级别2)					
14	CMP1INT	0004h	0021h	EVA	比较器1中断
15	CMP2INT	0004h	0022h	EVA	比较器2中断
16	CMP3INT	0004h	0023h	EVA	比较器3中断
17	T1PINT	0004h	0027h	EVA	定时器1周期中断
18	T1CINT	0004h	0028h	EVA	定时器1比较中断
19	T1UFINT	0004h	0029h	EVA	定时器1下溢中断
20	T1OFINT	0004h	002Ah	EVA	定时器1上溢中断
21	CMP4INT	0004h	0024h	EVB	比较器4中断
22	CMP5INT	0004h	0025h	EVB	比较器5中断
23	CMP6INT	0004h	0026h	EVB	比较器6中断
24	T3PINT	0004h	002Fh	EVB	定时器3周期中断
25	T3CINT	0004h	0030h	EVB	定时器3比较中断
26	T3UFINT	0004h	0031h	EVB	定时器3下溢中断
27	T3OFINT	0004h	0032h	EVB	定时器3上溢中断
INT3(级别3)					
28	T2PINT	0006h	002Bh	EVA	定时器2周期中断
29	T2CINT	0006h	002Ch	EVA	定时器2比较中断
30	T2UFINT	0006h	002Dh	EVA	定时器2下溢中断
31	T2OFINT	0006h	002Eh	EVA	定时器2上溢中断
32	T4PINT	0006h	0039h	EVB	定时器4周期中断
33	T4CINT	0006h	003Ah	EVB	定时器4比较中断
34	T4UFINT	0006h	003Bh	EVB	定时器4下溢中断
35	T4OFINT	0006h	003Ch	EVB	定时器4上溢中断
INT4(级别4)					
36	CAP1INT	0008h	0033h	EVA	捕捉1中断

续表 4.3

中断优先级	中断名称	CPU 中断向量地址	外设中断向量	中断源外设	说明
37	CAP2INT	0008h	0034h	EVA	捕捉 2 中断
38	CAP3INT	0008h	0035h	EVA	捕捉 3 中断
39	CAP4INT	0008h	0036h	EVB	捕捉 4 中断
40	CAP5INT	0008h	0037h	EVB	捕捉 5 中断
41	CAP6INT	0008h	0038h	EVB	捕捉 6 中断
INT5(级别 5)					
42	SPINT	000Ah	0005h	SPI	低优先级 SPI 中断
43	RXINT	000Ah	0006h	SCI	低优先级 SCI 接收中断
44	TXINT	000Ah	0007h	SCI	低优先级 SCI 发送中断
45	CANMBINT	000Ah	0040h	CAN	低优先级 CAN 邮箱中断
46	CANERINT	000Ah	0041h	CAN	低优先级 CAN 错误中断
INT6(级别 6)					
47	ADCINT	000Ch	0004h	ADC	低优先级 ADC 中断
48	XINT1	000Ch	0001h	外中断 1	低优先级的外中断 1
49	XINT2	000Ch	0011h	外中断 2	低优先级的外中断 2
N/A	保留	000Eh	N/A	CPU	分析中断
N/A	TRAP	0022h	N/A	CPU	陷阱(TRAP)中断
N/A	假中断向量	N/A	0000h	CPU	假中断向量

注：1. N/A 表示该功能是无效的；
2. 对于非 LF2407 中的某一具体型号的芯片没有某些外设模块，所以缺少这些外设模块的对应中断是不可用的。例如，LF2402A 器件就没有 SPI 和 CAN 中断，具体请查阅相关的器件手册。

4.3 外设中断扩展控制器

LF240x CPU 内核提供给用户 1 个不可屏蔽中断和 6 级可屏蔽中断：INT1～INT6。而这 6 级可屏蔽中断中的每 1 级别又包含了多个外设中断请求，所以用一个外设中断扩展（PIE）控制器专门来管理来自各种外设或外部引脚的数十个中断请求。图 4.4 为外设中断扩展模块图。

4.3.1 中断请求层次和结构

由于 LF240x 可响应的外设中断个数很多，所以可通过中断请求系统用一个两级中断结构来扩展可响应的中断个数。DSP 的中断请求/应答硬件逻辑和中断服务程序软件都有两级层次的中断。

在低层次中断，从几个外设来的外设中断请求（PIRQ）在中断控制器处进行或运算，产生一个 INTn(n=1～6)中断请求；在高层次中断，从 INTn 中断请求产生一个到 CPU 的中断请求。在外设配置寄存器中，对每一个产生外设中断请求的事件，都有中断使能位和中断标

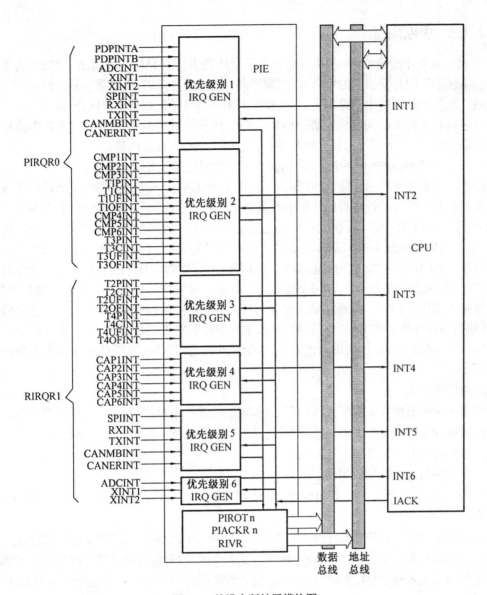

图 4.4 外设中断扩展模块图

志位。如果一个引起中断的外设事件发生且相应的中断使能位被置 1,则会产生一个外设到中断控制器的中断请求。当中断标志位被清 0 时,中断请求也被清 0。如果一个外设既可产生高优先级的中断请求,又可以产生低优先级的中断请求(表 4.3,如 SCI,SPI,ADC等),那么对应的中断优先级位的值也被送到 PIE 来进行判断。外设中断请求(PIRQ)标志位一直保持到中断应答自动清除或者软件将其清除。

在高层次中断,"或"逻辑运算的多个外设中断请求 INTn 产生一个到 CPU 的中断请求,它是两个 CPU 时钟脉冲宽的低电平脉冲。当任何一个控制 INTn 的外设中断请求有效时,都会产生一个到 CPU 的中断脉冲(INTn)。当多个外设同时发出中断请求时,CPU 总是响应优先级高的外设的中断请求。

注意:外设中断请求标志位是在 CPU 响应中断时自动清除,即在高层次中断时清除,而不是在外设中断级,即低层次中断时,将中断请求标志位清 0。

4.3.2 中断向量

当 CPU 接受中断请求时,它并不知道是哪一外设事件引起的中断请求。所以,为了使 CPU 能够区别不同外设引起的中断事件,需要经 PIE 控制器译码,决定哪个外设的中断请求被响应。在某个外设的中断请求有效时,都会产生一个唯一的外设中断向量,这个外设中断向量被装载到外设中断向量寄存器(PIVR)。CPU 应答外设中断请求时,从 PIVR 中读取相应的中断向量,并产生一个转到该中断服务子程序(GISR)入口的向量。

实际上,LF240x DSP 有两个中断向量表,即 CPU 向量表和外设向量表。

CPU 向量表用来得到响应中断请求的一级通用中断服务子程序(GISR)。外设向量表用来获取响应某一特定外设事件的特定中断服务子程序(SISR)。在一级通用中断服务子程序 GISR 中可读出 PIVR 中的值,在保存现场之后,用 PIVR 中的值来产生一个转到 SISR 的向量。例如,可屏蔽中断 XINT1(表 4.3,高优先级模式级别为 INT1,中断优先级为 7)产生一个中断请求,CPU 对其响应,这时,值 0001h(可屏蔽中断 XINT1 的外设中断向量)被装载到 PIVR 中,CPU 获取被装载到 PIVR 中的值之后,用这个值来判断是哪一个外设引起的中断,接着转移到相应的 SISR。该转移是一个条件转移,即只有在 PIVR 被装载入一个特定的值后,才执行转移操作。将 PIVR 中的值装载入累加器时需要先左移,再加上一个固定的偏移量,然后程序转到累加器指定的地址入口,这个地址将指向 SISR,从而执行 XINT1 的中断服务子程序。

1. 假中断向量

如果一个中断应答被响应,但没有获得相应的外设的中断请求,那么就使用假中断。假中断向量特性可以保证中断系统的完整性,从而使中断系统一直可靠安全地运行,而不会进入无法预料的中断死循环中。

以下两种情况会产生假中断。

(1) CPU 执行一个软件中断指令 INTR,使用参数 1~6,用于请求服务 6 个可屏蔽中断 (INT1~INT6)之一。

(2) 当外设发出中断请求,但是其 INTn 标志位却在 CPU 应答请求之前已经被清 0。

在上述两种情况下,并没有外设中断请求送到中断控制器,因此中断控制器不知道哪个外设中断向量装入到 PIVR,此时向 PIVR 中装入假中断向量 0000h,从而避免了程序进入中断死循环中。

2. 软件层次

中断服务子程序有两级:通用中断服务子程序(GISR)和特定中断服务子程序(SISR)。在 GISR 中保存必要的上下文,从外设中断向量寄存器(PIVR)中读取外设中断向量,这个向量用来产生转移到 SISR 的地址入口。对每一个外设的中断请求,都有一个特定的 SISR 入口,在 SISR 中执行对该外设事件的响应。

程序一旦进入特定中断服务子程序后,所有的可屏蔽中断都被屏蔽。GISR 必须在中断被重新使能之前读取 PIVR 中的值,否则在另一个中断请求发生之后,PIVR 中将装入另一个中断请求的偏移量,这将导致原外设中断向量参数的永久丢失。

外设中断扩展(PIE)不包括象复位和不可屏蔽中断。PIE 控制器也不支持不可屏蔽中断的扩展。

3. 不可屏蔽中断

LF240x DSP 限 NMI 引脚，在访问无效的地址时，不可屏蔽中断(NMI)就会发出请求。当 NMI 被响应后，程序将转到不可屏蔽中断向量入口地址 0024h(表 4.2)处。LF240x DSP 没有与 NMI 相对应的控制寄存器。

4.3.3 全局中断使能

状态寄存器 ST0 中有一个全局中断使能位(INTM)，在初始化程序和主程序中，常常需要使用该位对 DSP 的全局中断进行打开和关闭操作，特别是初始化过程中，需要关全局中断，而在主程序开始执行时，需要开全局中断。有关全局中断和开全局中断的汇编语言指令如下：

```
SETC    INTM            ;把 INTM 位置 1,关全局中断
CLRC    INTM            ;把 INTM 位清 0,开全局中断
```

另外在执行完中断服务子程序后，一定要打开全局中断。因为进入中断服务程序时，系统自动关闭中断，不允许在中断服务子程序中响应其他中断，即不允许中断嵌套，所以从中断服务子程序返回时需要重新打开全局中断。

4.4 中断响应的过程

下面介绍某一外设中断请求的响应过程。

(1) 某一外设发出中断请求。

(2) 如果该外设的中断请求标志位(IF)为 1，且该外设的中断使能位(IE)为 1，则该外设将获取它的 PIRQ(外设中断请求)，产生一个到 PIE 控制器的中断请求；如果中断没有被使能，则中断请求标志位(IF)为 1 的状态保持到被软件清 0。

(3) 如果不存在相同优先级(INTn)的中断请求，那么 PIRQ 会使 PIE 控制器产生一个到 CPU 的中断请求(INTn)，中断请求信号需要两个 CPU 时钟宽度的低电平脉冲。

(4) CPU 的中断请求设定 CPU 的中断标志寄存器(IFR)，如果通过设置 CPU 的中断屏蔽寄存器(IMR)，CPU 中断已经被使能了，CPU 会中止当前的任务，将 INTM 置 1，以屏蔽所有可屏蔽的中断，保存上下文，并且开始为高优先级的中断(INTn)执行通用中断服务子程序(GISR)。CPU 自动产生一个中断应答，并向与被响应的高优先级中断的相应程序地址总线(PAB)送一个中断向量值。例如，如果 1NT2 被响应了，它的中断向量 0004h 被装入 PAB。

(5) 外设中断扩展(PIE)控制器会对 PAB 的值进行译码，并产生一个外设响应应答，清除与被应答的 CPU 中断相关的 PIRQ 位，然后外设中断扩展控制器将相应的中断向量(或假中断向量)载入外设中断向量寄存器(PIVR)。当 GISR 已经完成了必要的上下文的保存，就可以读入 PIVR，并使用中断向量，使程序转入到特定中断服务子程序(SISR)的入口处去执行。

4.5 中断响应的等待时间

中断响应的等待时间包括：外设同步接口时间、CPU 响应时间、ISR 转移时间。

(1) 外设同步接口时间是指 PIE 识别出外设发来的中断请求,经判断优先级、转换后将中断请求发送至 CPU 的时间。

(2) CPU 的响应时间指的是 CPU 识别出已经被使能的中断请求、响应中断、清除流水线,并且开始捕获来自 CPU 中断向量的第一条指令所花费的时间。最小的 CPU 的响应时间是 4 个 CPU 指令周期。

(3) ISR 转移时间是指为了转移 ISR 中特定部分而必须执行一些转移所花费的时间。该时间长短根据用户所实现的 ISR 的不同而有所变化。

4.6 CPU 的中断寄存器

CPU 中断寄存器包括以下两种。
(1) 中断标志寄存器(IFR)。
(2) 中断屏蔽寄存器(IMR)。

4.6.1 CPU 中断标志寄存器(IFR)

中断标志寄存器 IFR 映射到数据存储器空间中的地址为 0006h。该寄存器的格式如图 4.5 所示。

15~6	5	4	3	2	1	0
保留	INT6 标志	INT5 标志	INT4 标志	INT3 标志	INT2 标志	INT1 标志
0	RW1C-0	RW1C-0	RW1C-0	RW1C-0x	RW1C-0	RW1C-0

图 4.5 中断标志寄存器 IFR 格式
0—读出为 0;R—可读;W1C—写 1 清除该位;-0—复位后的值

位 15~位 6:保留。
位 5~位 0:分别为 INT6~INT1 的中断标志位。
    0—无 INTn(n=1~6)的中断挂起。
    1—有 INTn(n=1~6)的中断挂起。

中断标志寄存器 IFR 用于识别和清除 INT6~INT1 挂起的中断,它包含了所有可屏蔽中断 INT6~INT1 的标志位。

当一个外设发出可屏蔽中断被请求时,中断标志寄存器的相应标志位被置 1。如果该外设对应中断屏蔽寄存器中的中断使能位也为 1,则该中断请求被送到 CPU,此时该中断正被挂起或等待响应。

读取 IFR 可以识别挂起的中断,向相应的 IFR 位写 1 将清除已挂起的中断。把 IFR 中当前的内容写回 IFR,可清除所有挂起的中断。

LF240x 复位时,将清除所有的 IFR 位,CPU 响应中断或者器件复位都能将 IFR 标志清除。

在对 IFR 操作时应注意以下几点。
(1) 要想清除某一 IFR 位,必须向该位写 1,而不是 0。
(2) 当一个可屏蔽中断被响应时,只有 IFR 位被清除,而相应的外设控制寄存器中的中断请求标志位不会被清除。如果需要清除这些标志位,应该使用软件来清除。

(3) 当通过 INTR 指令来请求中断,且相应的 IFR 位被置 1 时,CPU 不会自动清除该位,该位必须由软件来清除。

(4) IFR 和 IMR 控制的是核心级的中断,所有外设在它们各自的配置/控制寄存器都有相应的中断屏蔽和标志位。

4.6.2 CPU中断屏蔽寄存器(IMR)

中断屏蔽寄存器 IMR 映射到数据存储器空间中的地址为 0004h,格式如图 4.6 所示。

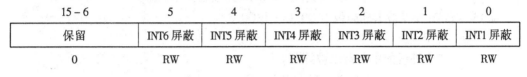

图 4.6 中断屏蔽寄存器(IMR)格式
0—读出为 0;RW—可读写

IMR 中包含所有可屏蔽中断级(INT1~INT6)的屏蔽位,读 IMR 可以识别出已屏蔽或使能的中断级,而向 IMR 中写,则可屏蔽中断或使能中断。为了使能中断,应设置相应的 IMR 位为 1,而屏蔽中断时只需要将相应的 IMR 位设为 0。

位 15~位 6:保留。

位 5~位 0:分别为 INT6~INT1 中断的屏蔽位。

0—中断 INTn 被屏蔽。

1—中断 INTn 被使能。

4.6.3 外设中断寄存器

外设中断寄存器包括以下几种。

(1) 外设中断向量寄存器(PIVR)。

(2) 外设中断请求寄存器 0(PIRQR0)。

(3) 外设中断请求寄存器 1(PIRQR1)。

(4) 外设中断请求寄存器 2(PIRQR2)。

(5) 外设中断应答寄存器 0(PIACKR0)。

(6) 外设中断应答寄存器 1(PIACKR1)。

(7) 外设中断应答寄存器 2(PIACKR2)。

外设中断请求寄存器和外设中断应答寄存器都属于外设中断扩展模块用来向 CPU 产生 INT1~INT6 中断请求的内部寄存器,这些寄存器用户只能对其读。

1.外设中断向量寄存器(PIVR)

外设中断向量寄存器(PIVR)映射到数据存储器空间中的地址为 701Eh,该寄存器的 16 位 V15~V0,为最近一次被应答的外设中断的地址向量。

2.外设中断请求寄存器 0(PIRQR0)

外设中断请求寄存器 0(PIRQR0)映射到数据存储器空间中的地址为 7010h,格式如图 4.7所示。

15	14	13	12	11	10	9	8
IRQ0.15	IRQ0.14	IRQ0.13	IRQ0.12	IRQ0.11	IRQ0.10	IRQ0.9	IRQ0.8
RW-0	RW-0	RW-0	RW-0	RW-0	RW-0	RW-0	RW-0

7	6	5	4	3	2	1	0
IRQ0.7	IRQ0.6	IRQ0.5	IRQ0.4	IRQ0.3	IRQ0.2	IRQ0.1	IRQ0.0
RW-0	RW-0	RW-0	RW-0	RW-0	RW-0	RW-0	RW-0

图 4.7 外设中断请求寄存器 0(PIRQR0)格式

R—可读;W—可读;-0—复位值

位 15~位 0:外设请求标志位 IRQ0.15~IRQ0.0

0—无相应外设的中断请求。

1—相应外设的中断请求被挂起。

注:写入 1 会发出一个中断请求到 DSP 核,写入 0 无影响。

该寄存器 16 个位所对应的外设如表 4.4 所示。

表 4.4 外设中断请求寄存器 0(PIRQR0)各位的定义

位	中断	中断描述	中断优先级
IRQ0.0	PDPINTA	功率驱动保护中断引脚	INT1
IRQ0.1	ADCINT	高优先级 ADC 中断	INT1
IRQ0.2	XINT1	高优先级外部引脚 1 中断	INT1
IRQ0.3	XINT2	高优先级外部引脚 2 中断	INT1
IRQ0.4	SPIINT	高优先级 SPI 中断	INT1
IRQ0.5	RXINT	高优先级 SCI 接收中断	INT1
IRQ0.6	TXINT	高优先级 SCI 发送中断	INT1
IRQ0.7	CANMBINT	高优先级邮箱中断	INT1
IRQ0.8	CANERINT	高优先级 CAN 错误中断	INT1
IRQ0.9	比较器 1 中断	比较器 1 中断	INT2
IRQ0.10	比较器 2 中断	比较器 2 中断	INT2
IRQ0.11	比较器 3 中断	比较器 3 中断	INT2
IRQ0.12	定时器 1 周期中断	定时器 1 周期中断	INT2
IRQ0.13	定时器 1 比较中断	定时器 1 比较中断	INT2
IRQ0.14	定时器 1 下溢中断	定时器 1 下溢中断	INT2
IRQ0.15	定时器 1 上溢中断	定时器 1 上溢中断	INT2

3.外设中断请求寄存器 1(PIRQR1)

外设中断请求寄存器 1(PIRQR1)映射到数据存储器空间中的地址为 7011h,格式如图 4.8 所示。

15	14	13	12	11	10	9	8
保留	IRQ1.14	IRQ1.13	IRQ1.12	IRQ1.11	IRQ1.10	IRQ1.9	IRQ1.8
R-0	RW-0	RW-0	RW-0	RW-0	RW-0	RW-0	RW-0 |宁
7	6	5	4	3	2	1	0
IRQ1.7	IRQ1.6	IRQ1.5	IRQ1.4	IRQ1.3	IRQ1.2	IRQ1.1	IRQ1.0
RW-0	RW-0	RW-0	RW-0	RW-0	RW-0	RW-0	RW-0

图 4.8 外设中断请求寄存器 1(PIRQR1)格式

R—可读;W—可读;-0—复位值

位 15:保留。读出为 0,写入无影响。

位 14 ~ 位 0:外设请求标志位 IRQ1.14 ~ IRQ1.0。

  0—无相应外设的中断请求。

  1—相应外设的中断请求被挂起。

注:写入 1 会发出一个中断请求到 DSP 核,写入 0 无影响。

该寄存器 16 个位所对应的中断如表 4.5 所示。

表 4.5 外设中断请求寄存器 1(PIRQR1)各位的定义

位	中断	中断描述	中断优先级
IRQ1.0	T2PINT	定时器 2 周期中断	INT3
IRQ1.1	T2CINT	定时器 2 比较中断	INT3
IRQ1.2	T2UFINT	定时器 2 下溢中断	INT3
IRQ1.3	T2OFINT	定时器 2 上溢中断	INT3
IRQ1.4	CAP1INT	比较器 1 中断	INT4
IRQ1.5	CAP2INT	比较器 2 中断	INT4
IRQ1.6	CAP3INT	比较器 3 中断	INT4
IRQ1.7	SPINT	低优先级 SPI 中断	INT5
IRQ1.8	RXINT	低优先级 SCI 接收中断	INT5
IRQ1.9	TXINT	低优先级 SCI 发送中断	INT5
IRQ1.10	CANMBINT	低优先级 CAN 邮箱中断	INT5
IRQ1.11	CANERINT	低优先级 CAN 错误中断	INT5
IRQ1.12	ADCINT	低优先级 ADC 中断	INT6
IRQ1.13	XINT1	低优先级的外中断 1	INT6
IRQ1.14	XINT2	低优先级的外中断 2	INT6

4. 外设中断请求寄存器 2(PIRQR2)

外设中断请求寄存器 2(PIRQR2)映射到数据存储器空间中的地址为 7012h,格式如图 4.9 所示。

15	14	13	12	11	10	9	8
保留	IRQ2.14	IRQ2.13	IRQ2.12	IRQ2.11	IRQ2.10	IRQ2.9	IRQ2.8
R-0	RW-0	RW-0	RW-0	RW-0	RW-0	RW-0	RW-0
7	6	5	4	3	2	1	0
IRQ2.7	IRQ2.6	IRQ2.5	IRQ2.4	IRQ2.3	IRQ2.2	IRQ2.1	IRQ2.0
RW-0	RW-0	RW-0	RW-0	RW-0	RW-0	RW-0	RW-0

图 4.9 外设中断请求寄存器 2(PIRQR2)格式

位 15:保留。

位 14 ~ 位 0:外设请求标志位 IRQ2.14 ~ IRQ2.0

  0——无相应外设的中断请求；

  1——相应外设的中断请求被挂起。

注:写入 1 会发出一个中断请求到 DSP 核,写入 0 无影响。

该寄存器 16 个位所对应的中断如表 4.6 所示。

表 4.6 外设中断请求寄存器 2(PIRQR2)各位的定义

位	中断	中断描述	中断优先级
IRQ2.0	PDPINTB	功率驱动保护中断	INT1
IRQ2.1	CMP4INT	比较器 4 中断	INT2
IRQ2.2	CMP5INT	比较器 5 中断	INT2
IRQ2.3	CMP6INT	比较器 6 中断	INT2
IRQ2.4	T3PINT	定时器 3 周期中断	INT2
IRQ2.5	T3CINT	定时器 3 比较中断	INT2
IRQ2.6	T3UFINT	定时器 3 下溢中断	INT2
IRQ2.7	T3OFINT	定时器 3 上溢中断	INT2
IRQ2.8	T4PINT	定时器 4 周期中断	INT3
IRQ2.9	T4CINT	定时器 4 比较中断	INT3
IRQ2.10	T4UFINT	定时器 4 下溢中断	INT3
IRQ2.11	T4OFINT	定时器 4 上溢中断	INT3
IRQ2.12	CAP4INT	捕捉 4 中断	INT4
IRQ2.13	CAP5INT	捕捉 5 中断	INT4
IRQ2.14	CAP6INT	捕捉 6 中断	INT4

5. 外设中断应答寄存器 0(PIACKR0)

外设中断应答寄存器 0(PIACKR0)映射到数据存储器空间中的地址为 7014h,格式如图 4.10 所示。

15	14	13	12	11	10	9	8
IAK0.15	IAK0.14	IAK0.13	IAK0.12	IAK0.11	IAK0.10	IAK0.9	IAK0.8
RW – 0	RW – 0	RW – 0	RW – 0	RW – 0	RW – 0	RW – 0	RW – 0
7	6	5	4	3	2	1	0
IAK0.7	IAK0.6	IAK0.5	IAK0.4	IAK0.3	IAK0.2	IAK0.1	IAK0.0
RW – 0	RW – 0	RW – 0	RW – 0	RW – 0	RW – 0	RW – 0	RW – 0

图 4.10 外设中断应答寄存器 0(PIACKR0)格式

位 15 ~ 位 0：外设中断应答位 IAK0.15 ~ IAK0.0。

注：向该寄存器写 1 会发出一个中断请求到 DSP 核，写入 0 无影响。

该寄存器 16 个位所对应的中断如表 4.6 所示。

表 4.6 外设中断应答寄存器 0(PIACKR0)各位的定义

位	中断	中断描述	中断优先级
IAK0.0	PDPINT	功率驱动保护中断引脚	INT1
IAK0.1	ADCINT	高优先级 ADC 中断	INT1
IAK0.2	XINT1	高优先级外部引脚 1 中断	INT1
IAK0.3	XINT2	高优先级外部引脚 2 中断	INT1
IAK0.4	SPIINT	高优先级 SPI 中断	INT1
IAK0.4	RXINT	高优先级 SCI 接收中断	INT1
IAK0.6	TXINT	高优先级 SCI 发送中断	INT1
IAK0.7	CANMBINT	高优先级邮箱中断	INT1
IAK0.8	CANERINT	高优先级 CAN 错误中断	INT1
IAK0.9	比较器 1 中断	比较器 1 中断	INT2
IAK0.10	比较器 2 中断	比较器 2 中断	INT2
IAK0.11	比较器 3 中断	比较器 3 中断	INT2
IAK0.12	定时器 1 周期中断	定时器 1 周期中断	INT2
IAK0.13	定时器 1 比较中断	定时器 1 比较中断	INT2
IAK0.14	定时器 1 下溢中断	定时器 1 下溢中断	INT2
IAK0.15	定时器 1 上溢中断	定时器 1 上溢中断	INT2

6. 外设中断应答寄存器 1(PIACKR1)

外设中断应答寄存器 1(PIACKR1)的映射到数据存储器空间的地址为 7015h，格式如图 4.11 所示。

15	14	13	12	11	10	9	8
保留	IAK1.14	IAK1.13	IAK1.12	IAK1.11	IAK1.10	IAK1.9	IAK1.8
R – 0	RW – 0	RW – 0	RW – 0	RW – 0	RW – 0	RW – 0	RW – 0
7	6	5	4	3	2	1	0
IAK1.7	IAK1.6	IAK1.5	IAK1.4	IAK1.3	IAK1.2	IAK1.1	IAK1.0
RW – 0	RW – 0	RW – 0	RW – 0	RW – 0	RW – 0	RW – 0	RW – 0

图 4.11 外设中断应答寄存器 1(PIACKR1)格式

位 15:保留。

位 14 ~ 位 0:外设中断应答位 IAK1.14 ~ IAK1.0,作用和 PIACKR0 寄存器一样。
该寄存器各个位所对应的中断如表 4.7 所示。

表 4.7 外设中断应答寄存器 1(PIACKR1)各位的定义

位	中断	中断描述	中断优先级
IAK1.0	T2PINT	定时器 2 周期中断	INT3
IAK1.1	T2CINT	定时器 2 比较中断	INT3
IAK1.2	T2UFINT	定时器 2 下溢中断	INT3
IAK1.3	T2OFINT	定时器 2 上溢中断	INT3
IAK1.4	CAP1INT	捕捉 1 中断	INT4
IAK1.5	CAP2INT	捕捉 2 中断	INT4
IAK1.6	CAP3INT	捕捉 3 中断	INT4
IAK1.7	SPINT	低优先级 SPI 中断	INT5
IAK1.8	RXINT	低优先级 SCI 接收中断	INT5
IAK1.9	TXINT	低优先级 SCI 发送中断	INT5
IAK1.10	CANMBINT	低优先级邮箱中断	INT5
IAK1.11	CANERINT	低优先级 CAN 错误中断	INT5
IAK1.12	ADCINT	低优先级 ADC 中断	INT6
IAK1.13	XINT1	低优先级外部引脚 1 中断	INT6
IAK1.14	XINT2	低优先级外部引脚 2 中断	INT6

位 15 ~ 位 0:外设中断应答位 IAK1.15 ~ IAK1.0,作用和 PIACKR0 寄存器一样。

7. 外设中断应答寄存器 2(PIACKR2)

外设中断应答寄存器 2(PIACKR2)的映射到数据存储器空间的地址为 7016h,格式如图 4.12 所示。

15	14	13	12	11	10	9	8
保留	IAK2.14	IAK2.13	IAK2.12	IAK2.11	IAK2.10	IAK2.9	IAK2.8
R – 0	RW – 0	RW – 0	RW – 0	RW – 0	RW – 0	RW – 0	RW – 0
7	6	5	4	3	2	1	0
IAK2.7	IAK2.6	IAK2.5	IAK2.4	IAK2.3	IAK2.2	IAK2.1	IAK2.0
RW – 0	RW – 0	RW – 0	RW – 0	RW – 0	RW – 0	RW – 0	RW – 0

图 4.12 外设中断应答寄存器 2(PIACKR2)格式

位 15:保留。

位 14 ~ 位 0:外设中断应答位 IAK2.14 ~ IAK2.0,作用和 PIACKR0 对应位的意义一样。
该寄存器各个位所对应的中断如表 4.8 所示。

表 4.8 外设中断应答寄存器 2(PIACKR2)各位的定义

位	中断	中断描述	中断优先级
IAK2.0	PDPINTB	功率驱动保护引脚中断	INT1
IAK2.1	CMP4INT	比较器 4 中断	INT2
IAK2.2	CMP5INT	比较器 5 中断	INT2
IAK2.3	CMP6INT	比较器 6 中断	INT2
IAK2.4	T3PINT	定时器 3 周期中断	INT2
IAK2.5	T3CINT	定时器 3 比较中断	INT2
IAK2.6	T3UFINT	定时器 3 下溢中断	INT2
IAK2.7	T3OFINT	定时器 3 上溢中断	INT2
IAK2.8	T4PINT	定时器 4 周期中断	INT3
IAK2.9	T4CINT	定时器 4 比较中断	INT3
IAK2.10	T4UFINT	定时器 4 下溢中断	INT3
IAK2.11	T4OFINT	定时器 4 上溢中断	INT3
IAK2.12	CAP4INT	捕捉 4 中断	INT4
IAK2.13	CAP5INT	捕捉 5 中断	INT4
IAK2.14	CAP6INT	捕捉 6 中断	INT4

4.7 复位和无效地址检测

4.7.1 复位

LF2407 DSP 器件有两个复位来源。
(1) 外部复位引脚的电平变化引起的复位。
(2) 看门狗定时器溢出引起的复位。
复位引脚为一个 I/O 脚,如果有内部复位事件(如看门狗定时器溢出)发生,则该引脚被设置为输出方式,且被驱动为低,向外部电路表明 LF240x 器件正在自己复位。

4.7.2 无效地址检测

无效地址是不可执行的地址(例如,外设存储器映射中的保留寄存器),LF240x 一旦检测到对无效地址的访问,就将系统控制和状态寄存器 1(SCSR1)中的无效地址标志位(ILLADR)置 1,从而产生一个不可屏蔽中断(NMI)。无论何时检测到对无效地址的访问,都会产生插入一个无效地址条件,无效地址标志位(ILLADR)在无效地址条件发生之后被置 1,并一直保持,直到软件将其清除。通常产生无效地址访问的原因是不正确的数据页面初始化。

4.8 外部中断控制寄存器

外部中断 1 控制寄存器(XINT1CR)和外部中断 2 控制寄存器(XINT2CR)是用来控制和监视 XINT1 和 XINT2 两个引脚状态的两个外部中断控制寄存器。在 LF240x 中，XINT1 和 XINT2 引脚必须被拉为低电平至少 6 个(或 12 个)CLKOUT 周期才能被 CPU 内核识别。

4.8.1 外部中断 1 控制寄存器(XINT1CR)

外部中断 1 控制寄存器(XINT1CR)，映射到数据存储器空间的地址为 7070h，格式如图 4.13 所示。

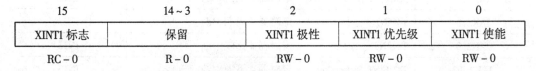

图 4.13 外部中断 1 控制寄存器(XINT1CR)格式

R—可读；W—可写；C—写 1 进行清除；-0—复位后的值

位 15：XINT1 标志位。表示在 XINT1 引脚上是否检测到一个所选择的中断跳变，无论中断是否使能，该位都可置 1。

当相应的中断被应答时，该位被自动清 0。通过软件向该位写 1(写 0 无效)或者器件复位时，该位也被清 0。

  0—没有检测到跳变。

  1—检测到跳变。

位 14～位 3：保留。

位 2：XINT1 极性。该读/写位决定了是在 XINT1 引脚信号的上升沿还是下降沿产生中断。

  0—在下降沿产生中断。

  1—在上升沿产生中断。

位 1：XINT1 优先级。该读/写位决定哪一个中断优先级被请求。

  0—高优先级。

  1—低优先级。

位 0：XINT1 使能位。该读/写位可使能或屏蔽外部中断 XINT1。

  0—屏蔽中断。

  1—使能中断。

4.8.2 外部中断 2 控制寄存器(XINT2CR)

外部中断 2 控制寄存器(XINT2CR)，映射到数据存储器空间的地址为 7071h，格式如图 4.14 所示。

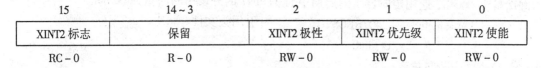

图 4.14 外部中断 2 控制寄存器(XINT2CR)格式
R—可读；W—可写；C—写 1 进行清除；-0—复位后的值

位 15：XINT2 中断请求标志位。该位表示在 XINT2 引脚上是否检测到一个中断请求跳变，无论该中断是否使能，该位都可以被置 1。当 XINT2 的中断请求被应答时，该位被自动清 0。

  0—没有检测到跳变。
  1—检测到跳变。

软件向该位写 1(写 0 无效)或器件复位时，该位也被清 0。

位 14～位 3：保留。

位 2：XINT2 极性。该位决定 XINT2 引脚信号的上升沿还是下降沿产生中断。
  0—在下降沿产生中断。
  1—在上升沿产生中断。

位 1：XINT2 的中断优先级。
  0—高优先级。
  1—低优先级。

位 0：XINT2 的中断使能位。
  0—屏蔽该中断。
  1—使能该中断。

4.9 实现可屏蔽中断的例程

  前面介绍了 LF240x 可屏蔽中断的特点，下面通过一个例程来介绍如何编写实现可屏蔽中断的中断服务子程序，其中包括如何来建立中断向量表的方法。

  LF2407 有 6 个可屏蔽的中断级 INT1～INT6，每一级又有多个中断源，为正确的响应中断，由前面的介绍可知，可以分两步来完成中断服务子程序。

  本例以通用定时器 1 产生 1 ms 的定时为例来说明如何实现可屏蔽中断。产生 1 ms 的定时功能用定时器 1 的周期中断(就是当计数器 T1CNT 计数计到与周期寄存器 T1PR 中的数相等时，即产生的中断，见第 7 章的介绍)来实现，通用定时器 1 中断由第 2 级中断 INT2 来控制。当优先级中断 INT2 中的通用定时器 1 的周期中断请求被响应时，CPU 转移至对应 INT2 级别的一级通用中断服务子程序 GISR2 执行程序。一进入 GISR2 就执行保护现场操作，再读取被锁存在外设中断向量寄存器(PIVR)中的该中断事件的向量地址偏移量，根据该偏移量再跳到相应的特定中断服务子程序 SISR 入口。

  通用定时器 1 的周期中断属于 INT2 级别。由于每一个中断都有一个其特定的中断向量入口地址，在建立中断向量表的时候一定注意要把所有的中断向量都列出来，否则在寻找入口地址时将出现错误。下面的中断向量表列出了 TMSLF2407 的所有中断向量。INT2 的中断向量为 0004h，通用定时器 1 的周期中断 T1PINT 的外设中断向量为 0027h。

```
            .include "F2407REGS.H"        ;引用头文件
            .def     _c_int0
;    (1)建立中断向量表
            .sect ".vectors"              ;定义主向量段
RSVECT      B    _c_int0                  ; PM0    Reset Vector       1
INT1        B    PHANTOM                  ; PM2    Int  level  1      4
INT2        B    GISR2                    ; PM4    Int  level  2      5
INT3        B    PHANTOM                  ; PM6    Int  level  3      6
INT4        B    PHANTOM                  ; PM8    Int  level  4      7
INT5        B    PHANTOM                  ; PMA    Int  level  5      8
INT6        B    PHANTOM                  ; PMC    Int  level  6      9
RESERVED    B    PHANTOM                  ; PME    (Analysis Int)     10
SW_INT8     B    PHANTOM                  ; PM10   User  S/W  int     -
SW_INT9     B    PHANTOM                  ; PM12   User  S/W  int     -
SW_INT10    B    PHANTOM                  ; PM14   User  S/W  int     -
SW_INT11    B    PHANTOM                  ; PM16   User  S/W  int     -
SW_INT12    B    PHANTOM                  ; PM18   User  S/W  int     -
SW_INT13    B    PHANTOM                  ; PM1A   User  S/W  int     -
SW_INT14    B    PHANTOM                  ; PM1C   User  S/W  int     -
SW_INT15    B    PHANTOM                  ; PM1E   User  S/W  int     -
SW_INT16    B    PHANTOM                  ; PM20   User  S/W  int     -
TRAP        B    PHANTOM                  ; PM22   Trap  vectors      -
NMI         B    PHANTOM                  ; PM24   User  S/W  int     3
EMU_TRAP    B    PHANTOM                  ; PM26                      2
SW_INT20    B    PHANTOM                  ; PM28   User  S/W  int     -
SW_INT21    B    PHANTOM                  ; PM2A   User  S/W  int     -
SW_INT22    B    PHANTOM                  ; PM2C   User  S/W  int     -
SW_INT23    B    PHANTOM                  ; PM2E   User  S/W  int     -
SW_INT24    B    PHANTOM                  ; PM30   User  S/W  int     -
SW_INT25    B    PHANTOM                  ; PM32   User  S/W  int     -
SW_INT26    B    PHANTOM                  ; PM34   User  S/W  int     -
SW_INT27    B    PHANTOM                  ; PM36   User  S/W  int     -
SW_INT28    B    PHANTOM                  ; PM38   User  S/W  int     -
SW_INT29    B    PHANTOM                  ; PM3A   User  S/W  int     -
SW_INT30    B    PHANTOM                  ; PM3C   User  S/W  int     -
SW_INT31    B    PHANTOM                  ; PM3E   User  S/W  int     -
            .sect ".pvecs"                ;定义各外设子向量段
PVECTORS    B    PHANTOM                  ;子向量的地址偏移为 0000h
            B    PHANTOM                  ;子向量的地址偏移为 0001h
```

B	PHANTOM	;子向量的地址偏移为0002h
B	PHANTOM	;子向量的地址偏移为0003h
B	PHANTOM	;子向量的地址偏移为0004h
B	PHANTOM	;子向量的地址偏移为0005h
B	PHANTOM	;子向量的地址偏移为0006h
B	PHANTOM	;子向量的地址偏移为0007h
B	PHANTOM	;子向量的地址偏移为0008h
B	PHANTOM	;子向量的地址偏移为000Ah
B	PHANTOM	;子向量的地址偏移为000Bh
B	PHANTOM	;子向量的地址偏移为000Ch
B	PHANTOM	;子向量的地址偏移为000Dh
B	PHANTOM	;子向量的地址偏移为000Eh
B	PHANTOM	;子向量的地址偏移为000Fh
B	PHANTOM	;子向量的地址偏移为0010h
B	PHANTOM	;子向量的地址偏移为0011h
B	PHANTOM	;子向量的地址偏移为0012h
B	PHANTOM	;子向量的地址偏移为0013h
B	PHANTOM	;子向量的地址偏移为0014h
B	PHANTOM	;子向量的地址偏移为0015h
B	PHANTOM	;子向量的地址偏移为0016h
B	PHANTOM	;子向量的地址偏移为0017h
B	PHANTOM	;子向量的地址偏移为0018h
B	PHANTOM	;子向量的地址偏移为0019h
B	PHANTOM	;子向量的地址偏移为001Ah
B	PHANTOM	;子向量的地址偏移为001Bh
B	PHANTOM	;子向量的地址偏移为001Ch
B	PHANTOM	;子向量的地址偏移为001Dh
B	PHANTOM	;子向量的地址偏移为001Eh
B	PHANTOM	;子向量的地址偏移为001Fh
B	PHANTOM	;子向量的地址偏移为0020h
B	PHANTOM	;子向量的地址偏移为0021h
B	PHANTOM	;子向量的地址偏移为0022h
B	PHANTOM	;子向量的地址偏移为0023h
B	PHANTOM	;子向量的地址偏移为0024h
B	PHANTOM	;子向量的地址偏移为0025h
B	PHANTOM	;子向量的地址偏移为0026h
B	T1PINT_ISR	;子向量的地址偏移为0027h,T1PINT中断
B	PHANTOM	;子向量的地址偏移为0028h
B	PHANTOM	;子向量的地址偏移为0029h
B	PHANTOM	;子向量的地址偏移为002Ah

	B	PHANTOM	;子向量的地址偏移为002Bh
	B	PHANTOM	;子向量的地址偏移为002Dh
	B	PHANTOM	;子向量的地址偏移为002Eh
	B	PHANTOM	;子向量的地址偏移为0030h
	B	PHANTOM	;子向量的地址偏移为0031h
	B	PHANTOM	;子向量的地址偏移为0032h
	B	PHANTOM	;子向量的地址偏移为0033h
	B	PHANTOM	;子向量的地址偏移为0034h
	B	PHANTOM	;子向量的地址偏移为0035h
	B	PHANTOM	;子向量的地址偏移为0036h
	B	PHANTOM	;子向量的地址偏移为0037h
	B	PHANTOM	;子向量的地址偏移为0038h
	B	PHANTOM	;子向量的地址偏移为0039h
	B	PHANTOM	;子向量的地址偏移为003Ah
	B	PHANTOM	;子向量的地址偏移为003Bh
	B	PHANTOM	;子向量的地址偏移为003Ch
	B	PHANTOM	;子向量的地址偏移为003Dh
	B	PHANTOM	;子向量的地址偏移为003Eh
	B	PHANTOM	;子向量的地址偏移为003Fh
	B	PHANTOM	;子向量的地址偏移为0040h
	B	PHANTOM	;子向量的地址偏移为0041h

;　(2)主程序

　　　　　　　　.text

_c_int0

	SETC	INTM	;INTM 位置1,关总中断
	CLRC	SXM	;
	CLRC	OVM	;
	CLRC	CNF	;内部 DARAM 的 B0 区被配置为数据空间
	LDP	#0E0H	;
	SPLK	#81FEH,SCSR1	;CLKIN = 6 MHz,CLKOUT = 24 MHz
	SPLK	#0E8H,WDCR	;关闭 WDT
	LDP	#0	;
	SPLK	#02H,IMR	;02H 送 IMR 寄存器,使能中断优先级 INT2
	SPLK	#0FFFFH,IFR	;FFFFH 送 IFR 寄存器,清中断标志
	LDP	#DP_PF2	;
	LDP	#DP_EVA	;
	SPLK	#80H,EVAIMRA	;使能 T1PINT 中断
	SPLK	#0FFFFh,EVAIFRA	;清 EVA 中断标志
	SPLK	#0,GPTCONA	;
	SPLK	#177H,T1PR	;数 177h 送定时器1的周期寄存器,使 T1

```
                                          ；每 1 ms 产生一次中断
              SPLK       #0,T1CNT        ；T1CNT 寄存器清 0
              SPLK       #164CH,T1CON    ；数 164Ch 送 T1CON 寄存器,设置定时器 1
              CLRC       INTM            ；INTM 位清 0,开总中断
WAIT:         NOP                        ；在此处循环,等待通用定时器 1 的周期中
                                          断
              B          WAIT            ；
;     (3)中断服务子程序
GISR2:                                   ；优先级 INT2 中断入口
              LDP        #0E0H           ；保护现场
              LACC       PIVR,1          ；读外设中断向量寄存器(PIVR)并左移 1 位
              ADD        #PVECTTORS      ；加上外设中断入口地址,跳到相应的中断
                                          入口
              BACC                       ；跳到相应的中断服务子程序
T1PINT_ISR:LDP  #DP_EVA                  ；通用定时器 1 中断服务子程序入口
              SPLK       #0,T1CNT        ；0 送 T1CNT 寄存器
GISR2_RET:                               ；中断返回,恢复现场
              CLRC       INTM            ；开总中断,因为一进入中断就自动关闭总
                                          中断
              RET                        ；中断返回
;     (4)假中断程序
PHANTOM
              KICK_DOG                   ；复位看门狗
              RET                        ；中断返回
              END                        ；结束
```

由上述程序可见,当定时器 1 的 T1CNT 计数到 177h,即 1 ms 时间到,就向 CPU 申请中断;如果这时没有其他的中断产生,则 CPU 接收中断申请。先在主向量段查表查到优先级 INT2 的中断向量入口(GISR2),在 GISR2 中读取外设中断向量寄存器(PIVR)中的中断地址偏移量为 0027h,再加上子向量段起始地址,通过查中断子向量段表,跳入通用定时器 1 的中断入口(T1PINT_ISR)。

在中断服务子程序中有对中断现场的保护和恢复。中断现场主要是指 DSP 的状态寄存器 ST0、ST1 和在中断中用到的一些辅助寄存器 AR0～AR7。对需要保护和恢复的内容,程序编写者可根据实际任务来确定。由于在本中断服务子程序中仅对 DP 指针进行了改变,所以只需要保存状态寄存器 ST0 即可。

在本例程中用到了假中断 PHANTOM。假中断向量是保持中断系统完整性的一个特性。当一个中断请求已被响应,但却无外设将该中断向量地址的偏移量装入外设中断向量寄存器(PIVR)时,假中断向量(0000h)则被装入 PIVR,这种缺省保证了系统按照可控的方式进行处理。

如果要实现其他的中断,就将需要的中断级打开即可。

第5章 存储器和I/O空间

本章介绍 TMSLF240x DSP 的程序存储器空间、数据存储器空间和 I/O 空间。TMSLF240x DSP 具有 16 位地址线,可分别访问这三个独立的地址空间,每个空间的容量均为 64 K 字。

(1) 程序存储器空间为 64 K 字。
(2) 数据存储器空间为 64 K 字。
(3) I/O 空间为 64 K 字。

注意:LF240x DSP 的所有片内外设的寄存器均映射在数据存储器空间。

以"LF"为前缀的 DSP 芯片,片内有 Flash 存储器;而以"LC"为前缀的芯片,片内有 CMOS 工艺的程序存储器,而没有 Flash 存储器。

在 LF2407/ LF2407A 的片内具有 2 K 字的单访问 RAM(SARAM)和 544 字的双访问 RAM (DARAM:B0 块为 256 字;B1 块为 256 字;B2 块为 32 字)

5.1 片内存储器

5.1.1 双访问 RAM (DARAM)

所有 LF240x DSP 片内均有 544 字 DARAM。DARAM 在一个机器周期内可被访问 2 次,即在一个机器周期的主相写数据到 DARAM;而在该周期的从相从 DARAM 读出数据,从而大大提高了运行速度。

544 字双访问 RAM 分为三块:B0 块、B1 块和 B2 块,该存储器空间主要用来保存数据,但是 B0 块也可以用来保存程序。B0 块配置成数据存储器空间还是程序存储器空间,要由寄存器 ST1 的 CNF 位来决定。

(1) CNF = 1,B0 映射到程序存储器空间。
(2) CNF = 0,B0 映射到数据存储器空间。

5.1.2 单访问 RAM (SARAM)

LF2407/LF2407A 的片内有 2 K 字的 SARAM。SARAM 在一个机器周期内只能被访问 1 次。例如,如果一条指令要将累加器的值保存,并且装载一个新值到累加器,在 SARAM 中,完成这个任务需要两个时钟周期,而在 DARAM 中只需要一个时钟周期。

利用软件可将 SARAM 配置成外部存储器或内部 SARAM。

5.1.3 Flash 程序存储器

片内的 Flash 存储器映射到程序存储器空间。对于 LF2407/LF2407A,MP/$\overline{MC}$引脚决定是访问片内的程序存储器(Flash)还是访问片外的程序存储器。

1. Flash 程序存储器

Flash 可以被编程(在 15～40 MHz 的时钟频率范围内)或者使用电擦除的方式多次使用,以便进行程序的修改和开发。Flash 模块具有如下特点。

(1) 运行在 3.3 V 电压模式下。

(2) 对 Falsh 编程时需要在 V_{CCP} 上有 $(5±5\%)$ V 电压供电。

(3) Flash 有多个向量,用来保护它,防止被擦除。

(4) Flash 的编程是由 CPU 来实现的。

2. Flash 控制方式寄存器(FCMR)

除了 Flash 存储器阵列,Flash 模块还有 4 个寄存器,控制在 Flash 中的操作。在任意给定的时间内,用户可以访问 Flash 模块中的存储器阵列,也可以访问控制寄存器,但不能同时访问。Flash 模块有一个 Flash 控制方式寄存器来选择两种访问模式。该寄存器映射在内部 I/O 空间的 FF0Fh,这是一个不能读的特殊功能寄存器,它可以在 Flash 的存储器阵列方式下使能 Flash,用来对 Flash 阵列编程。该寄存器的功能如下。

(1) 使用该寄存器地址的 OUT 指令,可以将 Flash 模块置于寄存器访问模式,被使用的数据操作数是无意义的。例如:

    OUT dummy, 0FF0Fh ;选择寄存器访问方式

(2) 使用该寄存器地址的 IN 指令,可以将 Flash 模块置于存储器阵列访问模式,被使用的数据操作数是无意义的。例如:

    IN dummy, 0FF0Fh ;选择存储器阵列访问方式

5.2　程序存储器

程序存储器空间用于保存程序代码以及数据表和常数,其寻址范围为 64 K,包括了片内 DARAM 和片内 Flash。当一个片外程序存储器地址需要访问时,DSP 会自动产生相应的访问外部程序存储器地址空间的控制信号($\overline{PS}$、$\overline{STRB}$等)。图 5.1 所示为 LF2407/LF2407A 的程序存储器空间的映射。

有两个因素决定程序存储器的配置。

(1) CNF 位。CNF 位是状态寄存器 ST1 的第 12 位,决定双访问 RAM(DARAM)配置在数据存储器空间,还是配置在程序存储器空间。

① CNF = 0 时,256 字的 B0 块被映射到数据存储器空间。

② CNF = 1 时,256 字的 B0 块被映射到程序存储器空间。

在复位时,由于 CNF = 0, B0 块则被映射到数据存储器空间。

(2) MP/$\overline{MC}$引脚。该引脚决定是从片内 Flash/ROM 读取指令,还是从外部程序存储器读取指令。

① MP/$\overline{MC}$ = 0 时,器件被配置为微控制器方式。片内 Flash 可以被访问,器件从片内程

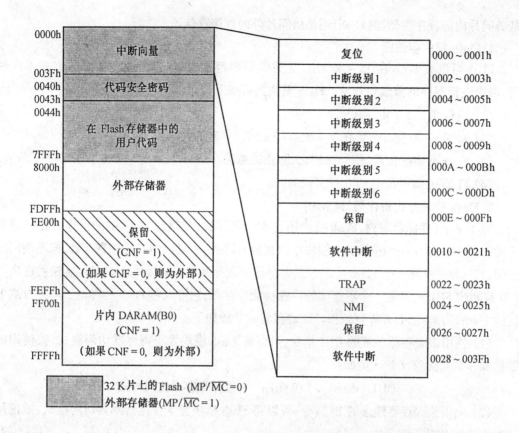

图 5.1 LF2407/2407A 的程序存储器映射

序存储器中读取复位向量。对于 LF2407/LF2407A 芯片,此时访问的是片内程序存储器的 0000h～7FFFh 空间。

② MP/$\overline{MC}$=1 时,器件被配置为微处理器方式。器件从外部程序存储器中读取复位向量。对于 LF2407/LF2407A 芯片,此时访问的是片外程序存储器的 0000h～7FFFh 空间。

无论 MP/$\overline{MC}$ 引脚为何值,LF240x DSP 都是从程序存储器空间的 0000h 单元开始执行程序。

5.3 数据存储器

LF2407/LF2407A 数据存储器的空间的寻址范围高达 64 K 字,32 K 字是内部数据存储器空间(0000h～7FFFh)。内部数据存储器包括了 DARAM 和片内外设的映射寄存器。另外 32 K 字(8000h～FFFFh)空间的存储器为外部数据存储器。

1. 数据存储器映射

芯片内部有 3 个 DARAM 块:B0 块、B1 块和 B2 块。B0 块既可配置为数据存储器,也可配置为程序存储器。B1 块和 B2 块只能配置为数据存储器。B0 块究竟是配置为程序存储器,还是配置为数据存储器,要根据 CNF 的值来定,前面已经介绍。图 5.2 所示为 LF2407/LF2407A 的数据存储器空间的映射。

2. 数据存储器页面

数据存储器可以采用两种方式:直接寻址和间接寻址。当使用直接寻址时,按128字(称为数据页)的数据块来对数据存储器进行寻址。图5.3显示了这些块是如何被寻址的。全部64 K的数据存储器分为512个数据页,其标号为0~511。当前页由状态寄存器ST0中的9位数据页指针(DP)值来确定,因此,当使用直接寻址指令时,用户必须事先指定数据页,并在访问数据存储器的指令中指定偏移量,偏移量位数为7位。

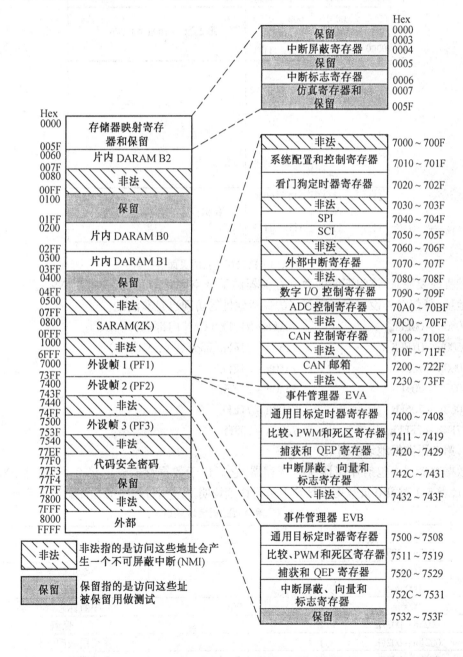

图 5.2　LF2407/LF2407A 的数据存储器映射

DP 值	偏移量	数据存储器页
0000　00000 ⋮ 0000　00000	000　0000 ⋮ 111　1111	第 0 页：0000h ~ 007Fh
0000　00001 ⋮ 0000　00001	000　0000 ⋮ 111　1111	第 1 页：0080h ~ 00FFh
0000　00010 ⋮ 0000　00011	000　0000 ⋮ 111　1111	第 2 页：0100h ~ 017Fh
⋮	⋮	⋮
1111　11111 ⋮ 1111　11111	000　0000 ⋮ 111　1111	第 511 页：FF80h ~ FFFFh

图 5.3　数据存储器的页面

编程时要注意,访问下面的数据存储器的地址空间是非法的,并会对 NMI 置位。除了以下地址,任何对外设寄存器映射中的保留地址的访问也是非法的。

0080h ~ 00FFh　　　　　　701Fh ~ 71FFh（CAN 内部的）
0500h ~ 07FFh　　　　　　7230h ~ 73FFh（部分在 CAN 内部）
1000h ~ 700Fh　　　　　　7440h ~ 74FFh
7030h ~ 703Fh　　　　　　7540h ~ 75FFh
7060h ~ 706Fh　　　　　　7600h ~ 77EFh
77F4h ~ 7FFFh　　　　　　7080h ~ 708Fh

3. 第 0 页数据地址映射

数据存储器中包括存储器映射寄存器,它们位于数据存储器的第 0 页(地址 0000h ~ 007Fh),表 5.1 对第 0 页数据地址映射进行详细说明。应用过程中必须注意以下几点。

表 5.1　第 0 页数据地址映射

地　址	名　称	说　明
0000h ~ 0003h	—	保留
0004h	IMR	中断屏蔽寄存器
0005h	—	保留
0006h	IFR	中断标志寄存器
0023h ~ 0027h	—	保留
002Bh ~ 002Fh	—	保留用做测试和仿真
0060h ~ 007Fh	B2	双访问 RAM 的 B2 块

(1) 可以以零等待状态访问两个映射寄存器:中断屏蔽寄存器(IMR)和中断标志寄存器(IFR)。

(2) 测试/仿真保留区被测试和仿真系统用于特定信息发送,因此,不能对测试/仿真地址进行操作。

(3) 32 个字的 B2 块用于变量的存储,同时又不会弄碎较大的内部和外部 RAM 块。此处 RAM 支持双访问操作,且可用任何数据存储器方式寻址。

4.配置数据存储器

CNF 位决定数据存储器的配置,CNF 位是状态寄存器 ST1 的第 12 位,决定片内的 DARAM 块 B0 块是被映射到程序存储器空间还是被映射到数据存储器空间。

(1) CNF = 0 时,B0 块被映射为数据存储器空间。复位时,由于 CNF = 0,B0 块则被映射到数据存储器空间。

(2) CNF = 1 时,B0 块被映射到程序存储器空间。

5.4 I/O 空间

I/O 空间的寻址可达 64 K 字,图 5.4 为 TMS320LF2407/LF2407A 的 I/O 空间地址映射。

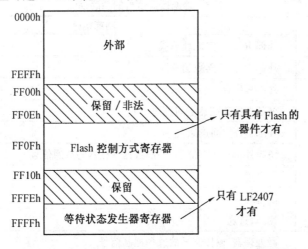

图 5.4　TMS320LF2407/LF2407A 的 I/O 空间地址映射

I/O 空间访问的控制信号为$\overline{IS}$。所有 64 K 的 I/O 空间均可以用 IN 和 OUT 指令来访问。当执行 IN 或 OUT 指令时,信号$\overline{IS}$变为有效,因此,可用信号$\overline{IS}$作为外部 I/O 设备的片选信号。访问外部 I/O 端口与访问程序存储器、数据存储器复用相同的地址总线和数据总线。数据总线的宽度为 16 位,若使用 8 位的外设,即可使用高 8 位数据总线,也可使用低 8 位数据总线,以适应特定应用的需要。

当访问片内的 I/O 空间时,信号$\overline{IS}$和$\overline{STRB}$变成无效,即这两个信号被驱动到高电平状态。外部地址和数据总线仅仅当访问外部 I/O 地址时有效。

对所有的外部写操作,需要两个时钟周期,包括在$\overline{WE}$变低电平之前的半个周期和$\overline{WE}$变高电平之后的半个周期,这样可以保护外部总线上的数据内容。

下面是使用汇编语言直接访问 I/O 空间的实例。

   IN DAT2,0AFEEh ;从端口地址为 AFEEh 的外设读取数据,并存入 DAT2 寄存器

```
OUT    DAT2,0CFEFh   ；输出数据存储器 DAT2 的内容到端口地址为 CFEFh 的外设
```
下面是访问等待状态发生器的寄存器的实例。
```
IN     DAT2,0FFFFh   ；等待状态发生器读取数据到 DAT2 寄存器
OUT    DAT2,0FFFFh   ；将 DAT2 寄存器的数据写入等待状态发生器,使用等待状态发
                      生器
```

5.5 外部存储器接口选通信号说明

LF240x DSP 可以访问表 5.2 所列出的外部存储器和 I/O 空间。当 DSP 外扩存储器和 I/O 时,需要将选通信号与外部存储器和 I/O 的使能引脚相连。

表 5.2 外部存储器空间访问及片选信号

外部存储空间	空间大小/K 字	选通信号
程序空间	64	$\overline{PS}$
数据空间	64	$\overline{DS}$
I/O 空间	64	$\overline{IS}$

LF240x DSP 的外部存储器和 I/O 空间接口信号的功能描述如表 5.3 所示。

表 5.3 外部接口信号的功能描述

信　号	功能描述
A0 ~ A15	外部 16 位单向地址总线
D0 ~ D15	外部 16 位双向数据总线
$\overline{PS}$	外部程序存储器空间选通
$\overline{DS}$	外部数据存储器空间选通
$\overline{IS}$	外部 I/O 空间选通
$\overline{STRB}$	访问外部程序存储器、外部数据存储器的选通信号
$\overline{WE}$	写选通
$\overline{RD}$	读选通
$R/\overline{W}$	读/写选通
$MP/\overline{MC}$	微处理器/微控制器的选择控制信号
$\overline{VIS\_OE}$	可视输出使能(当数据总线输出时有效);在可视输出的方式下,外部数据总线驱动为输出的任何时候该引脚有效(为低电平)。当运行在可视输出的方式下,该引脚可用做外部编码逻辑,以防止数据总线冲突
ENA_144	高电平有效时,使能外部信号;若为低电平,则 2407/2407A 与 2406、2402 控制器一样,也就是说没有外部存储器,如果 $\overline{DS}$ 为低,则产生一个无效地址;该引脚内部下拉

5.6 等待状态发生器

当访问速度较慢的外部存储器或外设时,CPU 需要产生等待状态。等待状态是以机器周期为单位,CPU 通过 READY 引脚可产生任意数目的等待状态。通过添加等待状态,可以为 CPU 访问外部存储器或外设延长时间,可使快速的 CPU 访问慢速的外部存储器或外设。

5.6.1 用READY信号产生等待状态信号

若CPU所访问的外设没有准备好,则外设应保持READY引脚为低,此时LF240x等待一个CLKOUT周期,并再次检查READY脚。若READY信号没有被使用,LF240x将在外部访问时把READY信号拉高。

READY引脚可用来产生任意数目的等待状态,但是,当LF240x DSP全速运行时,它也不能对第一个周期做出快速响应来产生一个基于READY的等待状态。为了立即得到等待状态,应先使用片内等待状态发生器,然后用READY信号产生其余的等待状态。

5.6.2 用等待状态发生器产生等待状态

等待状态发生器可以通过编程为指定的片外空间(数据、程序或I/O)产生第一个等待状态,而与READY信号的状态无关。为了控制等待状态发生器,就必须对映射到I/O空间的等待状态控制寄存器(WSGR,地址为FFFFh)进行访问。

等待状态控制寄存器的格式如图5.5所示。

15-11	10-9	8-6	5-3	2-0
保留	BVIS	ISWS	DSWS	PSWS
0	W-11	W-111	W-111	W-111

图5.5 等待状态控制寄存器的格式

0—读出为0;W—可写;-n—复位后的值

位15~位11:保留。读出的值永远为0。

位10~位9:BVIS,总线可视模式。当运行片内的程序或数据存储器时,位10、位9允许各种总线的可视模式。这些模式提供了一种跟踪内部总线活动的方式。

00—总线可视模式关(降低功耗和噪声)。

01—总线可视模式开(降低功耗和噪声)。

10—数据到地址总线输出到外部地址总线;数据到数据总线输出到外部数据总线。

11—程序到地址总线输出到外部地址总线;程序到数据总线输出到外部数据总线。

位8~位6:ISWS,I/O空间等待状态位。这三位决定了片外I/O空间等待状态(0~7)的数目。复位时,这三位置为111,为片外I/O空间的读写设定了7个等待状态。

位5~位3:DSWS,数据空间等待状态位。这三位决定了片外数据空间等待状态(0~7)的数目。复位时,这三位置为111,为片外数据空间的读写设定了7个等待状态。

位2~位0:PSWS,程序空间等待状态位。这三位决定了片外程序空间等待状态(0~7)的数目。复位时,这三位置为111,为片外程序空间的读写设定了7个等待状态。

总之,不管READY信号的状态如何,等待状态发生器都将向给定的空间(数据、程序或I/O)插入0~7个等待状态,等待状态的数目由ISWS、DSWS和PSWS的值来确定。然后READY信号可以变为低电平,产生附加的等待状态。

如果m是一个特定的读写操作的所要求的时钟周期(CLKOUT)的数目,w是附加的等待状态数目,那么操作将会花费$(m+w)$个周期。复位时使WSGR各位均置1,且默认每个外部空间(数据、程序或I/O)均产生7个等待状态。

5.7 外部存储器接口

LF240x/240xA 程序存储器有 64 K 空间的寻址空间，当 LF240x/240xA 访问片内程序存储器块时，外部存储器访问信号 $\overline{PS}$ 和 $\overline{STRB}$ 为高无效。仅当 LF240x/240xA 访问映射到外部存储器地址范围的位置时，外部数据和地址总线才有效。表 5.4 列出了外部存储器接口中的控制信号。

表 5.4 与外部存储器接口的控制信号

引脚名	功能
$\overline{PS}$	程序存储器空间选通引脚，$\overline{IS}$、$\overline{DS}$ 和 $\overline{PS}$ 总保持为高电平，除非要用低电平请求访问相关的外部存储器或 I/O 空间，在复位、掉电和 EMUI 低电平有效时，这些引脚为高阻态
$\overline{DS}$	数据存储器空间选通引脚，$\overline{IS}$、$\overline{DS}$ 和 $\overline{PS}$ 总保持为高电平，除非要用低电平请求访问相关的外部存储器或 I/O 空间，在复位、掉电和 EMUI 低电平有效时，这些引脚为高阻态
$\overline{IS}$	I/O 空间选通引脚，$\overline{IS}$、$\overline{DS}$ 和 $\overline{PS}$ 总保持为高电平，除非要用低电平请求访问相关的外部存储器或 I/O 空间，在复位、掉电和 EMUI 低电平有效时，这些引脚为高阻态
$R/\overline{W}$	读/写选通，指明与外围器件信号的传送方向，通常情况下为高电平(读方式)，除非要低电平请求执行写操作，当 EMUI/OFF 低电平有效和掉电时，该引脚为高阻态
$W/\overline{R}$/IOPC0	写/读选通(为 $R/\overline{W}$ 的反)或通用 I/O，是一个对"零等待"存储器接口有用的反向读/写信号。通常情况下为低电平，除非在执行存储器写操作
$\overline{WE}$	写使能引脚，该信号下降沿表示控制器驱动外部数据线(D0~D15)，它对所有外部程序、数据和 I/O 空间写有效；当 EMUI/OFF 低电平有效时，该引脚为高阻态
$\overline{STRB}$	外部存储器选通，该引脚一直为高电平，除非插入一个低电平来表示一个外部总线周期；在访问片外空间时该信号有效，当 EMUI/OFF 低电平有效和掉电时，该引脚为高阻态
READY	在访问外设时，若外设未准备好，则将 READY 拉为低电平(此时，处理器将等待一个周期，并且再次检测 READY)。注意，若要处理器执行 READY 检测，程序至少要设定一个软件等待状态，为满足外部 READY 时序要求，等待状态发生控制器寄存器(WSGR)至少要设定一个等待状态

图 5.6 为一个外部程序存储器接口的实例。图中 LF240x/240xA 连接两个 16 K×8 位 SRAM。

两个 8 位宽的存储器级连来实现 LF240x/240xA 所需的 16 位字宽，虽然图 5.6 中显示的是 SRAM，但是该接口同样适用于 EPROM，只需要将图中的写有效($\overline{WE}$)信号去掉即可。

图 5.6 所示是一个零等待状态读/写周期的接口，也就是说，存储器的访问时间是与

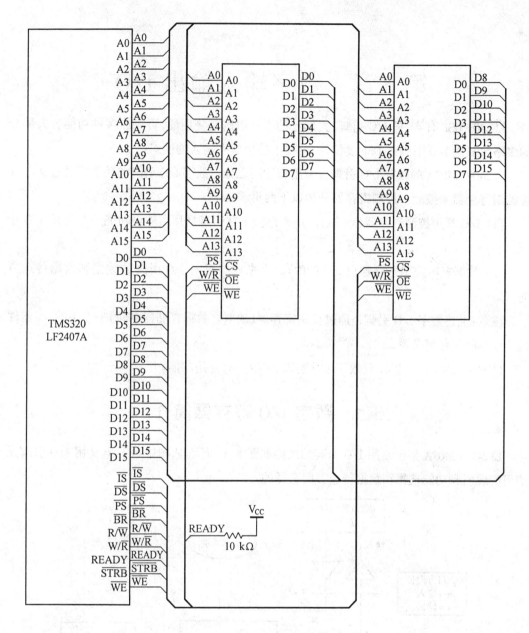

图 5.6 外部程序存储器接口实例

DSP 相匹配的,是经过专门挑选的。

如果使用慢速存储器,则片内等待状态发生器将向访问周期插入一个等待状态,若需要不止一个等待状态,则需要外部等待状态逻辑,这是因为它要用 READY 信号通知外部总线所需要等待状态的数目。

程序存储器空间选择($\overline{PS}$)信号可以直接连接到外部存储器芯片的片选引脚($\overline{CE}$),以便对外部程序存储器访问时选择程序存储器。在程序空间,存储按 16 K 字为一块进行编址,若存储器多个块与程序空间接口,那么由 $\overline{PS}$ 和适当的地址位组成译码电路来进行存储器块的片选。

第6章 数字输入输出 I/O

LF240x DSP 有 41 只 I/O 引脚,大部分的 I/O 引脚是复用的,可完成多种功能。大部分的多路数复用 I/O 引脚在 DSP 复位时,会被上拉为数字输入的模式。

LF2407/2407A 的数字 I/O 引脚有专用和复用之分。数字 I/O 引脚的功能可通过 9 个 16 位控制寄存器来控制。控制寄存器分为以下两类。

(1) I/O 复用控制寄存器(MCRx)。用来选择 I/O 引脚是片内外设功能还是通用 I/O 功能。

(2) 数据方向控制寄存器(PxDATDIR)。用来控制双向 I/O 引脚的数据和数据传送方向。

注意:上述数字 I/O 引脚是通过控制寄存器(映射在数据存储器空间)来控制的,与器件的 I/O 空间无任何关系。

LF2407/2407A 多达 41 只数字 I/O 引脚,多数具有复用功能。

6.1 数字 I/O 寄存器简介

LF2407/2407A 某位复用 I/O 引脚的结构如图 6.1 所示,从图中可看出复用 I/O 引脚是如何实现引脚功能选择和数据传送方向选择的。

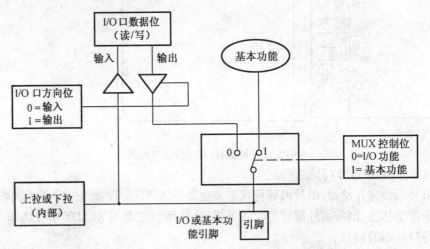

图 6.1 复用 I/O 引脚的结构

表 6.1 列出了与 I/O 模块有关的寄存器,地址为 7090h~709Fh(映射在数据存储器空间)。

表 6.1 LF240x/240xA 的数字 I/O 控制寄存器

地址	寄存器	功能
7090h	MCRAI/O	复用控制寄存器 A
7092h	MCRBI/O	复用控制寄存器 B
7094h	MCRCI/O	复用控制寄存器 C
7098h	PADATDIR	I/O 端口 A 数据和方向寄存器
709Ah	PBDATDIR	I/O 端口 B 数据和方向寄存器
709Ch	PCDATDIR	I/O 端口 C 数据和方向寄存器
709Eh	PDDATDIR	I/O 端口 D 数据和方向寄存器
7095h	PEDATDIR	I/O 端口 E 数据和方向寄存器
7096h	PFDATDIR	I/O 端口 F 数据和方向寄存器

寄存器单元中的所有保留位是不可操作的,读出为 0,写入对它无影响。

注意:当复用 I/O 引脚无论是被配置为外设功能还是配置为通用 I/O 时,引脚的状态都可通过读 I/O 数据寄存器来获取。

6.2 I/O 端口复用控制寄存器

LF240x/240xA 具有 3 个 I/O 端口复用控制寄存器:MCRA、MCRB 和 MCRC。

(1) I/O 端口复用控制寄存器 A(MCRA),映射地址为 7090h,格式如图 6.2 所示,配置见表 6.2。

15	14	13	12	11	10	9	8
MCRA.15	MCRA.14	MCRA.13	MCRA.12	MCRA.11	MCRA.10	MCRA.9	MCRA.8
RW-0	RW-0	RW-0	RW-0	RW-0	RW-0	RW-0	RW-0
7	6	5	4	3	2	1	0
MCRA.7	MCRA.6	MCRA.5	MCRA.4	MCRA.3	MCRA.2	MCRA.1	MCRA.0
RW-0	RW-0	RW-0	RW-0	RW-0	RW-0	RW-0	RW-0

图 6.2 I/O 端口复用控制寄存器 A(MCRA)

R—可读;W—可写;-0—复位后的值

表 6.2 MCRA 的配置

位	位名称	引脚功能选择	
		外设功能	通用 I/O(MCRA.n=0)
0	MCRA.0	SCITXD	IOPA0
1	MCRA.1	SCIRXD	IOPA1
2	MCRA.2	XINT1	IOPA2
3	MCRA.3	CAP1/QEP1	IOPA3

续表 6.2

位	位名称	引脚功能选择	
		外设功能	通用 I/O(MCRA.n = 0)
4	MCRA.4	CAP2/QEP2	IOPA4
5	MCRA.5	CAP3	IOPA5
6	MCRA.6	PWM1	IOPA6
7	MCRA.7	PWM2	IOPA7
8	MCRA.8	PWM3	IOPB0
9	MCRA.9	PWM4	IOPB1
10	MCRA.10	PWM5	IOPB2
11	MCRA.11	PWM6	IOPB3
12	MCRA.12	T1PWM/T1CMP	IOPB4
13	MCRA.13	T2PWM/T2CMP	IOPB5
14	MCRA.14	TDIRA	IOPB6
15	MCRA.15	TCLKINA	IOPB7

(2) I/O 端口复用控制寄存器 B(MCRB),映射地址为 7092h,格式如图 6.3 所示,配置见表 6.3。

15	14	13	12	11	10	9	8
MCRB.15	MCRB.14	MCRB.13	MCRB.12	MCRB.11	MCRB.10	MCRB.9	MCRB.8
RW−1	RW−1	RW−1	RW−1	RW−1	RW−1	RW−1	RW−0
7	6	5	4	3	2	1	0
MCRB.7	MCRB.6	MCRB.5	MCRB.4	MCRB.3	MCRB.2	MCRB.1	MCRB.0
RW−0	RW−0	RW−0	RW−0	RW−0	RW−0	RW−0	RW−0

图 6.3 I/O 端口复用控制寄存器 B(MCRB)

R—可读;W—可写;−0 或 −1—复位后的值

表 6.3 MCRB 的配置

位	位名称	引脚功能选择	
		外设功能	通用 I/O(MCRB.n = 0)
0	MCRB.0	$W/\overline{R}$	IOPC0
1	MCRB.1	$\overline{BIO}$	IOPC1
2	MCRB.2	SPISIMO	IOPC2
3	MCRB.3	SPISOMI	IOPC3
4	MCRB.4	SPICLK	IOPC4
5	MCRB.5	$\overline{SPISTE}$	IOPC5

续表 6.3

位	位名称	引脚功能选择	
		外设功能	通用 I/O(MCRA.n = 0)
6	MCRB.6	CANTX	IOPC6
7	MCRB.7	CANRX	IOPC7
8	MCRB.8	XINT2/ADCSOC	IOPD0
9	MCRB.9	EMU0	保留
10	MCRB.10	EMU1	保留
11	MCRB.11	TCK	保留
12	MCRB.12	TDI	保留
13	MCRB.13	TDO	保留
14	MCRB.14	TMS	保留
15	MCRB.15	TMS2	保留

(3) I/O 端口复用控制寄存器 C(MCRC),映射地址为 7094h,格式如图 6.4 所示,配置见表 6.4。

15	14	13	12	11	10	9	8
保留	保留	MCRC.13	MCRC.12	MCRC.11	MCRC.10	MCRC.9	MCRC.8
		RW – 0	RW – 0	RW – 0	RW – 0	RW – 0	RW – 0
7	6	5	4	3	2	1	0
MCRC.7	MCRC.6	MCRC.5	MCRC.4	MCRC.3	MCRC.2	MCRC.1	MCRC.0
RW – 0	RW – 0	RW – 0	RW – 0	RW – 0	RW – 0	RW – 0	RW – 1

图 6.4 I/O 端口复用控制寄存器 C(MCRC)

R—可读;W—可写;– 0 或 1—复位后的值

表 6.4 MCRC 的配置

位	位名称	引脚功能选择	
		外设功能	通用 I/O(MCRC.n = 0)
0	MCRC.0	CLKOUT	IOPE0
1	MCRC.1	PWM7	IOPE1
2	MCRC.2	PWM8	IOPE2
3	MCRC.3	PWM9	IOPE3
4	MCRC.4	PWM10	IOPE4
5	MCRC.5	PWM11	IOPE5
6	MCRC.6	PWM12	IOPE6
7	MCRC.7	CAP4/QEP3	IOPE7

续表 6.4

位	位名称	引脚功能选择	
		外设功能	通用 I/O(MCRA.n = 0)
8	MCRC.8	CAP5/QEP4	IOPF0
9	MCRC.9	CAP6	IOPF1
10	MCRC.10	T3PWM/T3CMP	IOPF2
11	MCRC.11	T4PWM/T4CMP	IOPF3
12	MCRC.12	TDIRB	IOPF4
13	MCRC.13	TCLKINB	IOPF5
14	MCRC.14	保留	IOPF6
15	MCRC.15	保留	保留

6.3 数据和方向控制寄存器

LF2407/2407A 有 6 个数据和方向控制寄存器(PxDATDIR),这些数据和方向控制寄存器包含控制引脚的两个功能位。

(1) I/O 方向位。如果引脚被选择了通用 I/O 功能,方向位决定了该引脚是做输入(0)还是做输出(1)。

(2) I/O 数据位。如果引脚被选择了通用 I/O,当方向选为输入,则可从该位上读取数据;当方向选为输出,则可向该位写入数据。

当 I/O 端口被选择做通用 I/O 引脚,数据和方向控制寄存器可以控制数据和 I/O 引脚的数据方向。

如果 I/O 端口被选择做外设功能时,数据和方向控制寄存器的设置对相应的引脚无影响。下面详细介绍数据和方向控制寄存器。

(1) I/O 端口 A 数据和方向控制寄存器(PADATDIR),映射地址为 7098h,格式如图 6.5 所示。

15	14	13	12	11	10	9	8
A7DIR	A6DIR	A5DIR	A4DIR	A3DIR	A2DIR	A1DIR	A0DIR
RW – 0	RW – 0	RW – 0	RW – 0	RW – 0	RW – 0	RW – 0	RW – 0
7	6	5	4	3	2	1	0
IOPA7	IOPA6	IOPA5	IOPA4	IOPA3	IOPA2	IOPA1	IOPA0
RW – *	RW – *	RW – *	RW – *	RW – *	RW – *	RW – *	RW – *

图 6.5 I/O 端口 A 数据和方向控制寄存器(PADATDIR)

R—可读;W—可写;–0 或 1—复位后的值;– *—根据不同引脚的状态确定这些位的复位值

位 15 ~ 位 8:AnDIR PA7 ~ PA0 的数据方向。

0—相应引脚配置为输入。

1—相应引脚配置为输出。

位7~位0:IOPAn。

如果 AnDIR = 0,引脚配置为输入。

    0——相应引脚的电平读为低电平。

    1——相应引脚的电平读为高电平。

如果 AnDIR = 1,引脚配置为输出。

    0——设置相应引脚,使其输出信号为低电平。

    1——设置相应引脚,使其输出信号为高电平。

当引脚选择为通用 I/O 功能时,那么 PADATDIR 的数据位与对应的 I/O 引脚如表6.5所示。

表6.5 PADATDIR 的数据位与对应的 I/O 引脚

I/O端口寄存器数据位	引脚名
IOPA0	SCITXD/IOPA0
IOPA1	SCIRXD/IOPA1
IOPA2	XINT1/IOPA2
IOPA3	CAP1/QEP1/IOPA3
IOPA4	CAP2/QEP2/IOPA4
IOPA5	CAP3/IOPA5
IOPA6	CMP1/IOPA6
IOPA7	CMP2/IOPA7

如果 I/O 端口用做通用 I/O,则必须对数据和方向寄存器进行初始化设置,规定其为输入端口还是输出端口。

(2) I/O 端口 B 数据和方向控制寄存器(PBDATDIR),映射地址为709Ah,格式如图6.6所示。

15	14	13	12	11	10	9	8
B7DIR	B6DIR	B5DIR	B4DIR	B3DIR	B2DIR	B1DIR	B0DIR
RW-0	RW-0	RW-0	RW-0	RW-0	RW-0	RW-0	RW-0
7	6	5	4	3	2	1	0
IOPB7	IOPB6	IOPB5	IOPB4	IOPB3	IOPB2	IOPB1	IOPB0
RW-*	RW-*	RW-*	RW-*	RW-*	RW-*	RW-*	RW-*

图6.6 I/O 端口 B 数据和方向控制寄存器(PBDATDIR)

R——可读;W——可写;-0——复位后的值;-*——根据不同引脚的状态确定这些位的复位值

位15~位8:BnDIR PB7~PB0 的数据方向。

    0——相应引脚配置为输入。

    1——相应引脚配置为输出。

位7~位0:IOPBn。

如果 BnDIR = 0,引脚配置为输入方式。

    0——相应引脚的电平读为低电平。

1—相应引脚的电平读为高电平。

如果 BnDIR = 1,引脚配置为输出。

0—设置相应引脚,使其输出信号为低电平时有效。

1—设置相应引脚,使其输出信号为高电平时有效。

当引脚选择为通用 I/O 功能时,那么 PBDATDIR 的数据位与对应的 I/O 引脚如表 6.6 所示。

表 6.6　PBDATDIR 的数据位与对应的 I/O 引脚

I/O 端口寄存器数据位	引脚名
IOPB0	CMP3/IOPB0
IOPB1	CMP4/IOPB1
IOPB2	CMP5/IOPB2
IOPB3	CMP6/IOPB3
IOPB4	T1CMP/IOPB4
IOPB5	T2CMP/IOPB5
IOPB6	TDIR/IOPB6
IOPB7	TCLKIN/IOPB7

(3) I/O 端口 C 数据和方向控制寄存器(PCDATDIR),映射地址为 709Ch,格式如图 6.7 所示。

15	14	13	12	11	10	9	8
C7DIR	C6DIR	C5DIR	C4DIR	C3DIR	C2DIR	C1DIR	C0DIR
RW–0	RW–0	RW–0	RW–0	RW–0	RW–0	RW–0	RW–0
7	6	5	4	3	2	1	0
IOPC7	IOPC6	IOPC5	IOPC4	IOPC3	IOPC2	IOPC1	IOPC0
RW–*	RW–*	RW–*	RW–*	RW–*	RW–*	RW–*	RW–x

图 6.7　I/O 端口 C 数据和方向控制寄存器(PCDATDIR)

R—可读;W—可写;–0 或 1—复位后的值;

–*—根据不同引脚的状态确定这些位的复位值;–x—没有定义

位 15 ~ 位 8:CnDIR PC7 ~ PC0 的数据方向。

0—相应引脚配置为输入。

1—相应引脚配置为输出。

位 7 ~ 位 0:IOPC7 ~ IOPC0。

如果 CnDIR = 0,引脚配置为输入。

0—相应引脚的电平读为低电平。

1—相应引脚的电平读为高电平。

如果 BnDIR = 1,引脚配置为输出。

0—设置相应引脚,使其输出信号为低电平。

1—设置相应引脚,使其输出信号为高电平。

当引脚选择为通用 I/O 功能时,那么 PCDATDIR 的数据位与对应的 I/O 引脚如表 6.7 所示。

表 6.7 PCDATDIR 的数据位与对应的 I/O 引脚

I/O 端口寄存器数据位	引脚名
IOPC0	W/$\overline{R}$/IOPC0
IOPC1	$\overline{BIO}$/IOPC1
IOPC2	SPISIMO/IOPC2
IOPC3	SPISOMI/IOPC3
IOPC4	SPICLK/IOPC4
IOPC5	$\overline{SPISTE}$/IOPC5
IOPC6	CANTX/IOPC6
IOPC7	CANRX/IOPC7

(4) I/O 端口 D 数据和方向控制寄存器(PDDATDIR),映射地址为 709Eh,格式如图 6.8 所示。

15	14	13	12	11	10	9	8
保 留							D0DIR
							RW - 0

7	6	5	4	3	2	1	0
保 留							IOPD0
							RW - *

图 6.8 I/O 端口 D 数据和方向控制寄存器(PDDATDIR)

R—可读;W—可写;- 0—复位后的值;- *—根据不同引脚的状态确定这些位的复位值

位 15 ~ 位 9:保留位。

位 8:D0DIR。

  0—相应引脚配置为输入。

  1—相应引脚配置为输出。

位 7 ~ 位 1:保留位。

位 0:IOPD0。

如果 D0DIR = 0,引脚配置为输入。

  0—相应引脚的电平读为低电平。

  1—相应引脚的电平读为高电平。

如果 D0DIR = 1,引脚配置为输出。

  0—设置相应引脚,使其输出信号为低电平时有效。

  1—设置相应引脚,使其输出信号为高电平时有效。

当引脚选择为通用 I/O 功能时,那么 PDDATDIR 的数据位与对应的 I/O 引脚如表 6.8 所示。

表 6.8 PDDATDIR 的数据位与对应的 I/O 引脚

I/O 口寄存器数据位	引脚名
IOPD0	XINT2/ADCSOC/IOPD0

(5) I/O 端口 E 数据和方向控制寄存器(PEDATDIR),地址为 7095h,格式如图 6.9 所示。

15	14	13	12	11	10	9	8
E7DIR	E6DIR	E5DIR	E4DIR	E3DIR	E2DIR	E1DIR	E0DIR
RW – 0	RW – 0	RW – 0	RW – 0	RW – 0	RW – 0	RW – 0	RW – 0
7	6	5	4	3	2	1	0
IOPE7	IOPE6	IOPE5	IOPE4	IOPE3	IOPE2	IOPE1	IOPE0
RW – *	RW – *	RW – *	RW – *	RW – *	RW – *	RW – *	RW – x

图 6.9 I/O 端口 E 数据和方向控制寄存器(PEDATDIR)

R—可读;W—可写;– 0—复位后的值;– x—无定义;– *—根据不同引脚的状态确定这些位的复位值

位 15 ~ 位 8:EnDIR。

  0—相应引脚配置为输入。

  1—相应引脚配置为输出。

位 7 ~ 位 0:IOPEn。

如果 EnDIR = 0,引脚配置为输入。

  0—相应引脚的电平读为低电平。

  1—相应引脚的电平读为高电平。

如果 EnDIR = 1,引脚配置为输出。

  0—设置相应引脚,使其输出信号为低电平时有效。

  1—设置相应引脚,使其输出信号为高电平时有效。

当引脚选择为通用 I/O 功能时,那么 PEDATDIR 的数据位与对应的 I/O 引脚如表 6.9 所示。

表 6.9 寄存器 PEDATDIR 的数据位与对应的 I/O 引脚

I/O 端口寄存器数据位	引脚名
IOPE0	CLKOUT/IOPE0
IOPE1	PWM7/IOPE1
IOPE2	PWM8/IOPE2
IOPE3	PWM9/IOPE3
IOPE4	PWM10/IOPE4
IOPE5	PWM11/IOPE5
IOPE6	PWM12/IOPE6
IOPE7	CAP4/QEP3/IOPE7

(6) I/O 端口 F 数据和方向控制寄存器(PFDATDIR),映射地址为 7096h,格式如图 6.10 所示。

15	14	13	12	11	10	9	8
保留	F6DIR	F5DIR	F4DIR	F3DIR	F2DIR	F1DIR	F0DIR
	RW – 0	RW – 0	RW – 0	RW – 0	RW – 0	RW – 0	RW – 0
7	6	5	4	3	2	1	0
保留	IOPF6	IOPF5	IOPF4	IOPF3	IOPF2	IOPF1	IOPF0
	RW – *	RW – *	RW – *	RW – *	RW – *	RW – *	RW – *

图 6.10 I/O 端口 F 数据和方向控制寄存器(PFDATDIR)

R—可读;W—可写; – 0—复位后的值; – *—根据不同引脚的状态确定这些位的复位值

位 15:保留。

位 14 ~ 位 8:FnDIR。

  0—相应引脚配置为输入。

  1—相应引脚配置为输出。

位 7 ~ 位 0:IOPFn。

如果 FnDIR = 0,引脚配置为输入。

  0—相应引脚的电平读为低电平。

  1—相应引脚的电平读为高电平。

如果 FnDIR = 1,引脚配置为输出。

  0—设置相应引脚,使其输出信号为低电平时有效。

  1—设置相应引脚,使其输出信号为高电平时有效。

当引脚选择为通用 I/O 功能时,PFDATDIR 的数据位与对应的 I/O 引脚如表 6.10 所示。

表 6.10 PFDATDIR 的数据位与对应的 I/O 引脚

I/O 端口寄存器数据位	引脚名
IOPF0	CAP5/QEP4//IOPF0
IOPF1	CAP6/IOPF1
IOPF2	T3PWM/T3CMP/IOPF2
IOPF3	T4PWM/T4CMP/IOPF3
IOPF4	TDIR2/IOPF4
IOPF5	TCLKIN2/IOPF5
IOPF6	IOPF6
保留	保留

6.4 数字 I/O 端口配置实例

在使用 LF2407/2407A 的数字 I/O 端口之前,需要用软件对其进行配置,选择 I/O 引脚的功能,且设置 I/O 引脚的数据方向,然后才可以读取数据或输出数据。下面是一个基本的数字 I/O 配置实例的汇编源程序,读者可参照此程序,来配置其他的任何数目的数字 I/O 端口。

```
MCRA      .set7090h    ;可将这些映射语句放于 240x.h 文件中
PADATDIR  .set7098h    ;可将这些映射语句放于 240x.h 文件中
PBDATDIR  .set709Ah    ;可将这些映射语句放于 240x.h 文件中
LDP       #0E1h        ;指向相应的数据页面
LACC      #0h          ;设置 MCRA 所有位均为 0
SACL      MCRA         ;将引脚 IOPA0~IOPA7 和 IOPB0~IOPB7 配置为 I/O 引脚
SACL      PADATDIR     ;引脚 IOPA0~IOPA7 配置为输入,低电平有效
LACC      #0F00h       ;引脚 IOPB7~IOPB4 配置为输入,
SACL      PBDATDIR     ;引脚 IOPB3~IOPB0 配置为输出
LACC      PBDATDIR     ;读取引脚 IOPB7~IOPB4 的输入状态
AND       #00F0h       ;A 为输入状态
```

上面是一个数字 I/O 的实际配置程序,对于每个寄存器的定义可以参考前面的介绍,为了读者使用方便,表 6.11 列出了所有数字 I/O 配置定义的参考表。

表 6.11 所有数字 I/O 配置定义

引脚功能选择		MUX 控制寄存器的位	复位时的 MUX 控制寄存器的值 MCRx.n	I/O 数据和方向控制寄存器		
(MCRx.0 = 1)	(MCRx.0 = 0)			寄存器	数据位	方向位
SCITXD	IOPA0	MCRA.0	0	PADATDIR	0	8
SCIRXD	IOPA1	MCRA.1	0	PADATDIR	1	9
XINT1	IOPA2	MCRA.2	0	PADATDIR	2	10
CAP1/QEP1	IOPA3	MCRA.3	0	PADATDIR	3	11
CAP2/QEP2	IOPA4	MCRA.4	0	PADATDIR	4	12
CAP3	IOPA5	MCRA.5	0	PADATDIR	5	13
PWM1	IOPA6	MCRA.6	0	PADATDIR	6	14
PWM2	IOPA7	MCRA.7	0	PADATDIR	7	15
PWM3	IOPB0	MCRA.8	0	PBDATDIR	0	8
PWM4	IOPB1	MCRA.9	0	PBDATDIR	1	9
PWM5	IOPB2	MCRA.10	0	PBDATDIR	2	10
PWM6	IOPB3	MCRA.11	0	PBDATDIR	3	11
T1PWM/T1CMP	IOPB4	MCRA.12	0	PADATDIR	4	12
T2PWM/T2CMP	IOPB5	MCRA.13	0	PADATDIR	5	13
TDIRA	IOPB6	MCRA.14	0	PADATDIR	6	14
TCLKINA	IOPB7	MCRA.15	0	PADATDIR	7	15
W/$\overline{R}$	IOPC0	MCRB.0	1	PADATDIR	0	8
BIO	IOPC1	MCRB.1	1	PADATDIR	1	9

续表 6.11

引脚功能选择		MUX 控制寄存器的位	复位时的 MUX 控制寄存器的值 MCRx.n	I/O 数据和方向控制寄存器		
(MCRx.0 = 1)	(MCRx.0 = 0)			寄存器	数据位	方向位
SPISIMO	IOPC2	MCRB.2	0	PADATDIR	2	10
SPIMISO	IOPC3	MCRB.3	0	PADATDIR	3	11
SPICLK	IOPC4	MCRB.4	0	PBDATDIR	4	12
SPISTE	IOPC5	MCRB.5	0	PBDATDIR	5	13
CANTX	IOPC6	MCRB.6	0	PBDATDIR	6	14
CANRX	IOPC7	MCRB.7	0	PBDATDIR	7	15
XINT2/ADCSOC	IOPD0	MCRB.8	0	PBDATDIR	0	8
EMU0	保留	MCRB.9	1	PBDATDIR	1	9
EMU1	保留	MCRB.10	1	PBDATDIR	2	10
TCK	保留	MCRB.11	1	PBDATDIR	3	11
TDI	保留	MCRB.12	1	PBDATDIR	4	12
TDO	保留	MCRB.13	1	PBDATDIR	5	13
TMS	保留	MCRB.14	1	PBDATDIR	6	14
TMS2	保留	MCRB.15	1	PBDATDIR	7	15
CLKOUT	IOPE0	MCRC.0	1	PBDATDIR	0	8
PWM7	IOPE1	MCRC.1	0	PBDATDIR	1	9
PWM8	IOPE2	MCRC.2	0	PBDATDIR	2	10
PWM9	IOPE3	MCRC.3	0	PBDATDIR	3	11
PWM10	IOPE4	MCRC.4	0	PBDATDIR	4	12
PWM11	IOPE5	MCRC.5	0	PBDATDIR	5	13
PWM12	IOPE6	MCRC.6	0	PBDATDIR	6	14
CAP4/QEP3	IOPE7	MCRC.7	0	PBDATDIR	7	15
CAP5/QEP4	IOPF0	MCRC.8	0	PFDATDIR	0	8
CAP6	IOPF1	MCRC.9	0	PFDATDIR	1	9
T3PWM/T3CMP	IOPF2	MCRC.10	0	PFDATDIR	2	10
T4PWM/T4CMP	IOPF3	MCRC.11	0	PFDATDIR	3	11
TDIRB	IOPF4	MCRC.12	0	PFDATDIR	4	12
TCLKINB	IOPF5	MCRC.13	0	PFDATDIR	5	13

6.5 数字 I/O 的应用实例

6.5.1 使用数字 I/O 查询输入信号

通常可以配置数字 I/O 为输入或输出，以便于与外设进行信息交换。本例为使用数字 I/O 端口来查询外界信号输入情况，硬件接口电路如图 6.11 所示。

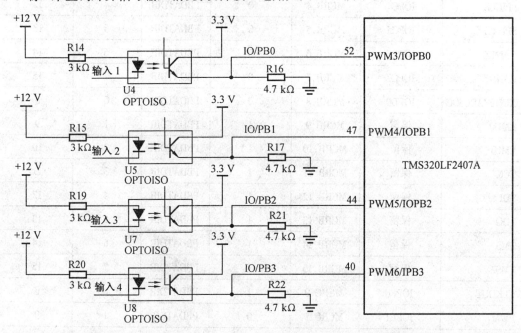

图 6.11 光耦隔离输入信号接口

为提高系统的抗干扰性，外界输入信号需要加光耦隔离，以便可以获得符合 LF2407/2407A 要求的信号。本例使用了 PWM3/IOPB0、PWM4/IOPB1、PWM5/IOPB2 和 PWM6/IOPB3。

在 I/O 初始化需要设置引脚为 I/O 功能，且需要选择信号方向。下面为读取输入信号的实例程序。

```
;================================================
* 文件名:INPUT.asm *
    .include "240xA.h"         ;变量和寄存器定义
    .include "vector.h"        ;中断向量表定义(参考4.9节)
;------------------------------------------------
;B2块的变量定义
;------------------------------------------------
    .bss    INDATA,1           ;I/O 输入值判断变量
    .bss    GPR0,1             ;通用目标寄存器
;================================================
;主代码
```

```
;= = = = = = = = = = = = = = = = = = = = = = = = = = = = = = = =
        .text
                NOP
START:
        SPLK        #000Eh,IMR          ;屏蔽除 INT2,INT3 和 INT4 以外的其他中断
        LACC        IFR                 ;读中断标志
        SACL        IFR                 ;清除中断标志
        CLRC        CNF                 ;配置块 B0 到数据存储空间
        LDP         #00E0h              ;数据页指向 7000h~707Fh
        SPLK        #06Fh,WDCR          ;如果 V_{CCP} = 5 V,则禁止看门狗
        LDP         #SCSR1≫7
        SPLK        #0000,SCSR1         ;
        LDP         #00E1h              ;数据页指向 7080h~70FFh
        SPLK        #0F00h,MCRA         ;配置 I/O,选择 IOPB0~IOPB3
        SPLK        #0000h,PBDATDIR     ;配置为输入模式
        LDP         #0                  ;
        SPLK        #0h,GPR0            ;为程序存储器空间设置等待发生器,0~7
                                        ;个等待状态
        OUT         GPR0,WSGR
        KICK_DOG                        ;复位看门狗
        CLRC        INTM                ;使能 DSP 中断
ST_LOOP1
        LDP         #00E1h
        LACC        PBDATDIR
        LDP         #INDATA
        SACL        INDATA
        BIT         INDATA,BIT0         ;判断 IOPB0 是否有输入信号,如有则跳到
                                        ;ST_LOOP2
        BCND        ST_LOOP2,TC
        B           ST_LOOP1
ST_LOOP2
        LDP         #00E1h
        LACC        PBDATDIR
        LDP         #INDATA
        SACL        INDATA
        BIT         INDATA,BIT1         ;判断 IOPB1 是否有输入信号,如有则跳到
                                        ;ST_LOOP3
        BCND        ;ST_LOOP3,TC
        B           ;ST_LOOP2
ST_LOOP3
```

```
        LDP         #00E1h
        LACC        PBDATDIR
        LDP         #INDATA
        SACL        INDATA
        BIT         INDATA,BIT2     ;判断IOPB2是否有输入信号,如有则跳到
                                    ;ST_LOOP4
        BCND        ST_LOOP4,TC
        B           ST_LOOP3
ST_LOOP4
        LDP         #00E1h
        LACC        PBDATDIR
        LDP         #INDATA
        SACL        INDATA
        BIT         INDATA,BIT3     ;判断IOPB3是否有输入信号,如有则跳到
                                    ;MAIN
        BCND        MAIN,TC
        B           ST_LOOP4
MAIN:
        NOP
        B           MAIN
.end
```

6.5.2 使用数字I/O输出信号

本例为使用I/O端口输出4个信号,这4个信号分别连接到4个LED,硬件接口电路如图6.12所示。输出引脚与LED之间接一触发器SN74HCT273,来实现对LED的驱动。在此使用了PWM3/IOPB0、PWM4/IOPB1、PWM5/IOPB2和PWM6/IOPB3作为输出信号,而PWM7/IOPE1作为选通SN74HCT273的输出信号。下面的实例程序实现对4个LED的循环驱动,即LED循环发光,即DS0→DS1→DS2→DS3→DS0……

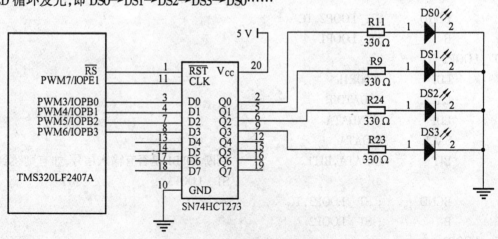

图6.12 输出信号和LED的接口

```
;========================================
* 文件名:OUTPUT.asm *
.include "240xA.h"              ;变量和寄存器定义
.include "vector.h"             ;中断向量表定义(参考4.9节)
;————————————————————————
;B2块的变量定义
;————————————————————————
        .bss        OUTDATA,1   ;I/O 输出值
        .bss        GPR0,1      ;通用目标寄存器
;========================================
;主代码
;========================================
.text
        NOP
START:
        SPLK        #000Eh,IMR      ;屏蔽除 INT2、INT3 和 INT4 以外的其他中断
        LACC        IFR             ;读中断标志
        SACL        IFR             ;清除中断标志
        CLRC        CNF             ;配置块 B0 到数据存储空间
        LDP         #00E0h          ;数据页指向 7000h~707Fh
        SPLK        #06Fh,WDCR      ;如果 $V_{CCP}=5\ V$,则禁止看门狗
        LDP         #SCSR1≫7
        SPLK        #0000,SCSR1
        LDP         #00E1h          ;数据页指向 7080h~70FFh
        SPLK        #0F00h,MCRA     ;配置 I/O,选择 IOPB0~IOPB3
        SPLK        #0F00h,PBDATDIR ;配置为输出模式
        SPLK        #0002h,MCRC     ;配置 I/O,选择 IOPE1
        SPLK        #0200h,PEDATDIR ;配置为输出模式
        LDP         #0;
        SPLK        #0h,GPR0        ;为程序存储器空间设置等待发生器,0~7
                                    ;个等待状态
        OUT         GPR0,WSGR
        KICK_DOG                    ;复位看门狗
        CLRC        INTM            ;使能 DSP 中断
MAIN:
        LDP         #0;
        SPLK        #1,OUTDATA      ;给输出变量赋值
        LDP         #00E1h
        LACC        PEDATDIR
```

```
            OR       #0202h              ;输出到IOPE1,选通SN74HCT273
            SACL     PEDATDIR
ST_LOOP
            LDP      #0h
            LACL     OUTDATA
            OR       #0F00h
            LDP      #00E1h
            SACL     PBDATADIR           ;输出信号到LED
            CALL     DELAY               ;延时
            LACL     OUTDATA
            SFL                          ;左移1位
            SACL     OUTDATA             ;
            BIT      OUTDATA,BIT4        ;判断是否完成了一个循环,如是则跳到MAIN,
                                         ;重复开始
            BCND     MAIN,TC
            B        ST_LOOP
    .end
DELAY:      LAR      AR0,#01h            ;延时子程序
D_LOOP:     RPT      #FFh                ;延时参数可根据用户需要进行修改
            NOP
            BANZ     D_LOOP
            RET
```

第 7 章 事件管理器

7.1 事件管理器模块概述

本章介绍 LF240x/240xA DSP 的事件管理器(EV)模块。EV 模块的大部分引脚是与通用数字 I/O 信号复用的,这些复用引脚的功能选择和控制方法已在第 6 章介绍。

可以说,事件管理器模块是 LF240x/240xA DSP 中最重要、最复杂的模块,可为所有类型电机提供控制技术,尤其适合应用在运动控制和电动机控制中,这为工业自动化方面的应用奠定了基础。正是由于事件管理器模块的强大性能,使得 TMS320LF2407A 成为当前世界上集成度最高、性能最强的运动控制的 DSP 芯片。

7.1.1 事件管理器结构

LF240xA 系列的所有器件(除了2402A)都有两个事件管理器模块,即 EVA 和 EVB。每个事件管理器模块包括两个 16 位通用定时器(GP)、三个比较单元、三个捕捉单元以及一个正交编码脉冲电路(QEP)。两个通用定时器具有计数/定时功能,可以为各种应用提供时基,并可以产生比较输出/PWM 信号;三个比较单元可以输出三组比较输出/PWM 信号,且具有死区控制等功能;三个捕捉单元可以记录输入引脚上信号跳变的时刻;QEP 电路则具有直接连接光电编码器脉冲的能力,可获得旋转机械的速度和方向等信息。事件管理器的特殊设计,使得事件管理器既可以实时控制电机(由 PWM 电路实现),同时还可以监视电机的运行状态(由 QEP 电路实现)。

EVA 和 EVB 功能相同,寄存器各位定义也一致,只是名称不同。EVA 模块的结构图如图 7.1 所示,EVB 模块的结构图如图 7.2 所示,从图中可以看出事件管理器的主要功能模块结构以及这些模块之间的关系。

7.1.2 事件管理器引脚

通过图 7.1 可以看出,EVA 模块使用 CAP1/QEP1、CAP2/QEP2 和 CAP3 这 3 个引脚作为捕捉单元的输入脚,其中前两个引脚也作为 QEP 电路的输入脚,EVB 的情况与此类似。

每个 EV 模块有 8 个引脚用做比较/PWM 输出,其中 2 个为 GP 定时器比较/PWM 输出引脚,其他 6 个为全比较输出引脚。

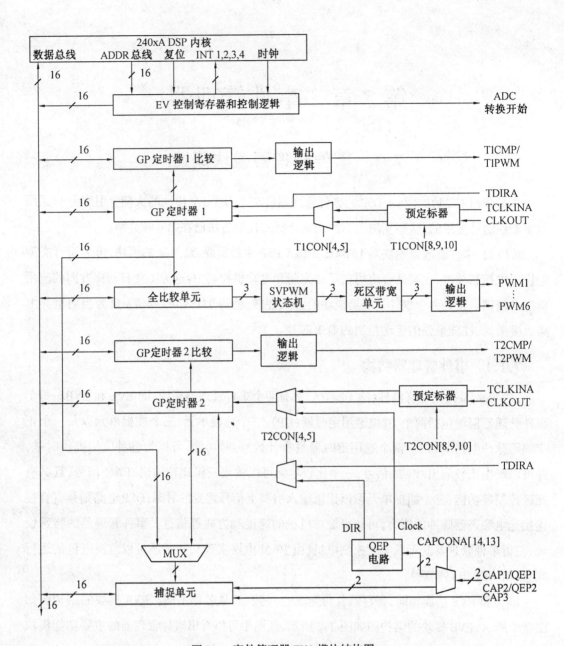

图 7.1 事件管理器 EVA 模块结构图

每个 EV 模块中的定时器既可以在内部时钟也可以在外部时钟的基础上运行。引脚 TCLKINA/B 提供了外部时钟输入。当 GP 定时器工作在定向增/减计数模式时,引脚 TDIRA/B 用于设置计数方向。

EVA 和 EVB 的所有引脚名称及描述见表 7.1。事件管理器模块中所有输入跳变脉冲宽度至少保持两个 CPU 时钟周期才能被识别。其中输入到 CAP1~6 引脚上的信号被正确锁存时需要的最少脉冲宽度由系统控制和状态寄存器 SCSR2 的位 6 决定(若位 6 为 0,至少需要 5 个时钟周期;若位 6 为 1,则至少需要 11 个时钟周期)。

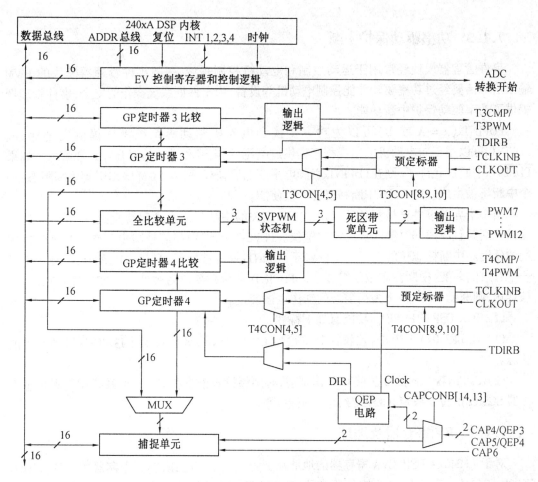

图7.2 事件管理器EVB模块结构图

表7.1 EVA和EVB引脚描述

EVA		EVB	
引脚名称	描述	引脚名称	描述
CAP1/QEP1	捕捉单元1输入或QEP电路输入1	CAP4/QEP3	捕捉单元4输入或QEP电路输入3
CAP2/QEP2	捕捉单元2输入或QEP电路输入2	CAP5/QEP4	捕捉单元5输入或QEP电路输入4
CAP3	捕捉单元3输入	CAP6	捕捉单元6输入
PWM1	比较单元1输出1	PWM7	比较单元4输出1
PWM2	比较单元1输出2	PWM8	比较单元4输出2
PWM3	比较单元2输出1	PWM9	比较单元5输出1
PWM4	比较单元2输出2	PWM10	比较单元5输出2
PWM5	比较单元3输出1	PWM11	比较单元6输出1
PWM6	比较单元3输出2	PWM12	比较单元6输出2
T1CMP/T1PWM	定时器1比较/PWM输出	T3CMP/T3PWM	定时器3比较/PWM输出
T2CMP/T2PWM	定时器2比较/PWM输出	T4CMP/T4PWM	定时器4比较/PWM输出
TCLKINA	EVA定时器的外部时钟输入	TCLKINB	EVB定时器的外部时钟输入
TDIRA	EVA定时器的计数方向输入	TDIRB	EVB定时器的计数方向输入

7.1.3 功率驱动保护中断

事件管理器模块经常用于运动控制和电动机控制领域,一般事件管理器模块的 PWM 输出信号需要经过功率驱动才能控制电动机等设备,为了保证系统操作的安全,事件管理器提供了功率驱动保护中断功能。

$\overline{\text{PDPINTx}}$(x = A 或 B)可以为功率变换和电动机驱动等系统操作提供安全保证。$\overline{\text{PDPINTx}}$可以用于向电动机的监视程序提供过电压、过电流和异常的温升等异常信息。如果$\overline{\text{PDPINTx}}$中断被允许了,则在$\overline{\text{PDPINTx}}$引脚电平变低后,驱动所有 PWM 输出引脚为高阻态,一个中断将被生成。$\overline{\text{PDPINTx}}$中断在复位后被使能。

当一个异常事件被检测到后,与$\overline{\text{PDPINTx}}$相关的中断标志必须等待直到$\overline{\text{PDPINTx}}$上的跳变被识别并且与内部时钟同步后才被置位。$\overline{\text{PDPINTx}}$的识别和信号同步会产生两个时钟周期的延迟。中断标志位的设置并不依赖于$\overline{\text{PDPINTx}}$是否被屏蔽,只要当$\overline{\text{PDPINTx}}$引脚发生了一个有效的跳变,中断标志位就被置位。$\overline{\text{PDPINTx}}$中断在复位后被使能。如果$\overline{\text{PDPINTx}}$中断被禁止,则驱动 PWM 输出为高阻态的动作也被禁止。

LF240xA DSP 的$\overline{\text{PDPINTx}}$功能有如下特性。

(1) 在 LF240xA DSP 中,比较控制寄存器 COMCONx 第 8 位反映了$\overline{\text{PDPINTx}}$引脚的当前状态。

(2) $\overline{\text{PDPINTx}}$引脚信号在被 CPU 识别前,必须保持 6 个或者 12 个(由系统控制和状态寄存器 SCSR2 的位 6 决定)CLKOUT 周期的低电平。

7.1.4 EV 寄存器及地址

对于 LF240xA DSP,EVA 寄存器的地址范围为 7400h~7431h,EVB 寄存器的地址范围为 7500h~7531h。表 7.2~7.9 按分类情况,列出了所有事件管理寄存器地址。用户软件对未定义的寄存器和 EV 寄存器中未定义的位进行读操作将返回 0,写操作无效。

表 7.2　EVA 定时器寄存器地址

地　址	寄存器	名　称	说　明
7400h	GPTCONA	定时器控制寄存器 A	EVA
7401h	T1CNT	定时器 1 的计数寄存器	定时器 1
7402h	T1CMPR	定时器 1 的比较寄存器	定时器 1
7403h	T1PR	定时器 1 的周期寄存器	定时器 1
7404h	T1CON	定时器 1 的控制寄存器	定时器 1
7405h	T2CNT	定时器 2 的计数寄存器	定时器 2
7406h	T2CMPR	定时器 2 的比较寄存器	定时器 2
7407h	T2PR	定时器 2 的周期寄存器	定时器 2
7408h	T2CON	定时器 2 的控制寄存器	定时器 2

表 7.3 EVB 定时器寄存器地址

地址	寄存器	名称	说明
7500h	GPTCONB	定时器控制寄存器 B	EVB
7501h	T3CNT	定时器 3 的计数寄存器	定时器 3
7502h	T3CMPR	定时器 3 的比较寄存器	
7503h	T3PR	定时器 3 的周期寄存器	
7504h	T3CON	定时器 3 的控制寄存器	
7505h	T4CNT	定时器 4 的计数寄存器	定时器 4
7506h	T4CMPR	定时器 4 的比较寄存器	
7507h	T4PR	定时器 4 的周期寄存器	
7508h	T4CON	定时器 4 的控制寄存器	

表 7.4 EVA 比较控制寄存器地址

地址	寄存器	名称
7411h	COMCONA	比较控制寄存器 A
7413h	ACTRA	比较动作控制寄存器 A
7415h	DBTCONA	死区时间控制寄存器 A
7417h	CMPR1	比较寄存器 1
7418h	CMPR2	比较寄存器 2
7419h	CMPR3	比较寄存器 3

表 7.5 EVB 比较控制寄存器地址

地址	寄存器	名称
7511h	COMCONB	比较控制寄存器 B
7513h	ACTRB	比较动作控制寄存器 B
7515h	DBTCONB	死区时间控制寄存器 B
7517h	CMPR4	比较寄存器 4
7518h	CMPR5	比较寄存器 5
7519h	CMPR6	比较寄存器 6

表 7.6 EVA 捕捉控制寄存器地址

地址	寄存器	名称
7420h	CAPCONA	捕捉控制寄存器 A
7422h	CAPFIFOA	捕捉 FIFO 状态寄存器 A
7423h	CAP1FIFO	两级深度的捕捉 FIFO 堆栈 1
7424h	CAP2FIFO	两级深度的捕捉 FIFO 堆栈 2
7425h	CAP3FIFO	两级深度的捕捉 FIFO 堆栈 3
7427h	CAP1FBOT	FIFO 堆栈的底部寄存器,允许读取最近的捕捉值
7428h	CAP2FBOT	
7429h	CAP3FBOT	

表 7.7 EVB 捕捉控制寄存器地址

地 址	寄存器	名 称
7520h	CAPCONB	捕捉控制寄存器 B
7522h	CAPFIFOB	捕捉 FIFO 状态寄存器 B
7523h	CAP4FIFO	两级深度的捕捉 FIFO 堆栈 4
7524h	CAP5FIFO	两级深度的捕捉 FIFO 堆栈 5
7525h	CAP6FIFO	两级深度的捕捉 FIFO 堆栈 6
7527h	CAP4FBOT	FIFO 堆栈的底部寄存器,允许读取最近的捕捉值
7528h	CAP5FBOT	
7529h	CAP6FBOT	

表 7.8 EVA 中断寄存器地址

地 址	寄存器	名 称
742Ch	EVAIMRA	EVA 的中断屏蔽寄存器 A
742Dh	EVAIMRB	EVA 的中断屏蔽寄存器 B
742Eh	EVAIMRC	EVA 的中断屏蔽寄存器 C
742Fh	EVAIFRA	EVA 的中断标志寄存器 A
7430h	EVAIFRB	EVA 的中断标志寄存器 B
7431h	EVAIFRC	EVA 的中断标志寄存器 C

表 7.9 EVB 中断寄存器地址

地 址	寄存器	名 称
752Ch	EVBIMRA	EVB 的中断屏蔽寄存器 A
752Dh	EVBIMRB	EVB 的中断屏蔽寄存器 B
752Eh	EVBIMRC	EVB 的中断屏蔽寄存器 C
752Fh	EVBIFRA	EVB 的中断标志寄存器 A
7530h	EVBIFRB	EVB 的中断标志寄存器 B
7531h	EVBIFRC	EVB 的中断标志寄存器 C

7.1.5 EV 中断响应过程

事件管理器中断共分三组,每组均分配一个 CPU 中断(INT2,3 或 4)。因为每组中断均有多个中断源,所以中断请求通过外设中断扩展控制器模块来处理。

事件管理器中断请求有如下几个响应阶段。

(1) 中断源。如果外设中断发生,EVxIFRA、EVxIFRB 或 EVxIFRC(x = A 或 B)相应的标志位被置 1,这些标志位将保持,直到用软件强制清除。

(2) 中断使能。事件管理器中断可以分别由寄存器 EVxIMRA、EVxIMRB 或 EVxIMRC (x = A 或 B)来使能或禁止。相应的位设置为 1 使能中断,设置为 0 则屏蔽中断。

(3) PIE 请求。如果中断标志位和中断屏蔽位都被置1,那么外设会向 PIE 模块发送一个外设中断请求。PIE 逻辑记录所有中断请求,并根据预先设置的中断优先级产生相应的 CPU 中断(INT2,3 或 4)。

(4) CPU 响应。CPU 接收到中断后,IFR 相应的位被置1,如果中断屏蔽寄存器的相应位被使能且 INTM 位为0,则 CPU 识别中断并向 PIE 产生一个中断应答。接下来,CPU 执行当前的指令并跳转到与 INT2,3 或 4 相应的中断向量。中断向量内放置了一条跳转到中断服务程序的指令,自此开始后续的中断相应过程被软件所控制。

(5) PIE 响应。PIE 逻辑使用来自 CPU 内核的应答信号来清除 PIRQ 位(该位发出 CPU 中断)。同时,PIE 使用中断向量更新 PIVR 寄存器,该中断向量对刚才被应答的外设中断来说是唯一的。随后,PIE 硬件与当前的中断软件并行工作,以便产生一个新的 CPU 中断和其他挂起中断(如果有的话)。

(6) 中断软件。中断软件有两级响应,包括 GISR 和 SISR,分别描述如下。

① 级别1(GISR)。在第一级,软件将保存上下文,从 PIE 模块读取 PIVR 寄存器以确定哪个中断级别(INT1～INT6)产生了中断,因为 PIVR 的值是唯一的,所以它可以用于跳转到相应的中断服务程序。

② 级别2(SISR)。这一级是可选的,并且处于级别1的内部。执行完给定的程序代码后,子程序将清除 EVxIFRA、EVxIFRB 或 EVxIFRC(x = A 或 B)的中断标志位,程序使能 CPU 全局中断位(将 INTM 位清0)后,返回到中断前的指令处,继续执行后面的指令。

7.2 通用定时器

7.2.1 通用定时器概述

定时器是事件管理器的核心模块,每个事件管理模块有两个通用定时器,这些定时器可以为以下应用提供独立的时间基准。

(1) 控制系统中采样周期的产生。

(2) 为 QEP 电路和捕捉单元的操作提供时间基准。

(3) 为比较单元和相应的 PWM 电路操作提供时间基准。

每个定时器模块除了具备定时/计数等基本功能外,还可以用于输出一路 PWM/比较输出信号。

1.通用定时器结构

通用定时器结构框图如图7.3所示。

由图7.3可知,通用定时器包括以下部分。

(1) 一个可读写的16位双向计数器寄存器 TxCNT(x = 1,2,3 或 4),它存储了计数器的当前值,并根据计数方向进行增计数或减计数。

(2) 一个可读写的16位定时器比较寄存器(双缓冲)TxCMPR(x = 1,2,3 或 4),用于存储与通用定时器的计数器进行比较的值。

(3) 一个可读写的16位定时器周期寄存器(双缓冲)TxPR(x = 1,2,3 或 4),周期寄存器的值决定了定时器的周期。当周期寄存器和定时器计数器的值产生匹配时,根据计数器的

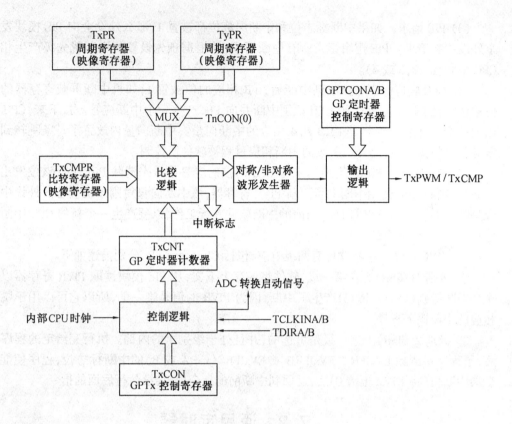

图 7.3 GP 定时器的结构框图

当 x = 2 时,y = 1,并且 n = 2;x = 4 时;y = 3,并且 n = 4 计数模式,通用定时器复位为 0 或开始递减计数。

(4) 一个可读写的 16 位定时器控制寄存器 TxCON(x = 1,2,3 或 4),TxCON 决定了 GP 定时器的操作模式。

(5) 用于内部或外部时钟输入的可编程的时钟预定标器。

(6) 控制和中断逻辑,用于 4 个可屏蔽中断:下溢、上溢、定时器比较和周期中断。

(7) 一个 GP 定时器比较输出引脚,TxCMP(x = 1,2,3 或 4)。

(8) 输出逻辑。

(9) 全局通用定时器控制寄存器 GPTCONA/B,对不同的定时器事件,指定定时器采取的动作,指明 GP 定时器的计数方向,并定义 ADC(模数转换)模块的启动信号。GPTCONA/B 是可读写的,但对其中的状态指示位写无效。

注意:定时器 2 可以选择定时器 1 的周期寄存器作为它的寄存器,定时器 4 可以选择定时器 3 的周期寄存器作为它的寄存器。在图 7.3 中,当 x = 2 或 4 时,MUX 才可用。

2. 通用定时器输入

通用定时器的输入包括以下部分。

(1) 内部 CPU 时钟。

(2) 外部时钟 TCLKINA/B,最高频率是 CPU 时钟频率的 1/4。

(3) 方向输入 TDIRA/B,当定时器处于定向的增/减计数模式时用于控制定时器的计数方向。当TDIRA/B引脚置为高电平时,定义为递增计数;当TDIRA/B引脚置为低电平时,定义为递减计数。

(4) 复位信号RESET。

另外,当一个通用定时器与正交编码器脉冲电路一起使用时,由正交编码器脉冲电路向定时器提供时钟和计数方向信号,最终获得旋转机械的方向和速度等信息。详细介绍请见本章有关正交编码器脉冲电路的说明。

3.通用定时器输出

通用定时器的输出包括以下部分。

(1) 通用定时器比较输出TxCMP(x = 1,2,3或4)。

(2) 到ADC模块的ADC转换启动信号。

(3) 自身的比较逻辑和比较单元的下溢、上溢、比较匹配和周期匹配信号。

(4) 计数方向指示位,分别反映在GPTCONA/B位14和位13。1代表计数方向为递增,0代表计数方向为递减。

4.比较寄存器和周期寄存器的双缓冲

通用定时器的比较寄存器TxCMPR和周期寄存器TxPR是双缓冲的,即带有映像寄存器。在一个计数周期中的任一时刻,一个新的值可以写到这两个映像寄存器的任一个。对于比较寄存器来说,仅当TxCON寄存器所指定的某一个特定定时器事件发生时,映像寄存器的内容才载入工作中的寄存器中。对于周期寄存器来说,仅当计数器寄存器TxCNT的值为0时,工作中的周期寄存器才重新载入它的映像寄存器的值。

比较寄存器被重新加载的情况可能是下列情况中的一种。

(1) 数据写入到映像寄存器后立即加载。

(2) 下溢时,也就是当通用定时器计数器的值为0时。

(3) 下溢或周期匹配时,也就是当计数器的值为0或计数器的值与周期寄存器的值相等时。

周期寄存器和比较寄存器的双缓冲特点允许应用程序代码在一个周期中的任何时候去更新周期寄存器和比较寄存器,以便改变下一个周期的定时器周期和PWM的脉冲宽度。对于PWM发生器来说,定时器周期值的快速变化就意味着PWM载波频率的快速变化。

注意:通用定时器的周期寄存器应该在计数器被初始化为一个非0值之前进行初始化,否则,周期寄存器的值将保持不变,直到下一次下溢发生。另外,当相应的比较操作被禁止时,比较寄存器是透明的(即新装入的值直接进入工作中的比较寄存器),这适用于事件管理器的所有比较寄存器。

5.通用定时器的比较输出

通用定时器的比较输出可定义为高电平有效、低电平有效、强制高电平或强制低电平,这取决于GPTCONA/B的各位是如何配置的。当它定义为高(低)电平有效时,在第一次比较匹配发生时,比较输出产生一个由低至高(由高至低)的跳变。如果通用定时器工作在增/减计数模式,则在第二次比较匹配时,比较输出产生一个由高至低(由低至高)的跳变;如果通用定时器工作于递增计数模式,则在发生周期匹配时比较输出也产生一个由从高至低(由低至高)的跳变。当比较输出定义为强制高(低)时,定时器比较输出立即变为高(低)。

6. 通用定时器时钟

通用定时器的时钟源可以是内部 CPU 时钟,也可以是外部时钟输入 TCLKINA/B。外部时钟的频率必须小于或等于 CPU 时钟频率的 1/4。在定向的增/减计数器模式下,通用定时器 2(EVA 模块)和通用定时器 4(EVB 模块)可用于正交编码器脉冲电路,在这种情况下,正交编码器脉冲电路为定时器提供时钟和方向输入。

大范围的预定标因子可以用于每个通用定时器的时钟输入。

7. 基于正交编码器脉冲的时钟输入

当正交编码器脉冲电路被选定时,它可以为定向的增/减计数模式下的通用定时器 2 和 4 提供输入时钟和计数方向信号,这个输入时钟的频率不能由通用定时器的预定标电路来定标(也就是说,如果正交编码器脉冲电路被选做时钟源时,选中的通用定时器的预定标因子的值总是1),另外,正交编码器脉冲电路产生的时钟频率是每个正交编码器脉冲输入通道频率的 4 倍,因为正交编码器脉冲输入通道的上升和下降沿都被选定的定时器所计数。正交编码器脉冲输入的频率必须低于或等于内部 CPU 时钟频率的 1/4。

8. 通用定时器的同步

通过正确的配置 T2CON 和 T4CON 寄存器,通用定时器 2 可与通用定时器 1 实现同步(EVA 模块),通用定时器 4 可与通用定时器 3 实现同步(EVB 模块)。它们分别采取如下的步骤来实现。

(1) EVA 模块。

① 设定 T2CON 寄存器中的位 T2SWT1 为 1,T1CON 寄存器中的 TENABLE 为 1,这样,EVA 两个定时器的计数器就可以同步启动。

② 在启动同步操作前,将通用定时器 1 和 2 的计数器初始化为不同的值。

③ 设置 T2CON 寄存器中的 SELT1PR 位为 1,这样,通用定时器 2 使用通用定时器 1 的周期寄存器为它自己的周期寄存器(忽略它自身的周期寄存器)。

(2) EVB 模块。

① 设定 T4CON 寄存器中的位 T4SWT3 为 1,T3CON 寄存器中的 TENABLE 为 1,这样,EVB 两个定时器的计数器就可以同步启动。

② 在启动同步操作前,将通用定时器 3 和 4 的计数器初始化为不同的值。

③ 设置 T4CON 寄存器中的 SELT3PR 位为 1,这样,通用定时器 4 使用通用定时器 3 的周期寄存器为它自己的周期寄存器(忽略它自身的周期寄存器)。

这就允许了所期望的通用定时器事件之间的同步。因为每个通用定时器从它的计数器寄存器中的当前值开始计数操作,所以可通过编程,使一个通用定时器在另一个通用定时器启动之后延时一段确定的时间后再启动。

9. 通用定时器事件启动模数转换

GPTCONA/B 寄存器的位定义了 ADC 模块的启动信号。通用定时器的事件,如下溢、比较匹配或周期匹配可以作为 DSP 内部 ADC 模块的启动信号,由于这种特性,使得没有 CPU 干涉的情况下,在通用定时器事件和 ADC 模块的启动之间实现同步。

10. 仿真挂起中的通用定时器

当内部 CPU 时钟被仿真器停止时,就发生仿真挂起。例如,当仿真时遇到一个断点,就会发生仿真挂起。

通用定时器的控制寄存器(TxCON)还定义了仿真挂起中的通用定时器操作。通过设置这些位可以使得一个仿真中断产生时,允许通用定时器继续工作,这也就使在线仿真成为可能,也可以通过设置这些位,使得仿真中断出现时,通用定时器立即停止操作或在当前计数周期完成后停止操作。

11. 通用定时器的中断

通用定时器在 EVAIFRA、EVAIFRB、EVBIFRA 和 EVBIFRB 寄存器中共有 16 个中断标志,每个通用定时器可以根据如下事件产生 4 个中断。

(1) 上溢。TxOFINT(x = 1,2,3 或 4)。当定时器计数器的值达到 FFFFh 时,会产生一个上溢事件。

(2) 下溢。TxUFINT(x = 1,2,3 或 4)。当定时器计数器的值达到 0000h 时,会产生一个下溢事件。

(3) 比较匹配。TxCINT(x = 1,2,3 或 4)。当通用定时器计数器的值与比较寄存器的值相同时,就产生定时器比较匹配。如果比较操作被使能,则相应的比较中断标志在匹配之后过一个 CPU 时钟周期被置位。

(4) 周期匹配。TxPINT(x = 1,2,3 或 4)。当定时器计数器的值与周期寄存器的值相同时,会产生一个周期匹配事件。

在每个事件发生后过一个 CPU 周期,定时器的上溢、下溢和周期中断标志位才被置位。

7.2.2 通用定时器计数操作

每个通用定时器有 4 种可选的计数模式。
(1) 停止/保持模式。
(2) 连续递增计数模式。
(3) 定向的增/减计数模式。
(4) 连续增/减计数模式。

相应的定时器控制寄存器 TxCON[12 – 11]位决定了通用定时器的计数模式,TxCON[6]为定时器的使能位,它可以禁止或使能定时器的计数操作。当定时器被禁止时,定时器的计数操作停止,其预定标器被复位为 x/1;当定时器使能时,定时器按照寄存器 TxCON[12 – 11]位设定它的计数模式,并开始计数。

1. 停止/保持模式

在这种模式下,通用定时器的计数操作停止并保持其当前状态,定时器的计数器、比较输出和预定标计数器都保持不变。

2. 连续递增计数模式

图 7.4 为通用定时器连续递增计数模式的示意图(TxPR = 3 或 2)。

在连续递增计数模式下,通用定时器将按照已定标的输入时钟计数,直到定时器计数器的值和周期寄存器的值匹配为止。产生匹配之后,在下一个输入时钟的上升沿,通用定时器复位为 0,并开始另一个计数周期。

在定时器计数器与周期寄存器发生匹配的一个 CPU 时钟周期后,周期中断标志被置位。如果外设中断没有被屏蔽,将会产生一个外设中断请求;如果定时器的周期中断通过 GPTCONA/B 寄存器的相应位设置被选做 ADC 启动信号,那么在中断标志被设置的同时,会

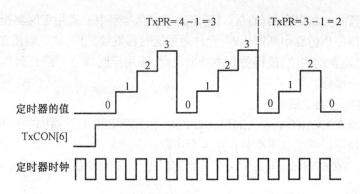

图 7.4　通用定时器连续递增计数模式示意图(TxPR = 3 或 2)

向 ADC 发出一个启动信号。

通用定时器变成 0 的一个 CPU 时钟周期之后,定时器的下溢中断标志位被置位。如果该周期中断通过 GPTCONA/B 寄存器的相应位设置被选做 ADC 启动信号,那么在下溢中断标志被设置的同时,会向 ADC 发出一个启动信号。

在 TxCNT 中的值达到 FFFFh 后,定时器的上溢中断标志位在一个 CPU 时钟周期后被置位。如果外设中断没有被屏蔽的话将产生外设中断请求。

除了第一个周期外,定时器的计数周期为 TxPR + 1 个定标的时钟输入周期。如果定时器计数器开始计数时为 0,那么第一个周期的时间也为 TxPR + 1 个定标的时钟输入周期。

通用定时器的初始值可以是 0000h ~ FFFFh(包括 0000h 和 FFFFh)之间的任意值。当该初始值大于周期寄存器的值时,定时器将计数到 FFFFh 后复位为 0,并从 0 开始继续计数操作。当定时器计数器的初始值等于周期寄存器的值时,定时器将给周期中断标志置位,计数器复位为 0,设置下溢中断标志,然后从 0 开始继续计数操作。如果定时器的初始值在 0 和周期寄存器的值之间,定时器将计数到周期寄存器的值,然后从 0 开始继续计数操作。

在该模式下,GPTCONA/B 寄存器中的定时器计数方向指示位为 1。无论是外部时钟还是内部 CPU 时钟都可选做定时器的输入时钟。在这种计数模式下,TDIRA/B 引脚输入将被通用定时器忽略。

通用定时器的连续递增计数模式特别适用于边沿触发或非对称 PWM 波形的产生,也适用于产生电动机和运动控制系统的采样周期。

3. 定向的增/减计数模式

图 7.5 为通用定时器定向的增/减计数模式(TxPR = 3)示意图。

在定向的增/减计数模式中,通用定时器将根据 TDIRA/B 引脚的输入,对定标的时钟进行递增或递减计数。当引脚 TDIRA/B 保持为高电平时,通用定时器递增计数,直到计数值达到周期寄存器的值或 FFFFh(当计数器初值大于周期寄存器的值)。当定时器的值等于周期寄存器的值或 FFFFh,并且引脚 TDIRA/B 保持为高电平时,定时器的计数器复位到 0 并继续递增计数到周期寄存器的值。当引脚 TDIRA/B 保持为低电平时,通用定时器将递减计数直到计数值为 0。当定时器的值递减计数到 0,并且引脚 TDIRA/B 保持为低电平时,定时器的计数器重新载入周期寄存器的值,再次开始递减计数。

定时器的初始值可以为 0000h ~ FFFFh(包括 0000h 和 FFFFh)之间的任何值。当定时器的初始值大于周期寄存器的值时,如果引脚 TDIRA/B 保持为高电平,定时器递增计数到

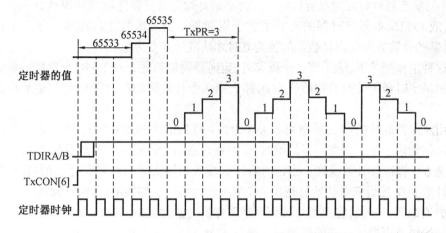

图 7.5 通用定时器定向的增/减计数模式示意图(TxPR=3)

FFFFh 后,复位到 0,并继续计数直到周期寄存器的值;如果引脚 TDIRA/B 保持为低电平,当定时器的初始值大于周期寄存器的值时,定时器将递减计数到周期寄存器的值后,继续递减计数直到 0,而后定时器计数器重新装入周期寄存器的值并开始新的递减计数。

周期、上溢和下溢中断标志位、中断以及相应的动作都根据相应的事件产生,这一点与连续递增计数模式一样。

引脚 TDIRA/B 的变化到计数方向的变化之间的延迟为当前计数结束后的一个 CPU 时钟周期(即当前预定标的计数器周期结束之后的一个 CPU 时钟周期)。

在这种模式下,定时器的计数方向由 GPTCONA/B 寄存器中相应的方向指示位指示:1 表示递增计数,0 表示递减计数。无论从 TCLKINA/B 引脚输入的外部时钟还是内部 CPU 时钟都可作为该模式下的定时器输入时钟。

通用定时器 2 和 4 的定向的增/减计数模式能够用于事件管理模块中的正交编码器脉冲电路,在这种情况下,正交编码器脉冲电路为定时器 2 和 4 提供计数时钟和方向。这种操作方式也可用于运动/电动机控制和电力电子设备应用中的外部事件定时。

4. 连续增/减计数模式

图 7.6 为通用定时器连续增/减计数模式的示意图(TxPR=3 或 2)。

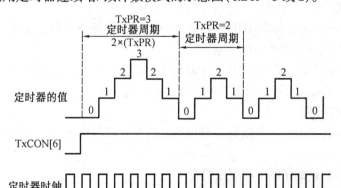

图 7.6 通用定时器连续增/减计数模式示意图(TxPR=3 或 2)

这种工作模式与定向的增/减计数模式一样,但是在连续增/减计数模式下,引脚

TDIRA/B的状态对计数方向没有影响。定时器的计数方向仅在定时器的值达到周期寄存器的值时(或 FFFFh,如果定时器的初始值大于周期寄存器的值),才从递增计数变为递减计数,定时器的计数方向仅当计数器的值为 0 时才从减计数变为增计数。

在这种工作模式下,除了第一个周期外,定时器周期都是 2×(TxPR)个定标的输入时钟周期。如果定时器的计数器初始值为 0,那么第一个计数周期的时间就与其他周期的时间一样。

通用定时器的计数器初始值可以是 0000h ~ FFFFh(包括 0000h 和 FFFFh)之间的任意值。当该初始值大于周期寄存器的值时,定时器将递增计数到 FFFFh 后复位为 0,然后好像初始值是 0 一样继续计数操作。当定时器计数器的初始值等于周期寄存器的值时,定时器将递减计数到 0,然后好像初始值是 0 一样继续计数操作。如果定时器的初始值在 0 和周期寄存器的值之间,定时器将递增计数到周期寄存器的值并且继续完成该计数周期,就好像计数器的初始值与周期寄存器的值相同一样。

周期、上溢和下溢中断标志位、中断以及相应的动作都根据相应的事件产生,这一点与连续递增计数模式一样。

在这种模式下,定时器的计数方向由 GPTCONA/B 寄存器中的方向指示位指示:1 表示递增计数,0 表示递减计数。无论从 TCLKINA/B 引脚输入的外部时钟还是内部 CPU 时钟都可作为该模式下的定时器输入时钟,在这种模式下,定时器会忽略 TDIRA/B 的输入。

连续增/减计数模式特别适用于产生对称的 PWM 波形,这种波形被广泛应用于电机/运动控制和电力电子设备。

7.2.3 通用定时器比较操作

每个通用定时器都有一个相应的比较寄存器 TxCMPR 和一个 PWM 输出引脚 TxPWM。通用定时器计数器的值连续地与相应的比较寄存器的值进行比较,当定时器计数器的值与比较寄存器的值相等时就产生比较匹配。通过对 TxCON[1]位置 1 来使能通用定时器的比较操作。如果比较操作已经被使能,当产生比较匹配时会产生以下情况。

(1) 定时器的比较中断标志位在匹配后的一个 CPU 时钟周期后被置位。

(2) 在发生匹配的一个 CPU 时钟周期后,根据 GPTCONA/B 寄存器相应位的配置情况,相应的 PWM 输出将发生跳变。

(3) 如果比较中断标志位被相应的 GPTCONA/B 位选择用于启动 ADC,则当比较中断标志位被置位的同时,也会产生 ADC 的启动信号。

如果比较中断没有被屏蔽,则比较中断标志会产生一个外设中断请求。

以下从六个方面对通用定时器的比较操作进行说明。

1. PWM 输出转换

PWM 输出的转换由一个非对称和对称的波形发生器和相应的输出逻辑控制,并且依赖于以下条件。

(1) GPTCONA/B 寄存器中相应位的定义。

(2) 定时器所处的计数模式。

(3) 在连续增/减计数模式下的计数方向。

2. 非对称和对称波形发生器

非对称和对称波形发生器依据通用定时器所处计数模式,产生一个非对称和对称的 PWM 波形输出。

3. 非对称波形的发生

当工作于连续递增计数模式时,通用定时器会产生一个非对称波形,如图 7.7 所示。下面以图 7.7 中高电平有效的波形为例,说明非对称波形发生器的工作原理。在连续递增计数模式下,波形发生器的输出按照如下顺序变化(高电平有效情况)。

(1) 计数操作启动之前为 0。
(2) 比较匹配发生之前保持不变。
(3) 比较匹配发生时输出切换到 1。
(4) 在计数周期结束之前保持不变。
(5) 如果下一周期的新比较值不为 0,那么在计数周期结束时,输出复位为 0。

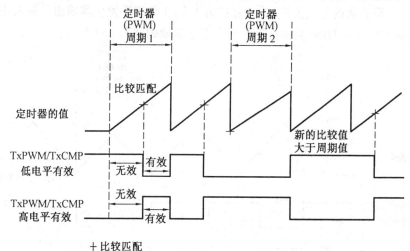

图 7.7 通用定时器在递增计数模式下的比较/PWM 输出

如果在一个计数周期的开始时,比较值为 0,那么整个周期输出均为 1。如果下一个周期的新比较值为 0,那么输出并不复位到 0。这一点非常重要,因为它允许产生占空比为 0~100% 的无波形干扰的 PWM 脉冲。如果比较值大于周期寄存器中的值,那么在整个周期内输出为 0;如果比较值等于周期寄存器的值,则在一个定标的时钟输入周期内输出保持为 1。

对于低电平有效的波形,其输出极性与高电平有效的波形正好相反。

非对称 PWM 波形的一个特点是比较寄存器值的改变只影响 PWM 脉冲的单边。

4. 对称波形的发生

当工作于连续增/减计数模式时,通用定时器可产生对称波形,如图 7.8 所示。下面以图 7.8 中高电平有效的波形为例,说明对称波形发生器的工作原理。在连续增/减计数模式下,波形发生器的输出按照如下顺序变化(高电平有效情况)。

(1) 计数操作开始之前为 0。
(2) 第一次比较匹配之前保持不变。
(3) 第一次比较匹配时输出切换到 1。

(4) 第二次比较匹配之前保持不变。

(5) 第二次比较匹配时输出切换到 0。

(6) 周期结束前保持不变。

(7) 如果没有第二次比较匹配,并且下一周期的新的比较值不为 0,那么在周期结束后复位为 0。

如果比较值在周期开始时为 0,则周期开始时将输出为 1,并且在第二个比较匹配之前保持为 1。如果周期的后半段时间内比较值为 0,在从 0 到 1 的第一个转换之后,输出保持为 1,直到周期结束。当发生以上情况时,如果下一个周期的比较值仍旧为 0,输出不会复位为 0,这保证了 PWM 脉冲的占空比可以无波形干扰地在 0 到 100% 之间变化。在周期的前半部分,如果比较值大于或等于周期寄存器值,第一个转换就不会发生;当在周期的后半部分发生一个比较匹配时,输出状态仍旧切换。这种输出转换中的错误,经常是应用程序中计算错误造成的结果,在周期结束时会被更正,因为输出会被复位到 0,除非下一周期的新的比较值为 0。如果后者的情况发生,输出保持为 1,则使得波形发生器输出又进入正确状态。

对于低电平有效的波形,其输出极性与高电平有效的波形正好相反。

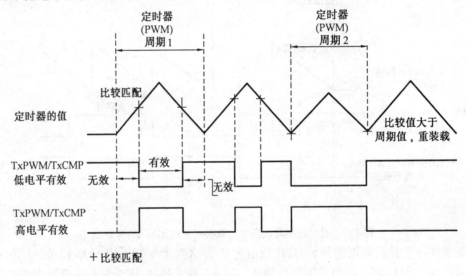

图 7.8 通用定时器在增/减计数模式下的比较/PWM 输出

5. 输出逻辑

输出逻辑可以进一步调节波形发生器的输出,以生成最终的 PWM 波形来控制各种不同类型的功率设备。PWM 输出可以通过配置 GPTCONA/B 寄存器的相应位来设置高电平有效、低电平有效、强制高电平或强制低电平。

当 PWM 输出设置为高电平有效时,它的极性与相应的非对称和对称波形发生器的输出极性相同;当 PWM 输出设置为低电平有效时,它的极性与相应的非对称和对称波形发生器的输出极性相反。

PWM 输出也可被强制为高电平或低电平。

总而言之,在一个正常的计数模式下,假定比较操作已被使能,则在连续递增计数模式下的通用定时器的 PWM 输出转换见表 7.10;在连续增/减计数模式下的通用定时器的 PWM 输出转换见表 7.11。

表 7.10 连续递增计数模式下的通用定时器的 PWM 输出转换

一个周期内的时间	比较输出状态
比较匹配前	无效
当比较匹配时	设置有效
当周期匹配时	设置无效

表 7.11 连续增/减计数模式下的通用定时器的 PWM 输出转换

一个周期内的时间	比较输出状态
第一次比较匹配前	无效
当第一次比较匹配时	设置有效
当第二次比较匹配时	设置无效
当第二次比较匹配后	无效

说明：

(1) 设置有效意味着高电平有效则输出为高,低电平有效则输出为低;相反的设置则称设置无效,即高电平有效输出为低,低电平有效输出为高。

(2) 基于定时器计数模式和输出逻辑的非对称和对称波形的发生,同样适用于比较单元。

以下任一事件发生时,所有通用定时器的 PWM 输出都置为高阻态。

(1) 通过软件将 GPTCONA/B[6]设置为 0。

(2) 功率驱动保护中断$\overline{PDPINTx}$引脚上的电平被拉低,并且相应的中断没有被屏蔽。

(3) 任何一个复位事件发生。

(4) 软件将 TxCON[1]设置为 0,即禁止定时器比较操作。

注意:输出逻辑决定了所有通用定时器输出引脚的有效状态。

6. 有效/无效时间的计算

对于连续递增计数模式,比较寄存器中的值从计数周期开始到发生第一次比较匹配之间经过的时间,是无效阶段的长度。无效时间长度等于定标的输入时钟周期乘以 TxCMPR 寄存器的值,因此,有效阶段长度,即输出脉冲宽度等于(TxPR − TxCMPR + 1)个定标的输入时钟周期。

对于连续增/减计数模式,比较寄存器在递减计数和递增计数模式下可以有不同的值。对于连续增/减计数模式下的有效阶段长度,即输出脉冲宽度是由(TxPR − TxCMPRup + TxPR − TxCMPRdn)个定标输入时钟周期给定的,这里的 TxCMPRup 是增计数时的比较值,TxCMPRdn 是减计数时的比较值。

如果定时器处于连续递增计数模式,当 TxCMPR 中的值为 0 时,通用定时器的比较输出将在整个周期内有效。对于连续增/减计数模式,如果 TxCMPRup 的值为 0,那么比较输出在周期开始时有效。如果 TxCMPRdn 也为 0,输出将保持有效直到周期结束。

对于连续增计数模式,当 TxCMPR 的值大于 TxPR 的值时,有效阶段长度,即输出脉冲宽度为 0。对于连续增/减计数模式,当 TxCMPRup 的值大于或等于 TxPR 时,第一次跳变将不会发生。同样当 TxCMPRdn 大于或等 TxPR 时,第二次跳变也不会发生。如果 TxCMPRup 和

TXCMPRdn 都大于或等于 TxPR 时,通用定时器的比较输出在整个周期中都无效。

7.2.4 定时器控制寄存器

表 7.2 和表 7.3 列出了定时器寄存器的地址。定时器控制寄存器包括两大类:单个通用定时器控制寄存器(TxCON)和全局通用定时器控制寄存器(GPTCONA/B)。下面分别进行说明。

1. 单个通用定时器控制寄存器(TxCON)

一个通用定时器的操作模式由它的控制寄存器 TxCON(x = 1,2,3 或 4)决定。控制寄存器 TxCON 的各位决定如下功能。

(1) 通用定时器处于 4 种计数模式的哪一种。
(2) 通用定时器使用外部时钟还是内部 CPU 时钟。
(3) 使用 8 种输入时钟预定标因子(范围为 1 至 1/128)中的哪一种。
(4) 定时器比较寄存器的重载条件。
(5) 通用定时器是使能还是禁止。
(6) 通用定时器的比较操作是使能还是禁止。
(7) 通用定时器 2 使用它自身的还是通用定时器 1 的周期寄存器(EVA)。
(8) 通用定时器 4 使用它自身的还是通用定时器 3 的周期寄存器(EVB)。

单个通用定时器的控制寄存器 TxCON(x = 1,2,3 或 4)的映射地址为 7404h(T1CON),7408h(T2CON),7504h(T3CON) 和 7508h(T4CON)。

单个通用定时器的控制寄存器 TxCON(x = 1,2,3 或 4)各位的意义详细描述如图 7.9 所示。

15	14	13	12	11	10	9	8
Free	Soft	保留	TMODE1	TMODE0	TPS2	TPS1	TPS0
RW – 0	RW – 0	RW – 0	RW – 0	RW – 0	RW – 0	RW – 0	RW – 0
7	6	5	4	3	2	1	0
T2SWT1/T4SWT3 +	TENABLE	TCLKS1	TCLKS0	TCLD1	TCLD0	TECMPR	SELT1PR/SELT3PR +
RW – 0	RW – 0	RW – 0	RW – 0	RW – 0	RW – 0	RW – 0	RW – 0

图 7.9 单个通用定时器的控制寄存器 TxCON 各位描述
R—可读;W—可写; – 0—复位后的值; + 在 T1CON 和 T3CON 中为保留

位 15 ~ 位 14:Free,Soft。仿真控制位。
　　00—仿真挂起时立即停止。
　　01—仿真挂起时当前定时周期结束后停止。
　　10—操作不受仿真挂起的影响。
　　11—操作不受仿真挂起的影响。

注:当内部 CPU 时钟被仿真器停止时,就发生仿真挂起。例如,当仿真时遇到一个断点,就会发生仿真挂起。

位 13:保留。读返回为 0,写无效。
位 12 ~ 位 11:TMODE1、TMODE0 计数模式选择。

00—停止/保持模式。

01—连续增/减计数模式。

10—连续增计数模式。

11—定向的增/减计数模式。

位 10～位 8:TPS2～TPS0,输入时钟定标器。

  000—x/1   100—x/16

  001—x/2   101—x/32

  010—x/4   110—x/64

  011—x/8   111—x/128

x 为时钟频率,既可以是 CPU 时钟,也可以是外部时钟。

位 7:T2SWT1/T4SWT3。

对于 EVA,该位是 T2SWT1,GP 定时器 2 由 GP 定时器 1 启动的使能位,这位在 T1CON 中是保留的。

对于 EVB,该位是 T4SWT3,GP 定时器 4 由 GP 定时器 3 启动的使能位,这位在 T3CON 中是保留的。

0—使用自身的使能位(TENABLE)。

1—使用 T1CON(EVA)或 T3CON(EVB)的使能位来使能或禁止操作,而忽略自身的使能位。

位 6:TENABLE,定时器使能。

0—禁止定时器操作。也就是说,使定时器保持并且使预定标计数器复位。

1—允许定时器操作。

位 5～位 4:TCLKS1、TCLKS0,时钟源选择。

00—内部时钟。

01—外部时钟。

10—保留。

11—正交编码器脉冲电路,只适用于定时器 2 和定时器 4,在定时器 1 和 3 中保留。

注意:当 SELT1PR 或 SELT3PR=1 时,这两位写 11 非法,非法意味着结果不可预料。

位 3～位 2:TCLD1、TCLD0,定时器比较寄存器重载条件。

00—计数器的值为 0 时重载。

01—计数器的值为 0 或等于周期寄存器的值时重载。

10—立即。

11—保留。

位 1:TECMPR,定时器比较使能。

0—禁止定时器比较操作。

1—使能定时器比较操作。

位 0:SELT1PR/SELT3PR。

对于 EVA,该位是 SELT1PR,周期寄存器选择位。当 T2CON 的 SELT1PR 设置为 1 时,定时器 2 采用定时器 1 的周期寄存器,而忽略定时器 2 自身的周期寄存器。该位在 T1CON 中为保留位。

对于 EVB,该位是 SELT3PR,周期寄存器选择位。当 T4CON 的 SELT3PR 设置为 1 时,定时器 4 采用定时器 3 的周期寄存器,而忽略定时器 4 自身的周期寄存器。该位在 T3CON 中为保留位。

  0—使用自己的周期寄存器。

  1—用 T1PR(EVA)或 T3PR(EVB)作为周期寄存器而忽略自己的周期寄存器。

2. 全局通用定时器控制寄存器(GPTCONA/B)

全局通用定时器控制寄存器规定了通用定时器针对不同定时器事件所采取的动作,并指明了它们的计数方向。

(1) 全局通用定时器控制寄存器 GPTCONA 的映射地址为 7400h,各位的意义详细描述如图 7.10 所示。

15	14	13	12~11	10~9	8~7
保留	T2STAT	T1STAT	保留	T2TOADC	T1TOADC
RW-0	R-1	R-1	RW-0	RW-0	RW-0

6	5~4	3~2	1~0
TCOMPOE	保留	T2PIN	T1PIN
RW-0	RW-0	RW-0	RW-0

图 7.10 全局通用定时器控制寄存器 GPTCONA 各位描述

R—可读;W—可写;-0—复位后的值;-1—复位后的值

位 15:保留,读返回为 0,写无效。

位 14:T2STAT,通用定时器 2 的计数方向指示位,只读。

  0—递减计数。

  1—递增计数。

位 13:T1STAT,通用定时器 1 的计数方向指示位,只读。

  0—递减计数。

  1—递增计数。

位 12~位 11:保留,读返回为 0,写无效。

位 10~位 9:T2TOADC,使用通用定时器 2 事件启动 ADC。

  00—无事件启动 ADC。

  01—设置下溢中断标志来启动 ADC。

  10—设置周期中断标志来启动 ADC。

  11—设置比较中断标志来启动 ADC。

位 8~位 7:T1TOADC,使用通用定时器 1 事件启动 ADC。

  00—无事件启动 ADC。

  01—设置下溢中断标志来启动 ADC。

  10—设置周期中断标志来启动 ADC。

  11—设置比较中断标志来启动 ADC。

位 6:TCOMPOE,比较输出使能,如果PDPINTx有效则该位被置 0。

  0—禁止所有通用定时器比较输出(所有比较输出都置于高阻态)。

  1—使能所有通用定时器比较输出。

位 5 ~ 位 4:保留,读返回为 0,写无效。

位 3 ~ 位 2:T2PIN,通用定时器 2 比较输出极性。

  00—强制低。

  01—低有效。

  10—高有效。

  11—强制高。

位 1 ~ 位 0:T1PIN,通用定时器 1 比较输出极性。

  00—强制低。

  01—低有效。

  10—高有效。

  11—强制高。

(2)全局通用定时器控制寄存器 GPTCONB 的映射地址为 7500h,各位的意义详细描述如图 7.11 所示。

15	14	13	12 ~ 11	10 ~ 9	8 ~ 7
保留	T4STAT	T3STAT	保留	T4TOADC	T3TOADC
RW - 0	R - 1	R - 1	RW - 0	RW - 0	RW - 0

6	5 ~ 4	3 ~ 2	1 ~ 0
TCOMPOE	保留	T4PIN	T3PIN
RW - 0	RW - 0	RW - 0	RW - 0

图 7.11 全局通用定时器控制寄存器 GPTCONB 各位描述

R—可读;W—可写; - 0—复位后的值; - 1—复位后的值

位 15:保留,读返回为 0,写无效

位 14:T4STAT,通用定时器 4 的计数方向指示位,只读。

  0—递减计数。

  1—递增计数。

位 13:T3STAT,通用定时器 3 的计数方向指示位,只读。

  0—递减计数。

  1—递增计数。

位 12 ~ 位 11:保留,读返回为 0,写无效。

位 10 ~ 位 9:T4TOADC,使用通用定时器 4 事件启动 ADC。

  00—无事件启动 ADC。

  01—设置下溢中断标志来启动 ADC。

  10—设置周期中断标志来启动 ADC。

11—设置比较中断标志来启动 ADC。

位 8 ~ 位 7:T3TOADC,使用通用定时器 3 事件启动 ADC。

00—无事件启动 ADC。

01—设置下溢中断标志来启动 ADC。

10—设置周期中断标志来启动 ADC。

11—设置比较中断标志来启动 ADC。

位 6:TCOMPOE,比较输出使能,如果$\overline{PDPINTx}$有效则该位被置 0。

0—禁止所有通用定时器比较输出(所有比较输出都置于高阻态)。

1—使能所有通用定时器比较输出。

位 5 ~ 位 4:保留,读返回为 0,写无效。

位 3 ~ 位 2:T4PIN,通用定时器 4 比较输出极性。

00—强制低。

01—低有效。

10—高有效。

11—强制高。

位 1 ~ 位 0:T3PIN,通用定时器 3 比较输出极性。

00—强制低。

01—低有效。

10—高有效。

11—强制高。

7.2.5 通用定时器的 PWM 输出

每个通用定时器都可以输出一路 PWM 信号。由于每个事件管理器有两个通用定时器,因此每个事件管理器可以输出两路 PWM 信号。

为了使通用定时器产生 PWM 输出,可选择连续递增或连续增/减计数模式来实现。连续递增计数模式时可产生边沿触发或非对称 PWM 波形;连续增/减计数模式时可产生对称 PWM 波形。为了使通用定时器产生 PWM 输出,需要做以下的工作。

(1) 根据期望的 PWM(载波)周期设置 TxPR。

(2) 设置 TxCON 寄存器以确定计数模式和时钟源,并启动 PWM 输出操作。

(3) 根据期望的 PWM 脉冲占空比将相应的值(该值一般在线计算)加载到 TxCMPR 寄存器中。

当选用连续增计数模式来产生非对称的 PWM 波形时,周期值是通过将预定的 PWM 周期除以通用定时器输入时钟的周期,并减去 1 而得到的。当选用连续增/减计数模式来产生对称的 PWM 波形时,周期值是通过将预定的 PWM 周期除以 2 倍的通用定时器输入时钟的周期而得到的。在运行期间,新的占空比决定新的比较值,GP 定时器的比较寄存器按照新的比较值进行不断的更新。

7.2.6 通用定时器复位

当任何复位事件发生时,将发生以下情况。

(1) GPTCONA/B 寄存器中除计数方向指示位外,所有与通用定时器相关的位都被复位为 0。也就是说,所有通用定时器的操作都被禁止,计数方向指示位都置成 1。

(2) 所有的定时器中断标志位均被复位为 0。

(3) 所有的定时器中断屏蔽位都被复位为 0,因此所有通用定时器的中断都被屏蔽。

(4) 所有通用定时器的比较输出都被置为高阻态。

7.3 比较单元

7.3.1 比较单元概述

事件管理器 EVA 模块和 EVB 模块中分别有 3 个全比较单元,EVA 的 3 个全比较单元为比较单元 1,2 和 3;EVB 的 3 个全比较单元为比较单元 4,5 和 6。全比较单元是相对通用定时器中的简单比较单元而言的,全比较单元和定时器中的简单比较单元均能输出 PWM 信号,区别在于:每个全比较单元输出一对 PWM 信号,并具有死区控制和空间向量 PWM 模式输出的功能;而定时器中的每个比较单元只能输出一路 PWM 信号,且不具备死区控制和空间向量 PWM 模式输出的功能。除此之外,基于定时器计数模式和输出逻辑的非对称和对称波形发生器同样适用于全比较单元,即两者的工作机理相似。

比较单元的功能结构图如图 7.12 所示。

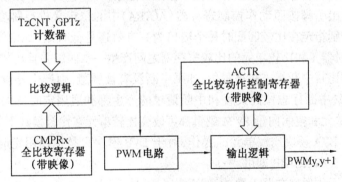

图 7.12 比较单元功能结构图

由图 7.12 可知,每个事件管理器模块的比较单元包括如下部分。

(1) 3 个 16 位的比较寄存器(对于 EVA 模块为 CMPR1、CMPR2 和 CMPR3,对于 EVB 模块为 CMPR4、CMPR5 和 CMPR6),它们各带一个相应的映像寄存器(可读/写)。

(2) 1 个 16 位的比较控制寄存器(对于 EVA 模块为 COMCONA,对于 EVB 模块为 COMCONB),该寄存器也是可读/写的。该寄存器决定了比较单元的比较操作模式:比较操作是否被使能,比较输出是否被使能,比较寄存器的重载条件,空间向量 PWM 模式是否被使能。

(3) 1 个 16 位的动作控制寄存器(对于 EVA 模块为 ACTRA,对于 EVB 模块为 ACTRB),它们各带一个相应的映像寄存器(可读/写)。

(4) 6个PWM输出/比较输出引脚(对于EVA模块为PWMy,y=1,2,3,4,5,6;对于EVB模块为PWMz,z=7,8,9,10,11,12)。

(5) 控制和中断逻辑。

比较单元和相应的PWM电路的时基由通用定时器1(EVA)和通用定时器3(EVB)提供,当比较操作被使能时,则定时器可以工作于任何一种计数模式下,且在比较输出发生跳变。

注:对于EVA模块x=1,2,3,y=1,3,5,z=1;对于EVB模块x=4,5,6,y=7,9,11,z=3。

1. 比较单元输入/输出

比较单元的输入包括。

(1) 来自控制寄存器的控制信号。

(2) 通用定时器1和3(T1CNT/T3CNT)及它们的下溢和周期匹配信号。

(3) 复位信号。

一个比较单元的输出是一个比较匹配信号。如果比较操作被使能,该匹配信号将设置中断标志位,并在与比较单元相应的两个输出引脚上产生跳变。

2. 比较操作模式

比较单元的操作模式由寄存器COMCONx中的位来决定,这些位决定如下情况。

(1) 比较操作是否被使能。

(2) 比较输出是否被使能。

(3) 比较寄存器值重载的条件。

(4) 空间向量PWM模式是否被使能。

3. 比较操作

通用定时器1的计数器不断地与比较寄存器的值进行比较,当一个比较匹配产生时,比较单元的两个输出引脚按照动作控制寄存器(ACTRA)中的位定义进行跳变。ACTRA寄存器中的位可以分别指定在比较匹配时每个输出为高有效还是低有效(如果没有被强制高或低)。当通用定时器1和比较单元的比较寄存器之间产生一个匹配并且比较被使能时,与比较单元相对应的比较中断标志将被置位,如果中断没有被屏蔽,则产生外设中断请求信号。输出跳变的时序、中断标志位的设置和中断请求的产生都和通用定时器的比较操作相同。输出逻辑、死区单元和空间向量PWM逻辑都可改变比较单元在比较模式下的输出。

上面介绍了EVA模块比较单元的操作,对于EVB模块只是把通用定时器1和ACTRA改为通用定时器3和ACTRB即可。

4. 比较单元操作的寄存器设置

比较单元操作所要求的寄存器设置顺序如表7.12所示。

表7.12 比较单元操作所要求的寄存器设置顺序

EVA模块	EVB模块
设置T1PR	设置T3PR
设置ACTRA	设置ACTRB
初始化CMPRx	初始化CMPRx
设置COMCONA	设置COMCONB
设置T1CON	设置T3CON

7.3.2 比较单元寄存器

本节详细介绍比较控制寄存器(COMCONA/B)和比较动作控制寄存器(ACTRA/B)。

1. 比较控制寄存器(COMCONA 和 COMCONB)

比较单元的操作由比较控制寄存器(COMCONA 和 COMCONB)控制,COMCONA 和 COMCONB 均是可读/写的。

(1) 比较控制寄存器 COMCONA 的映射地址为 7411h,各位的意义详细描述如图 7.13 所示。

15	14	13	12	11	10	9	8
CENABLE	CLD1	CLD0	SVENABLE	ACTRLD1	ACTRLD0	FCOMPOE	PDPINTA STATUS
RW-0	RW-0	RW-0	RW-0	RW-0	RW-0	RW-0	R-PDPINTAPIN

7~0
保留
R-0

图 7.13 比较控制寄存器 COMCONA 各位描述
R—可读;W—可写;-0—复位后的值

位 15:CENABLE,比较使能位。
  0—禁止比较操作,所有映像寄存器(CMPRx 和 ACTRA)为透明。
  1—使能比较操作。
位 14 ~ 位 13:CLD1、CLD0,比较寄存器 CMPRx 重载条件。
  00—当定时器 1 计数器 T1CNT = 0(下溢)时重载。
  01—当定时器 1 计数器 T1CNT 值为 0 或等于周期寄存器的值时重载。
  10—立即重载。
  11—保留,结果不可预测。
位 12:SVENABLE,空间向量 PWM 模式使能。
  0—禁止空间向量 PWM 模式。
  1—使能空间向量 PWM 模式。
位 11 ~ 位 10:ACTRLD1、ACTRLD0,动作控制寄存器重载条件。
  00—当定时器 1 计数器 T1CNT 的值为 0 时重载。
  01—当定时器 1 计数器 T1CNT 的值为 0 或等于周期寄存器的值时重载。
  10—立即重载。
  11—保留,结果不可预测。
位 9:FCOMPOE,比较输出使能位,有效的 $\overline{\text{PDPINTA}}$ 会使该位清 0。
  0—PWM 输出引脚为高阻态,即比较输出被禁止。
  1—PWM 输出引脚处于非高阻态,即比较输出被使能。
位 8:$\overline{\text{PDPINTA}}$ STATUS,这一位反映了 $\overline{\text{PDPINTA}}$ 引脚的当前状态,复位后的值取决于复位时该引脚的状态。该位仅在 LF240xA 系列中可用,在 LF240x 系列中为保留位。
位 7 ~ 位 0:保留。

(2) 比较控制寄存器 COMCONB 的映射地址为 7511h,各位的意义详细描述如图 7.14 所示。

15	14	13	12	11	10	9	8
CENABLE	CLD1	CLD0	SVENABLE	ACTRLD1	ACTRLD0	FCOMPOE	$\overline{\text{PDPINTB}}$ STATUS
RW – 0	RW – 0	RW – 0	RW – 0	RW – 0	RW – 0	RW – 0	R – $\overline{\text{PDPINTBPIN}}$

7 ~ 0
保留
R – 0

图 7.14 比较控制寄存器 COMCONB 各位描述
R—可读;W—可写; – 0—复位后的值

位 15:CENABLE,比较使能位。

  0—禁止比较操作,所有映像寄存器(CMPRx 和 ACTRB)为透明。

  1—使能比较操作。

位 14 ~ 位 13:CLD1、CLD0,比较寄存器 CMPRx 重载条件。

  00—当定时器 3 计数器 T3CNT 的值为 0 时重载。

  01—当定时器 3 计数器 T3CNT 的值为 0 或等于周期寄存器的值时重载。

  10—立即重载。

  11—保留,结果不可预测。

位 12:SVENABLE,空间向量 PWM 模式使能。

  0—禁止空间向量 PWM 模式。

  1—使能空间向量 PWM 模式。

位 11 ~ 位 10:ACTRLD1、ACTRLD0,动作控制寄存器重载条件。

  00—当定时器 3 计数器 T3CNT 的值为 0 时重载。

  01—当定时器 3 计数器 T3CNT 的值为 0 或等于周期寄存器的值时重载。

  10—立即重载。

  11—保留,结果不可预测。

位 9:FCOMPOE,比较输出使能位,有效的 $\overline{\text{PDPINTB}}$ 会使该位清 0。

  0—PWM 输出引脚为高阻态,即比较输出被禁止。

  1—PWM 输出引脚处于非高阻态,即比较输出被使能。

位 8:$\overline{\text{PDPINTB}}$ STATUS,这一位反映了 $\overline{\text{PDPINTB}}$ 引脚的当前状态,复位后的值取决于复位时该引脚的状态。该位仅在 LF240xA 系列中可用,在 LF240x 系列中为保留位。

位 7 ~ 位 0:保留。

2.比较动作控制寄存器(ACTRA 和 ACTRB)

如果 COMCONA/B[15]位使能比较操作,则当比较事件发生时,比较动作控制寄存器(ACTRA 和 ACTRB)就控制 6 个比较输出引脚(PWMx,对于 ACTRA 寄存器,x = 1 ~ 6;对于 ACTRB 寄存器,x = 7 ~ 12)的动作。ACTRA 和 ACTRB 是双缓冲的,它们的重载条件由 COMCONA/B 寄存器中相应的位来确定,它们也包含了空间向量 PWM 操作所需的 SVRDIR、D2、D1 和 D0 位。

(1) 比较动作控制寄存器 ACTRA 的映射地址为 7413h,各位的意义详细描述如图 7.15 所示。

15	14	13	12	11	10	9	8
SVRDIR	D2	D1	D0	CMP6ACT1	CMP6ACT0	CMP5ACT1	CMP5ACT0
RW – 0	RW – 0	RW – 0	RW – 0	RW – 0	RW – 0	RW – 0	RW – 0

7	6	5	4	3	2	1	0
CMP4ACT1	CMP4ACT0	CMP3ACT1	CMP3ACT0	CMP2ACT1	CMP2ACT0	CMP1ACT1	CMP1ACT0
RW – 0	RW – 0	RW – 0	RW – 0	RW – 0	RW – 0	RW – 0	RW – 0

图 7.15 比较动作控制寄存器 ACTRA 各位描述
R—可读;W—可写;– 0—复位后的值

位 15:SVRDIR,空间向量 PWM 旋转方向位,仅用于产生空间向量 PWM 输出。
  0—正向(CCW)。
  1—负向(CW)。

位 14 ~ 位 12:D2 ~ D0,基本的空间向量位,仅用于产生空间向量 PWM 输出。

位 11 ~ 位 10:CMP6ACT1 ~ 0,比较输出引脚 6(即 PWM6/IOPB3)上的输出极性选择。
  00—强制低。
  01—低有效。
  10—高有效。
  11—强制高。

位 9 ~ 位 8:CMP5ACT1 ~ 0,比较输出引脚 5(即 PWM5/IOPB2)上的输出极性选择。
  00—强制低。
  01—低有效。
  10—高有效。
  11—强制高。

位 7 ~ 位 6:CMP4ACT1 ~ 0,比较输出引脚 4(即 PWM4/IOPB1)上的输出极性选择。
  00—强制低。
  01—低有效。
  10—高有效。
  11—强制高。

位 5 ~ 位 4:CMP3ACT1 ~ 0,比较输出引脚 3(即 PWM3/IOPB0)上的输出极性选择。
  00—强制低。
  01—低有效。
  10—高有效。
  11—强制高。

位 3 ~ 位 2:CMP2ACT1 ~ 0,比较输出引脚 2(即 PWM2/IOPA7)上的输出极性选择。
  00—强制低。
  01—低有效。
  10—高有效。

11—强制高。

位 1～位 0:CMP1ACT1～0,比较输出引脚 1(即 PWM1/IOPA6)上的输出极性选择。

  00—强制低。

  01—低有效。

  10—高有效。

  11—强制高。

（2）比较动作控制寄存器 ACTRB 的映射地址为 7513h,各位的意义详细描述如图 7.16 所示。

15	14	13	12	11	10	9	8
SVRDIR	D2	D1	D0	CMP12ACT1	CMP12ACT0	CMP11ACT1	CMP11ACT0
RW−0	RW−0	RW−0	RW−0	RW−0	RW−0	RW−0	RW−0
7	6	5	4	3	2	1	0
CMP10ACT1	CMP10ACT0	CMP9ACT1	CMP9ACT0	CMP8ACT1	CMP8ACT0	CMP7ACT1	CMP7ACT0
RW−0	RW−0	RW−0	RW−0	RW−0	RW−0	RW−0	RW−0

图 7.16 比较动作控制寄存器 ACTRB 各位描述

R—可读;W—可写;−0—复位后的值

位 15:SVRDIR,空间向量 PWM 旋转方向位,仅用于产生空间向量 PWM 输出。

  0—正向(CCW)。

  1—负向(CW)。

位 14～位 12:D2～D0,基本的空间向量位,仅用于产生空间向量 PWM 输出。

位 11～位 10:CMP12ACT1～0,比较输出引脚 12(即 PWM12/IOPE6)上的输出极性选择。

  00—强制低。

  01—低有效。

  10—高有效。

  11—强制高。

位 9～位 8:CMP11ACT1～0,比较输出引脚 11(即 PWM11/IOPE5)上的输出极性选择。

  00—强制低。

  01—低有效。

  10—高有效。

  11—强制高。

位 7～位 6:CMP10ACT1～0,比较输出引脚 10(即 PWM10/IOPE4)上的输出极性选择。

  00—强制低。

  01—低有效。

  10—高有效。

  11—强制高。

位 5～位 4:CMP9ACT1～0,比较输出引脚 9(即 PWM9/IOPE3)上的输出极性选择。

  00—强制低。

  01—低有效。

  10—高有效。
  11—强制高。
位 3 ~ 位 2：CMP8ACT1 ~ 0，比较输出引脚 8（即 PWM8/IOPE2）上的输出极性选择。
  00—强制低。
  01—低有效。
  10—高有效。
  11—强制高。
位 1 ~ 位 0：CMP7ACT1 ~ 0，比较输出引脚 7（即 PWM7/IOPE1）上的输出极性选择。
  00—强制低。
  01—低有效。
  10—高有效。
  11—强制高。

7.3.3　比较单元的中断

对于每个比较单元，在 EVxIFRA（x = A 或 B）寄存器中都有一个可屏蔽的中断标志使能位。如果比较操作被使能，比较匹配后的 1 个 CPU 时钟周期，比较单元的中断标志将被置位。如果中断没有被屏蔽，则会产生一个外设中断请求。

7.3.4　比较单元的复位

当任何复位事件发生时，所有与比较单元相关的寄存器都复位为 0，并且所有的比较输出引脚都被置为高阻态。

7.4　PWM 电路及 PWM 信号的产生

7.4.1　PWM 信号

  PWM 信号（即脉宽调制信号）是脉冲宽度根据某一寄存器内的值的变化而变化的脉冲序列，这些脉冲在一系列固定长度的周期内展开，以确保每个周期内有一个脉冲。这个固定周期被称为 PWM 载波周期，其倒数叫做 PWM 载波频率。PWM 脉冲的宽度是根据调制信号的一系列预定值来决定和调制的。
  在电机控制系统中，PWM 信号被用来控制开关电源器件的开关时间，以便为电动机绕组提供所需要的电流和能量，如图 7.23 所示（见 7.5 节）。相电流的形状和频率以及提供给电动机绕组的能量控制着电机以获得所需要的转速和转矩，提供给电动机的电压或电流就是调制信号。

1.PWM 信号产生

  为了产生一个 PWM 信号，需要有一个合适的定时器重复产生一个与 PWM 周期相同的计数周期，一个比较寄存器保持着调制值，比较寄存器的值不断地和定时器的值相比较。当比较匹配时，在相应的输出引脚上就产生一个跳变（从低到高或从高到低）；当产生第二次匹配或定时器的周期结束时，在相应的输出引脚上会产生又一个跳变（从高到低或从低到高），通过这种方法,所产生的输出脉冲的开关时间就会和比较寄存器的值成比例。在每个定时器周期,这个过程都会重复,但每次比较寄存器里的调制值可以是不同的,因此,就会在相应的输出引脚上产生一个 PWM 信号。

2. 死区

在许多的运动和电动机控制以及功率电子应用中,通常将两个功率器件(上级和下级)串联起来放在一个功率转换支路中,为了避免击穿失效,两个功率器件的导通周期不能重叠,因此就需要一对非重叠的 PWM 输出信号来正确地导通和关闭这两个器件。在一个晶体管的截止时间和另一个晶体管的导通期间,通常需要插入一段死区时间,这个时间延迟能确保在一个晶体管导通之前另一个晶体管完全关闭。延迟时间通常由功率管的开关特性和特定应用场合的负载特性来决定。事件管理器中比较单元的 PWM 电路就提供了死区控制功能,详见 7.4.4 节。

7.4.2 用事件管理器产生 PWM 信号

事件管理器中的全比较单元和定时器中的简单比较单元均能输出 PWM 信号,区别在于:每个全比较单元输出一对 PWM 信号,并具有死区控制和空间向量 PWM 模式输出的功能;而定时器中的每个比较单元只能输出一路 PWM 信号,且不具备死区控制和空间向量 PWM 模式输出的功能。

3 个比较单元中的每一个都可与通用定时器 1(对于 EVA 模块)或通用定时器 3(对于 EVB 模块)、死区单元以及事件管理器模块中的输出逻辑一起,来产生一对带可编程死区和输出极性的 PWM 输出。共有 6 个这样的专用 PWM 输出引脚对应于每个 EV 模块中的 3 个比较单元,这 6 个专用的输出引脚可以很方便地用来控制三相交流感应电动机或无刷直流电动机。由于比较动作控制寄存器(ACTRA/B)的控制具有很强的灵活性,因此在许多场合,也可以很容易地用来控制开关其他类型的电动机,如单轴或多轴控制应用中的直流有刷电动机和步进电动机。

每个事件管理器(EVA 和 EVB)的 PWM 波形发生器的特性可概括如下。

(1) 5 个独立的 PWM 波形输出,其中 3 个由比较单元产生,2 个由通用定时器产生,此外,3 个比较单元的 PWM 波形输出还会产生 3 个附加的 PWM 波形输出。

(2) 3 个比较单元相对应的 PWM 输出对带可编程死区。

(3) 最小的死区时间宽度为一个 CPU 时钟周期。

(4) PWM 的最大分辨率为 16 位。

(5) 最小的 PWM 脉冲宽度和脉宽的增减量为一个 CPU 时钟周期。

(6) PWM 载波频率的快速改变(具有双缓冲的周期寄存器)。

(7) PWM 脉宽的快速改变(具有双缓冲的比较寄存器)。

(8) 功率驱动保护中断。

(9) 由于比较和周期寄存器的自动重载,使 CPU 的负担最小。

(10) 能够产生可编程的非对称、对称和空间向量 PWM 波形。

7.4.3 与比较单元相应的 PWM 电路概述

对于每个事件管理器模块来说,与比较单元相关的 PWM 电路能够产生六路带可编程死区和输出极性的 PWM 输出。EVA 模块的 PWM 电路功能结构图如图 7.17 所示。

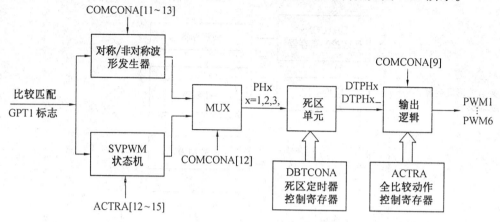

图 7.17 EVA 模块的 PWM 电路功能结构图

由图 7.17 可知，PWM 电路包括以下功能单元。
(1) 对称/非对称波形发生器。
(2) 可编程的死区单元(DBU)。
(3) 输出逻辑。
(4) 空间向量(SV)PWM 状态机。

EVB 模块的 PWM 电路的功能结构图和 EVA 模块的一样，只是相关的配置寄存器有所改变。这里不再介绍。

当将 PWM 波形用于电动机控制和运动控制时，事件管理器内 PWM 电路的设计（比较和周期寄存器的双缓冲和自动重载）可以大大减少产生 PWM 波形的 CPU 开销和用户干预。比较单元的 PWM 波形发生器和相关 PWM 电路受以下控制寄存器控制：T1CON、COMCONA、ACTRA 和 DBTCONA（对于 EVA 来说），以及 T3CON、COMCONB、ACTRB 和 DBTCONB（对于 EVB 来说）。

7.4.4 可编程的死区单元和输出逻辑

EVA 和 EVB 模块都有自己的可编程死区单元，死区单元结构图和波形图如图 7.18 所示。

可编程死区单元的特性如下。
(1) 一个 16 位的死区控制寄存器 DBTCONx(可读/写)。
(2) 一个输入时钟预定标器：预定标因子为 $x/1$、$x/2$、$x/4$、$x/8$、$x/16$、$x/32$。
(3) 内部 CPU 时钟输入。
(4) 3 个 4 位的减计数定时器。
(5) 控制逻辑。

1. 死区单元的输入和输出

死区单元的输入是 PH1、PH2 和 PH3，它们分别是由比较单元 1、2 和 3 的非对称/对称波形发生器产生的。

死区单元的输出是 DTPH1、DTPH1_；DTPH2、DTPH2_；DTPH3、DTPH3_，它们分别产生于

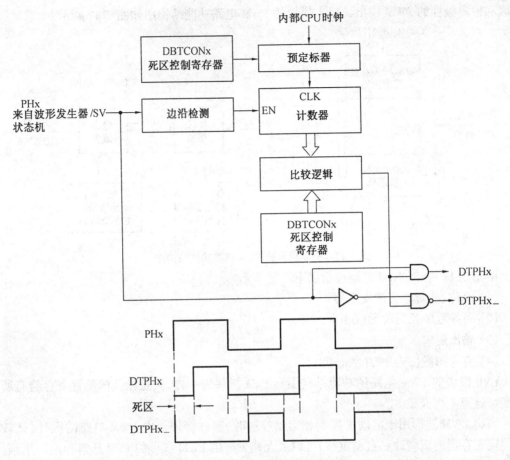

图 7.18 死区单元结构图和波形图

PH1、PH2 和 PH3。

2. 死区的产生

对于一个输入信号 PHx,会产生两个输出信号 DTPHx 和 DTPHx_。当死区被禁止用于比较单元及其相应的输出时,这两个输出信号完全相同。当比较单元的死区被使能时,这两个信号的跳变边沿就会被一个叫死区的时间间隔隔开,这个时间间隔由 DBTCONx 中的位决定。假设 DBTCONx[11~8]的值为 m,且 DBTCONx[4~2]的值对应的预定标因子为 x/p,那么死区的值为(p×m)个 CPU 时钟周期。

死区单元中 PHx、DTPHx 和 DTPHx_信号为器件内部信号,因此,对这些信号无法进行外部监测或控制。

3. 死区单元的其他重要特征

死区单元的目的是为了保证在任何操作情况下,由每个比较单元相关的两路 PWM 输出控制的上级器件和下级器件在导通期间没有重叠,即当一个器件没有完全关断时,另一个器件不导通。极端的情况包括:用户装载了一个大于占空周期的死区值,以及占空比为100%或者 0,因此,如果比较单元的死区被使能,与比较单元相应的 PWM 输出在一个周期结束后不会复位到一个无效状态。

4.死区定时器控制寄存器 DBTCONA 和 DBTCONB

死区单元的操作是由死区定时器控制寄存器 DBTCONA 和 DBTCONB 来控制的。下面分别介绍这两个控制寄存器。

(1)死区定时器控制寄存器 DBTCONA,映射地址为 7415h,各位描述如图 7.19 所示。

15~12				11	10	9	8
保留				DBT3	DBT2	DBT1	DBT0
R−0				RW−0	RW−0	RW−0	RW−0
7	6	5	4	3	2	1~0	
EDBT3	EDBT2	EDBT1	DBTPS2	DBTPS1	DBTPS0	保留	
RW−0	RW−0	RW−0	RW−0	RW−0	RW−0	R−0	

图 7.19 死区定时器控制寄存器 DBTCONA 各位描述
R—可读;W—可写;−0—复位后的值

位 15~位 12:保留。

位 11~位 8:DBT3~0。死区定时器周期,这些位规定了 3 个 4 位死区定时器的周期值。

位 7:EDBT3。死区定时器 3 使能位(对应比较单元 3 的引脚 PWM5 和 PWM6)。

　　0—禁止。

　　1—使能。

位 6:EDBT2。死区定时器 2 使能位(对应比较单元 2 的引脚 PWM3 和 PWM4)。

　　0—禁止。

　　1—使能。

位 5:EDBT1。死区定时器 1 使能位(对应比较单元 1 的引脚 PWM1 和 PWM2)。

　　0—禁止。

　　1—使能。

位 4~位 2:DBTPS2~0。死区定时器的预定标器。

　　000—x/1。

　　001—x/2。

　　010—x/4。

　　011—x/8。

　　100—x/16。

　　101—x/32。

　　110—x/32。

　　111—x/32。

注:x 为 CPU 时钟频率。

位 1~位 0:保留。

(2)死区定时器控制寄存器 DBTCONB,映射地址为 7515h,各位描述如图 7.20 所示。

15~12				11	10	9	8
保留				DBT3	DBT2	DBT1	DBT0
R-0				RW-0	RW-0	RW-0	RW-0
7	6	5	4	3	2	1~0	
EDBT3	EDBT2	EDBT1	DBTPS2	DBTPS1	DBTPS0	保留	
RW-0	RW-0	RW-0	RW-0	RW-0	RW-0	R-0	

图 7.20 死区定时器控制寄存器 DBTCONB 各位描述

R—可读；W—可写；-0—复位后的值

位 15~位 12：保留。

位 11~位 8：DBT3~0。死区定时器周期，这些位规定了 3 个 4 位死区定时器的周期值。

位 7：EDBT3。死区定时器 3 使能位(对应比较单元 6 的引脚 PWM11 和 PWM12)。

  0—禁止。

  1—使能。

位 6：EDBT2。死区定时器 2 使能位(对应比较单元 5 的引脚 PWM9 和 PWM10)。

  0—禁止。

  1—使能。

位 5：EDBT1。死区定时器 1 使能位(对应比较单元 4 的引脚 PWM7 和 PWM8)。

  0—禁止。

  1—使能。

位 4~位 2：DBTPS2~0。死区定时器的预定标器。

  000—x/1。

  001—x/2。

  010—x/4。

  011—x/8。

  100—x/16。

  101—x/32。

  110—x/32。

  111—x/32。

注：x 为 CPU 时钟频率。

位 1~位 0：保留。

5.输出逻辑

输出逻辑电路决定了当发生比较匹配时，PWMx(x=1~12)输出引脚上的极性和动作，与每个比较单元相应的输出引脚可设定为低有效、高有效、强制低和强制高。PWM 输出的极性和动作可以通过动作控制寄存器 ACTRx 中的相应位来设定。当发生以下任何一种情况时，PWM 输出引脚将会被置为高阻状态。

(1) 通过软件将 COMCONx[9]位设置为 0，即比较输出被禁止。

(2) 功率驱动保护中断 $\overline{PDPINTx}$ 引脚上的电平被拉低，并且相应的中断没有被屏蔽。

(3) 任何一个复位事件发生。

有效的 $\overline{PDPINTx}$(当其被使能)和系统复位能覆盖 COMCONx 和 ACTRx 中相应的位。

由图 7.17 可知，比较单元输出逻辑的输入包括以下部分。

(1)来自死区单元的 DTPH1、DTPH1_；DTPH2、DTPH2_；DTPH3、DTPH3_以及比较匹配信

号。
(2) ACTRx 寄存器和 COMCONx 寄存器中的控制位。
(3) $\overline{PDPINTx}$ 和复位信号。

比较单元输出逻辑的输出包括以下部分。
(1) PWMx, x = 1~6(对于 EVA 模块)。
(2) PWMy, y = 7~12(对于 EVB 模块)。

7.4.5 非对称和对称 PWM 的产生

事件管理器模块中的每个比较单元都能够产生非对称和对称的 PWM 波形。此外,三个比较单元一起可以产生三相对称空间向量 PWM 输出。利用这三个比较单元产生以上三种 PWM 波形的工作机理与通用定时器比较单元产生 PWM 波形类似,只不过多了死区控制和空间向量 PWM 输出功能。本节将介绍用比较单元来产生 PWM 波形输出。

1. PWM 产生的寄存器设置

用比较单元和相应的 PWM 电路产生所有三种 PWM 波形(非对称、对称、三相对称空间向量 PWM)均需要对相同的 EV 寄存器进行配置。

配置过程需要以下步骤。
(1) 设置和装载 ACTRx 寄存器。
(2) 如需死区,则设置和装载 DBTCONx 寄存器。
(3) 初始化 CMPRx 寄存器。
(4) 设置和装载 COMCONx 寄存器。
(5) 设置和装载 T1CON(对于 EVA)或 T3CON(对于 EVB)寄存器,来启动比较操作。
(6) 更新 CMPRx 寄存器的值。

2. 非对称 PWM 波形的产生

边沿触发和非对称 PWM 信号的特点就是调制信号不是关于 PWM 周期中心对称的,如图 7.21 所示,每个脉冲的宽度只能从其脉冲的一侧来改变。

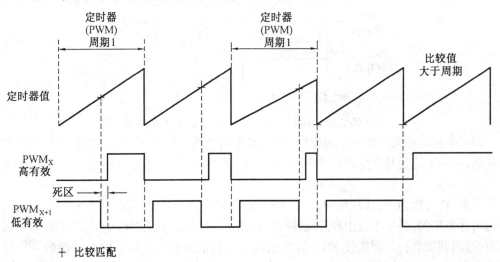

图 7.21 非对称 PWM 波形示意图(x = 1,3 或 5)

为了产生一个非对称的 PWM 波形,通用定时器 1 或 3 必须设置为连续递增计数模式,且其周期寄存器必须载入一个与所需的PWM载波周期相对应的值,然后设置COMCONx使能比较操作,设置选定的输出引脚为PWM输出,且使能输出。如果使能了死区操作,那么必须用软件向DBTCONx[11~8]中的DBT[3~0]位写入与所需死区时间相对应的值,这个值将作为4位死区定时器的周期。这个死区时间值将用于该事件管理器模块所有的PWM输出通道。

通过用软件对ACTRx进行适当的配置,可以使得比较单元的一个输出引脚上产生正常的PWM信号,而该比较单元的另一个输出引脚在PWM周期的开始、中间或结束都保持低电平(关)或高电平(开),这种通过软件可以灵活控制PWM输出的特性在开关磁阻电机控制应用中特别有用。

当通用定时器1或3启动后,在每个PWM周期,比较寄存器都会用新的比较值来重写,以调整PWM输出的脉冲宽度(占空比)来控制功率器件的开关时间。因为比较寄存器是带映像的,所以在一个周期的任意时刻都可以写入新的值。同样,新的值可以在一个周期的任意时刻写入动作寄存器和周期寄存器,以改变PWM周期或强迫改变PWM输出极性。

3. 对称PWM波形的产生

对称PWM波形的特点是其调制脉冲关于每个PWM周期中心对称的。对称PWM波形与非对称PWM波形相比,优点在于它有两个相同长度的无效区:分别位于每个PWM周期的开始和结束。当使用正弦调制时,对称PWM信号在一个交流电动机(如感应和DC无刷电动机)的相电流中比非对称的PWM信号引起的谐波更少。图7.22是对称PWM波形的例子。

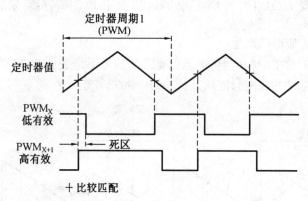

图7.22 对称PWM波形示意图(x = 1,3 或 5)

用一个比较单元产生一个对称的PWM波形与产生一个非对称的PWM波形的过程是相似的,唯一不同的是产生对称的PWM波形时,通用定时器1或3应被设置为连续增/减计数模式。

通常,在对称的PWM波形中,一个PWM周期内有两个比较匹配,一个发生在周期匹配前的增计数期间,另一个发生在周期匹配后的减计数期间。当周期匹配后,新的比较值就变为有效(周期重载),从而能使PWM脉冲的第二个边沿提前或延缓。这个特性的一个应用就是在交流电动机控制中,通过改变PWM波形来补偿由死区引起的电流误差。

因为比较寄存器是带映像的,所以可以在一个周期的任意时刻向其中写入新的值。同样,新的值可以在一个周期的任意时刻写入周期寄存器和动作寄存器,以改变PWM周期或强迫改变 PWM 输出极性。

7.5 空间向量 PWM

7.5.1 空间向量 PWM 理论概述

空间向量 PWM 指的是三相功率变换器中 6 个功率三极管的一种特殊的开关电路,它可使三相交流电机绕组产生的电流的谐波失真最小,且与正弦调制相比,能更加有效地使用供电电压。以下论述中涉及空间向量 PWM 的详细推导已超出本书的讨论范围,详细推导请参考有关空间向量 PWM 和电动机控制理论方面的著作。

1. 三相功率变换器

典型的三相功率变换器的结构如图 7.23 所示。图中 V_a、V_b 和 V_c 是提供给电动机绕组的电压。6 个功率三极管由 DTPHx 和 DTPHx_(x = a、b 和 c)控制。当上部的功率管导通时(DTPHx = 1),下部的功率管关断(DTPHx_ = 0)。这样,通过上部功率管的开关状态(Q1、Q3 和 Q5),或者等效地说,DTPHx(x = a、b 和 c)的状态,就可以计算出提供给电动机的电压 U_{OUT}。

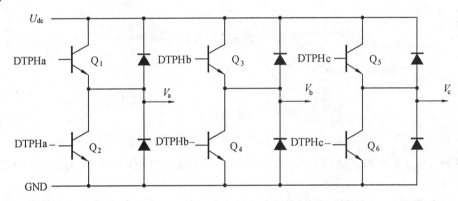

图 7.23 三相功率逆变器的原理图

2. 功率逆变器的开关模式和基本空间向量

当一个支路中的上部功率管导通时,由支路提供给电动机绕组的电压 GVGx(x = a、b 或 c)等于供电电压 U_{dc},当功率管关断时,提供的电压为 0。上部三极管(DTPHx, x = a、b 或 c)的开关切换有 8 种可能的组合方式。表 7.13 所示为由这 8 种组合方式产生的由直流供电电压 U_{dc} 表示的电动机相电压和线电压。其中,a、b 和 c 分别代表 DTPHa、DTPHb 和 DTPHc 的值。

通过进行一个 d-q 变换,可以把对应于 8 种组合方式的相电压映射到一个 d-q 平面上,这等效于把 3 个向量(a、b 和 c)的投影映射到一个垂直于向量(1,1,1)的二维平面上,即 d-q 平面上,这样就产生了 6 个非零向量和两个零向量。这 6 个非零向量组成一个六边形的轴,相邻两个向量的夹角为 60°,两个零向量位于原点处。这 8 个向量叫做基本空间向量,它们分别由 U_0、U_{60}、U_{120}、U_{180}、U_{240}、U_{300}、O_{000} 和 O_{111} 来表示。同样的变换可以应用于电动机的供电电压向量 U_{OUT}。图 7.24 所示为各个向量的投影和电动机电压向量 U_{OUT} 的投影。

表 7.13　三相功率逆变器的开关模式

a	b	c	$V_{a0}(U_{dc})$	$V_{b0}(U_{dc})$	$V_{c0}(U_{dc})$	$V_{ab}(U_{dc})$	$V_{bc}(U_{dc})$	$V_{ca}(U_{dc})$
0	0	0	0	0	0	0	0	0
0	0	1	-1/3	-1/3	2/3	0	-1	1
0	1	0	-1/3	2/3	-1/3	-1	1	0
0	1	1	-2/3	1/3	1/3	-1	0	1
1	0	0	2/3	-1/3	-1/3	1	0	-1
1	0	1	1/3	-2/3	1/3	1	-1	0
1	1	0	1/3	1/3	-2/3	0	1	-1
1	1	1	0	0	0	0	0	0

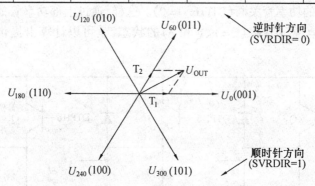

图 7.24　基本空间向量和电动机电压向量 U_{OUT} 的投影图

这里,d-q 平面的 d 轴和 q 轴分别对应于一个交流电动机的定子几何轴的水平和垂直方向。

空间向量 PWM 方法的实质就是利用 6 个功率管的 8 种组合开关方式来近似的给出电动机的供电电压 U_{OUT}。

相邻两个基本空间向量的二进制数只有一位不同,也就是说,当开关模式从 U_x 切换到 U_{x+60} 或从 U_{x+60} 切换到 U_x 时,只有一个上部功率管改变开关状态。零向量 O_{000} 和 O_{111} 不向电动机提供电压。

3. 用基本空间向量近似计算电动机的供电电压

在任意给定时刻,电动机的电压向量 U_{OUT} 的投影都落在 6 个区域中的一个,因此,对于任何 PWM 周期,U_{OUT} 可以由相邻两个基本向量的矢量和近似地计算出来,如式(7.1)所示

$$U_{OUT} = \frac{T_1 U_x + T_2 U_{x+60} + T_0(O_{000} \text{或} O_{111})}{T_P} \tag{7.1}$$

式中,T_0 由 $T_P - T_1 - T_2$ 给出,T_P 为 PWM 载波周期。上式右边的第三项不影响向量和 U_{OUT}。从上式可以看出,为了给电动机提供电压 U_{OUT},上部功率管在 T_1 和 T_2 时段的开关模式分别对应于 U_x 和 U_{x+60}。零向量的存在可以平衡功率管的开关周期和功率损耗。

7.5.2 用 EV 模块产生空间向量 PWM 波形

1. 软件设置

在 EV 模块中,内置的硬件电路大大简化了空间向量 PWM 波形的产生。空间向量 PWM 的产生通常要作如下的用户软件设置。

(1) 配置 ACTRx 以定义比较输出引脚的极性。

(2) 配置 COMCONx 以使能比较操作和空间向量 PWM 模式,以及设置 CMPRx 的重载条件为下溢。

(3) 设置通用定时器 1 或 3 为连续增/减计数模式以启动比较操作。

用户还需要在二维 d-q 平面定义提供给电动机的各相电压 U_{OUT},然后分解 U_{OUT},且在每个 PWM 周期作如下的操作。

(1) 定义相邻两个向量 U_x 和 U_{x+60}。

(2) 定义参数 T_1、T_2、和 T_0。

(3) 将对应于 U_x 的开关模式写入 ACTRx[14~12]位及将 1 写入 ACTRx[15],或者将对应于 U_{x+60} 的开关模式写入 ACTRx[14~12]位及将 0 写入 ACTRx[15]。

(4) 将值 $(\frac{1}{2}T_1)$ 写入 CMPR1 中以及将值 $(\frac{1}{2}T_1 + \frac{1}{2}T_2)$ 写入 CMPR2。

2. 空间向量 PWM 的硬件

要完成一个空间向量 PWM 周期,需要对 EV 模块中的空间向量 PWM 硬件作如下的操作。

(1) 在每个周期的开始,根据 ACTRx[14~12]的定义将 PWM 输出设置为新的模式 U_y。

(2) 在增计数期间,当 CMPR1 和通用定时器 1 或 3 在 $\frac{1}{2}T_1$ 处产生第一次比较匹配时,如果 ACTRx[15]为 1,则将 PWM 输出切换为 U_{y+60} 模式;如果 ACTRx[15]为 0,则将 PWM 输出切换为 U_y 模式($U_{0-60} = U_{300}$,$U_{360+60} = U_{60}$)。

(3) 在增计数期间,当 CMPR2 和通用定时器 1 或 3 在 $(\frac{1}{2}T_1 + \frac{1}{2}T_2)$ 处产生第二次匹配时,则将 PWM 输出切换为(000)或(111)模式;该模式与步骤(2)输出模式之间有一位的差别。

(4) 在减计数期间,当 CMPR2 和通用定时器 1 或 3 在 $(\frac{1}{2}T_1 + \frac{1}{2}T_2)$ 处产生第一次匹配时,则将 PWM 输出切换回步骤(2)输出模式。

(5) 在减计数期间,当 CMPR1 和通用定时器 1 或 3 在 $\frac{1}{2}T_1$ 处产生第二次匹配时,则将 PWM 输出切换回步骤(1)输出模式。

以上输出模式切换过程可通过图 7.25 得到反映。

3. 空间向量 PWM 波形

空间向量 PWM 波形是关于每个 PWM 周期中间对称的,因此,又叫做对称空间向量 PWM 波形。图 7.25 所示为空间向量 PWM 波形的两个例子。

4. 未使用的比较寄存器

产生空间向量 PWM 输出只用到了两个比较寄存器,但是第 3 个比较寄存器仍然不断地与通用定时器1或3比较。当产生一个比较匹配时,如果相应的比较中断没有被屏蔽,则相应的比较中断标志被置位,并产生一个外设中断请求,因此,在空间向量PWM输出中没有用到的比较寄存器仍然可以用来在特定的应用场合产生定时事件。此外,由于状态机引入了额外的延迟,因此,在空间向量PWM模式下,比较输出跳变被延迟一个CPU时钟周期。

5. 空间向量PWM的边界条件

在空间向量PWM模式下,当两个比较寄存器CMPR1和CMPR2载入的值均为零时,所有3个比较输出都变为无效状态。因此,在空间向量PWM模式下,用户要确保如下的寄存器关系:CMPR1≤CMPR2≤T1PR,否则,将会出现不可预料的结果。

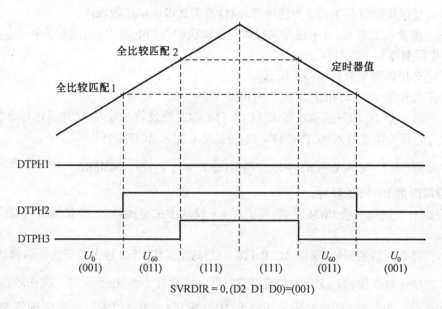

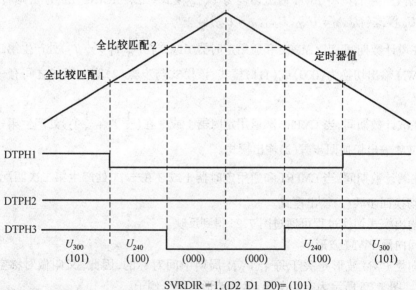

图7.25 空间向量PWM波形的两个例子

7.6 捕捉单元

图 7.26 是 EVA 模块的捕捉单元原理框图，EVB 的捕捉单元原理框图与 EVA 一样，仅相应的寄存器不同。

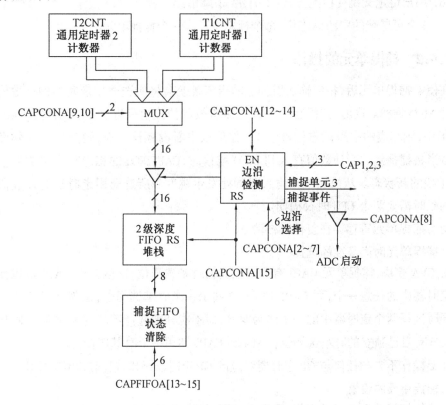

图 7.26　EVA 模块的捕捉单元原理框图

捕捉单元可以记录捕捉输入引脚上跳变的时刻。每个事件管理器模块有 3 个捕捉单元，事件管理器 EVA 的捕捉单元为 CAP1、CAP2 和 CAP3，事件管理器 EVB 的捕捉单元为 CAP4、CAP5 和 CAP6。每一个捕捉单元都有一个相对应的捕捉输入引脚。

当在捕捉输入引脚 CAPx 上检测到一个设定的跳变时，则跳变时刻通用定时器计数器的值被捕捉并存储在相应的 2 级深度 FIFO 堆栈中。

7.6.1 捕捉单元的特点

每个事件管理器模块的捕捉单元包括如下特性。

(1) 1 个可读/写的 16 位捕捉控制寄存器 CAPCONx(x = A 或 B)。

(2) 1 个 16 位的捕捉 FIFO 状态寄存器 CAPFIFOx(x = A 或 B)。

(3) 可选择通用定时器 1/2(EVA)或者 3/4(EVB)作为时基。

(4) 3 个 16 位 2 级深度的 FIFO 堆栈(CAPxFIFO, x = 1~3 或 4~6)，每个捕捉单元对应 1 个 2 级深度的 FIFO 堆栈。

(5) 3个施密特触发器输入引脚(对于 EVA,CAP1/2/3;对于 EVB,CAP4/5/6),每个捕捉单元一个输入引脚(所有的输入和内部 CPU 时钟同步,为使跳变被捕捉,输入在当前电平至少保持两个 CPU 时钟周期。输入引脚 CAP1/2 和 CAP4/5 也可用做 QEP 电路的正交编码器脉冲输入)。

(6) 用户可定义跳变检测方式(上升沿、下降沿或二者)。

(7) 3个可屏蔽的中断标志位,每个标志位对应一个捕捉单元。

7.6.2 捕捉单元的操作

在使能捕捉单元后,相应输入引脚上的指定跳变会将所选通用定时器的计数值装入到相应的 FIFO 堆栈。同时,如果有一个或更多有效的捕捉值保存在 FIFO 堆栈(CAPxFIFO 不等于 0)中,则相应的中断标志位被置 1。如果该中断没有被屏蔽,则产生一个外设中断请求。每当将捕捉到的新计数值存入到 FIFO 堆栈时,CAPFIFOx 的相应状态位被调整以反映 FIFO 堆栈的新状态。从捕捉单元输入引脚处发生跳变到所选通用定时器的计数值被锁存之间的延时需要两个 CPU 时钟周期。

所有捕捉单元寄存器在复位时被清 0。

1. 捕捉单元时间基准的选择

对 EVA 模块,捕捉单元 CAP3 有自己独立的时基选择位,这就允许 CAP3 可以使用 2 个通用定时器中的任意一个,而 CAP1 和 CAP2 共用一个时基选择位,也就是说 CAP1 和 CAP2 只能同时选择两个定时器中的一个作为时基,而不能分别选择不同的定时器。对于 EVB 模块,CAP6 有自己独立的时基选择位,CAP4 和 CAP5 共用一个时基选择位。

捕捉操作不影响任何与 GP 定时器对应的 GP 定时器操作或比较/PWM 操作。

2. 捕捉单元的设置

为了使捕捉单元能正常工作,需要对寄存器进行以下设置。

(1) 初始化捕捉 FIFO 状态寄存器(CAPFIFOx),并将相应的状态位清 0。

(2) 设置选定的 GP 定时器为期望的操作模式。

(3) 如有需要,可设置相应的 GP 定时器比较寄存器或 GP 定时器周期寄存器。

(4) 设置相应的捕捉控制寄存器 CAPCONA 或 CAPCONB。

7.6.3 捕捉单元寄存器

捕捉单元的操作由捕捉控制寄存器 CAPCONA/B 和捕捉 FIFO 状态寄存器 CAPFIFOA/B 控制。因为捕捉电路的时间基准是由 GP 定时器 1/2 或 3/4 提供的,所以 TxCON(x = 1,2,3 或 4)寄存器也用于控制捕捉单元的操作。另外,寄存器 CAPCONA/B 还用于控制正交编码器脉冲电路的操作。

1. 捕捉控制寄存器 CAPCONx

(1) 捕捉控制寄存器 A(CAPCONA),其映射地址为 7420h,各位描述如图 7.27 所示。

15	14~13	12	11	10	9	8
CAPRES	CAPQEPN	CAP3EN	保留	CAP3TSEL	CAP12TSEL	CAP3TOADC
RW-0	RW-0	RW-0	R-0	RW-0	RW-0	RW-0

7~6	5~4	3~2	1~0
CAP1EDGE	CAP2EDGE	CAP3EDGE	保留
RW-0	RW-0	RW-0	R-0

图 7.27　捕捉控制寄存器 A 各位描述

R—可读；W—可写；-0—复位后的值

位 15：CAPRES。捕捉复位，读该位总返回 0。向该位写 0 将清除 EVA 模块所有的捕捉寄存器，写 1 无动作。

　　0—EVA 模块所有捕捉单元和正交编码器脉冲电路的寄存器清 0。

　　1—无动作。

位 14～位 13：CAPQEPN。捕捉单元 1 和 2 以及 QEP 电路的控制位。

　　00—禁止捕捉单元 1 和 2 以及 QEP 电路，FIFO 堆栈保持原内容。

　　01—使能捕捉单元 1 和 2，禁止 QEP 电路。

　　10—保留。

　　11—使能 QEP 电路，禁止捕捉单元 1 和 2，位 4～位 7 和位 9 被忽略。

位 12：CAP3EN。捕捉单元 3 控制位。

　　0—禁止捕捉单元 3，其 FIFO 堆栈保持原内容。

　　1—使能捕捉单元 3。

位 11：保留。读返回 0，写无效。

位 10：CAP3TSEL。捕捉单元 3 的通用定时器选择位。

　　0—选择通用定时器 2。

　　1—选择通用定时器 1。

位 9：CAP12TSEL。捕捉单元 1 和 2 的通用定时器选择位。

　　0—选择通用定时器 2。

　　1—选择通用定时器 1。

位 8：CAP3TOADC。捕捉单元 3 事件启动 ADC 模数转换位。

　　0—无操作。

　　1—当 CAP3INT 标志位被置位时，启动 ADC 模数转换。

位 7～位 6：CAP1EDGE。捕捉单元 1 的边沿检测控制位。

　　00—无检测。

　　01—检测上升沿。

　　10—检测下降沿。

　　11—上升沿、下降沿均检测。

位 5～位 4：CAP2EDGE。捕捉单元 2 的边沿检测控制位。

　　00—无检测。

　　01—检测上升沿。

10—检测下降沿。

11—上升沿、下降沿均检测。

位 3 ~ 位 2:CAP3EDGE。捕捉单元 3 的边沿检测控制位。

00—无检测。

01—检测上升沿。

10—检测下降沿。

11—上升沿、下降沿均检测。

位 1 ~ 位 0:保留。读返回 0,写无效。

(2) 捕捉控制寄存器 B(CAPCONB),其映射地址为 7520h,各位描述如图 7.28 所示。

15	14 ~ 13	12	11	10	9	8
CAPRES	CAPQEPN	CAP6EN	保留	CAP5TSEL	CAP45TSEL	CAP6TOADC
RW – 0	RW – 0	RW – 0	R – 0	RW – 0	RW – 0	RW – 0

7 ~ 6	5 ~ 4	3 ~ 2	1 ~ 0
CAP4EDGE	CAP5EDGE	CAP6EDGE	保留
RW – 0	RW – 0	RW – 0	R – 0

图 7.28 捕捉控制寄存器 B 各位描述

R—可读;W—可写;– 0—复位后的值

位 15:CAPRES。捕捉复位,读该位总返回 0。向该位写 0 将清除 EVB 模块所有的捕捉寄存器,写 1 无动作。

0—EVB 模块所有捕捉单元和正交编码器脉冲电路的寄存器清 0。

1—无动作。

位 14 ~ 位 13:CAPQEPN。捕捉单元 4 和 5 以及 QEP 电路的控制位。

00—禁止捕捉单元 4 和 5 以及 QEP 电路,FIFO 堆栈保持原内容。

01—使能捕捉单元 4 和 5,禁止 QEP 电路。

10—保留。

11—使能 QEP 电路,禁止捕捉单元 4 和 5,位 4 ~ 位 7 和位 9 被忽略。

位 12:CAP6EN。捕捉单元 6 控制位。

0—禁止捕捉单元 6,其 FIFO 堆栈保持原内容

1—使能捕捉单元 6。

位 11:保留。读返回 0,写无效。

位 10:CAP6TSEL。捕捉单元 6 的通用定时器选择位。

0—选择通用定时器 4。

1—选择通用定时器 3。

位 9:CAP45TSEL。捕捉单元 4 和 5 的通用定时器选择位。

0—选择通用定时器 4。

1—选择通用定时器 3。

位 8:CAP6TOADC。捕捉单元 6 事件启动 ADC 模数转换位。

0—无操作。

1——当 CAP6INT 标志位被置位时,启动 ADC 模数转换。

位 7 ~ 位 6:CAP4EDGE。捕捉单元 4 的边沿检测控制位。

　　00——无检测。

　　01——检测上升沿。

　　10——检测下降沿。

　　11——上升沿、下降沿均检测。

位 5 ~ 位 4:CAP5EDGE。捕捉单元 5 的边沿检测控制位。

　　00——无检测。

　　01——检测上升沿。

　　10——检测下降沿。

　　11——上升沿、下降沿均检测。

位 3 ~ 位 2:CAP6EDGE。捕捉单元 6 的边沿检测控制位。

　　00——无检测。

　　01——检测上升沿。

　　10——检测下降沿。

　　11——上升沿、下降沿均检测。

位 1 ~ 位 0:保留。读返回 0,写无效。

2. 捕捉 FIFO 状态寄存器

CAPFIFOx 中包括三个捕捉单元 FIFO 堆栈的状态位。如果 CAPFIFOx 的状态位正在更新的同时(因为一个捕捉事件)向 CAPFIFOx 状态位写数据,写数据优先。

CAPFIFOx 寄存器的写操作在编程中很有用。例如,如果将"01"写入 CAPnFIFOx 位,则 EV 模块会认为 FIFO 有一个输入。随后,每次 FIFO 获得一个新值,则将产生一个捕捉中断。

(1)捕捉 FIFO 状态寄存器 A(CAPFIFOA),其映射地址为 7422h,各位描述如图 7.29 所示。

15 ~ 14	13 ~ 12	11 ~ 10	9 ~ 8	7 ~ 0
保留	CAP3FIFO	CAP2FIFO	CAP1FIFO	保留
R - 0	RW - 0	RW - 0	RW - 0	R - 0

图 7.29　捕捉 FIFO 状态寄存器 A 各位描述

R——可读;W——可写; - 0——复位后的值

位 15 ~ 位 14:保留。读返回 0,写无效。

位 13 ~ 位 12:CAP3FIFO。捕捉单元 3 的 FIFO 状态位。

　　00——空。

　　01——有一个输入。

　　10——有两个输入。

　　11——已有两个输入并又捕捉到一个,第一个输入已丢失。

位 11 ~ 位 10:CAP2FIFO。捕捉单元 2 的 FIFO 状态位。

　　00——空。

　　01——有一个输入。

　　10——有两个输入。

11—已有两个输入并又捕捉到一个,第一个输入已丢失。

位 9 ~ 位 8:CAP1FIFO。捕捉单元 1 的 FIFO 状态位。

 00—空。

 01—有一个输入。

 10—有两个输入。

 11—已有两个输入并又捕捉到一个,第一个输入已丢失。

位 7 ~ 位 0:保留。读返回 0,写无效。

(2) 捕捉 FIFO 状态寄存器 B(CAPFIFOB),其映射地址为 7522h,各位描述如图 7.30 所示。

15 ~ 14	13 ~ 12	11 ~ 10	9 ~ 8	7 ~ 0
保留	CAP6FIFO	CAP5FIFO	CAP4FIFO	保留
R – 0	RW – 0	RW – 0	RW – 0	R – 0

图 7.30　捕捉 FIFO 状态寄存器 B 各位描述

R—可读;W—可写;– 0—复位后的值

位 15 ~ 位 14:保留。读返回 0,写无效。

位 13 ~ 位 12:CAP6FIFO。捕捉单元 6 的 FIFO 状态位。

 00—空。

 01—有一个输入。

 10—有两个输入。

 11—已有两个输入并又捕捉到一个,第一个输入已丢失。

位 11 ~ 位 10:CAP5FIFO。捕捉单元 5 的 FIFO 状态位。

 00—空。

 01—有一个输入。

 10—有两个输入。

 11—已有两个输入并又捕捉到一个,第一个输入已丢失。

位 9 ~ 位 8:CAP4FIFO。捕捉单元 4 的 FIFO 状态位。

 00—空。

 01—有一个输入。

 10—有两个输入。

 11—已有两个输入并又捕捉到一个,第一个输入已丢失。

位 7 ~ 位 0:保留。读返回 0,写无效。

7.6.4　捕捉单元 FIFO 堆栈

每个捕捉单元有一个 2 级深度的 FIFO(FIFO,先进先出)堆栈,如图 7.31 所示。对于不同的捕捉单元,堆栈顶层分别为 CAP1FIFO、CAP2FIFO 和 CAP3FIFO(EVA),或者 CAP4FIFO、CAP5FIFO 和 CAP6FIFO(EVB)。堆栈底层分别为 CAP1FBOT、CAP2FBOT 和 CAP3FBOT(EVA),或 CAP4FBOT、CAP5FBOT 和 CAP6FBOT(EVB)。任何一个 FIFO 堆栈的 2 级寄存器都是只读寄存器,它保存着相应的捕捉单元捕捉的旧计数器值,因此,对 FIFO 堆栈的一个读访问总是读出堆栈中的旧计数器值。当位于 FIFO 堆栈顶部寄存器中的计数器值被读出时,

FIFO 堆栈底部寄存器的新计数器值(如果有的话)就会被压入顶部寄存器。

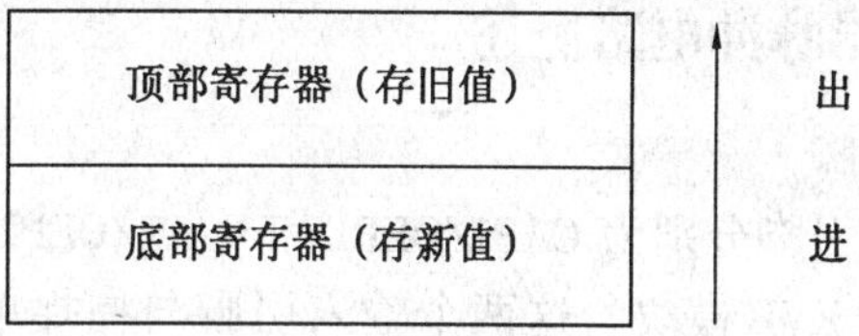

```
┌─────────────────────┐
│  顶部寄存器（存旧值） │   出 ↑
├─────────────────────┤
│  底部寄存器（存新值） │   进 ↑
└─────────────────────┘
```

图 7.31 2 级深度 FIFO 堆栈示意图

如果读取了底层寄存器的值,那么捕捉 FIFO 状态寄存器的相应位将发生变化。如果读取前捕捉 FIFO 状态寄存器的相应位为 10 或 11,则读取后变成为 01,即表示读取后堆栈中只有一个值。如果读取前捕捉 FIFO 状态寄存器的相应位为 01,则读取后变成 00,即堆栈为空。

堆栈的状态主要有以下三种。

(1) 第一次捕捉。当捕捉单元的输入引脚出现一个指定的跳变时,选定的 GP 定时器的计数器值就会被捕捉单元捕捉,如果堆栈是空的,这个计数器值就会被写入到 FIFO 堆栈的顶层寄存器,同时,相应的状态位被设置为 01。如果另外一个捕捉发生之前对 FIFO 堆栈进行了读访问,则 FIFO 状态位被复位为 00。

(2) 第二次捕捉。如果在第一次捕捉的计数值被读取之前,又发生一次捕捉,那么捕捉的计数器值就会进入底部寄存器,同时,寄存器中相应的 FIFO 状态位被置为 10。当在第三次捕捉之前读 FIFO 堆栈时,顶部寄存器中的旧计数器值被读出,底部寄存器中的新计数器值被压入顶部寄存器,相应的状态位设置为 01。

(3) 第三次捕捉

当 FIFO 堆栈中已有两个计数器值,这时如果又有一个捕捉发生,堆栈顶部寄存器中最旧的计数器值被推出并且丢失,然后堆栈底部寄存器的计数器值被向上一次压入到顶部寄存器,新捕捉的计数器值被写入底部寄存器,并且状态位设置为 11,表明一个或更多的旧计数器值被丢失。

7.6.5 捕捉中断

当一个捕捉单元执行了一次捕捉,且 FIFO 中至少有一个捕捉到的计数值时(CAPxFIFO 位不为 0),则相应的中断标志位置 1。如果该中断没有被屏蔽,则会产生一个外设中断请求信号。如果使用了捕捉中断,则可在中断服务程序中读取捕捉到的计数值。如果没有使用中断,也可以通过查询中断标志位和 FIFO 堆栈的状态位来确定是否发生捕捉事件,如果已发生捕捉事件则可以从相应的捕捉单元的 FIFO 堆栈中读取捕捉到的计数值。

7.7 正交编码器脉冲电路

每个事件管理器模块都有一个正交编码器脉冲电路,每个 QEP 电路都有两个输入引脚。当 QEP 电路被使能时,可以对 CAP1/QEP1 和 CAP2/QEP2(对于 EVA 模块)或 CAP4/QEP3 和 CAP5/QEP4(对于 EVB 模块)引脚上的正交编码输入脉冲进行解码和计数。正交编码脉冲电路可用于连接光电编码器以获得旋转机械的位置、方向和速度等信息。当 QEP 电路被使能时,相应 CAP1/CAP2 和 CAP4/CAP5 引脚上的捕捉功能将被禁止。

7.7.1 正交编码器脉冲电路概述

1. 正交编码器脉冲引脚

QEP 电路的两个输入引脚分别为 CAP1/QEP1 和 CAP2/QEP2(对于 EVA 模块)或 CAP4/QEP3 和 CAP5/QEP4(对于 EVB 模块),这两个输入引脚与捕捉单元 1 和 2(或 4 和 5,对于 EVB 模块)共用。因此需要正确设置 CAPCONx 寄存器中相应的位来禁止捕捉功能,这样 DSP 就把相应的输入引脚分配给正交编码器脉冲电路。

2. 正交编码器脉冲电路时间基准

正交编码器脉冲电路的时间基准可以由通用定时器 2(EVB 模块为通用定时器 4)提供。通用定时器必须设置成定向的增/减计数模式,并以 QEP 电路作为时钟源。图 7.32 为 EVA 模块中 QEP 电路的原理框图,图 7.33 则为 EVB 模块中 QEP 电路的原理框图。

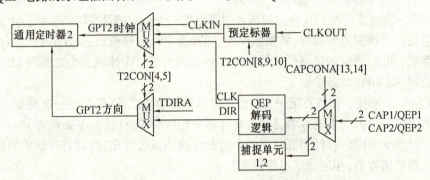

图 7.32　EVA 模块中的 QEP 电路原理框图

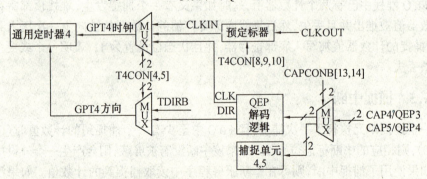

图 7.33　EVB 模块中的 QEP 电路原理框图

3. 正交编码器脉冲电路的计数

通用定时器 2 或 4 总是从计数器中的当前值开始计数,因此可以在使能正交编码器脉冲电路前将所需的值装载到所选通用定时器的计数器中。当 QEP 电路作为通用定时器的时钟源时,选定的通用定时器将忽略输入引脚 TDIRA/B 和 TCLKINA/B(定时器计数方向和时钟)。

用 QEP 电路作为时钟输入的通用定时器的周期、上溢、下溢和比较中断标志是根据相应的匹配产生的。如果中断没有被屏蔽,则中断标志将产生外设中断请求信号。

7.7.2 正交编码脉冲的解码

正交编码脉冲是两个频率变化且正交(相差 1/4 周期,即 90°)的脉冲序列。当电动机轴上的光电编码器产生正交编码脉冲时,通过检测两个序列中的哪一个序列先到,就可测出电动机的旋转方向,而电动机的角位置和转速可以通过对脉冲计数和脉冲测频得到。

1. QEP 电路

每个 EV 模块中 QEP 电路的方向检测逻辑可以检测出两个序列中的哪一个是先导序列,然后就产生一个方向信号作为通用定时器 2 或 4 的方向输入。如果 CAP1/QEP1(CAP4/QEP3,对于 EVB 模块)输入为先导序列,则通用定时器进行增计数;如果 CAP2/QEP2(CAP5/QEP4,对于 EVB 模块)输入为先导序列,则通用定时器进行减计数。

两个正交编码输入脉冲的两个边沿均被 QEP 电路计数,因此由 QEP 电路产生的时钟频率是每个输入序列的 4 倍,并把这个时钟作为通用定时器 2 或 4 的输入时钟。

2. 正交编码脉冲解码实例

图 7.34 所示的是一个正交编码脉冲的解码实例,输入为正交编码脉冲,解码后的输出为四倍频时钟和方向信号。

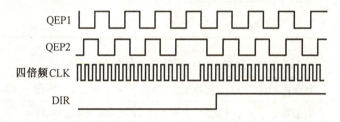

图 7.34 正交编码脉冲解码实例

7.7.3 正交编码器脉冲电路的寄存器设置

EVA 模块中启动 QEP 电路需要做以下设置。

(1) 如果需要,将所需的值装载到通用定时器 2 的计数器、周期和比较寄存器中。

(2) 设置 T2CON 寄存器,将通用定时器 2 设置成定向的增/减计数模式,并以 QEP 电路作为时钟源并使能通用定时器 2。

(3) 设置 CAPCONA 寄存器以使能 QEP 电路。

EVB 模块中启动 QEP 电路需要做以下设置。

(1) 如果需要,将所需的值装载到通用定时器 4 的计数器、周期和比较寄存器中。

(2) 设置 T4CON 寄存器,将通用定时器 4 设置成定向的增/减计数模式,并以 QEP 电路作为时钟源并使能通用定时器 4。

(3) 设置 CAPCONB 寄存器以使能 QEP 电路。

7.8 事件管理器中断

事件管理器中断事件分为 3 组,即事件管理器中断组 A、B 和 C。每组具有不同的中断标志和中断屏蔽寄存器,每组中断包含若干个事件管理器外设中断。表 7.14 给出了事件管理器中的所有中断标志寄存器和相应的中断屏蔽寄存器,从该表可以看出每个 EV 模块分别有 3 个中断组。表 7.15 给出了所有的 EVA 中断及其优先级和分组,表 7.16 给出了所有 EVB 中断及其优先级和分组,如果 EVAIMRx 的相应位是 0,则寄存器 EVAIFRx(x = A、B 或 C)相应的中断被屏蔽(将不会产生外设中断请求)。表 7.17 所示为中断产生的条件。

表 7.14　EV 中的中断标志寄存器和相应的中断屏蔽寄存器

中断标志寄存器	中断屏蔽寄存器	EV 模块
EVAIFRA	EVAIMRA	
EVAIFRB	EVAIMRB	EVA
EVAIFRC	EVAIMRC	
EVBIFRA	EVBIMRA	
EVBIFRB	EVBIMRB	EVB
EVBIFRC	EVBIMRC	

表 7.15　所有 EVA 中断及其优先级和分组

组	中断	每组内的优先级	向量地址(ID)	描述/中断源	内部中断号
A	PDPINTA	1(最高)	0020h	功率驱动保护中断 A	1
	CMP1INT	2	0021h	比较单元 1 比较中断	
	CMP2INT	3	0022h	比较单元 2 比较中断	
	CMP3INT	4	0023h	比较单元 3 比较中断	2
	T1PINT	5	0027h	GP 定时器 1 周期中断	
	T1CINT	6	0028h	GP 定时器 1 比较中断	
	T1UFINT	7	0029h	GP 定时器 1 下溢中断	
	T1OFINT	8(最低)	002Ah	GP 定时器 1 上溢中断	
B	T2PINT	1(最高)	002Bh	GP 定时器 2 周期中断	
	T2CINT	2	002Ch	GP 定时器 2 比较中断	3
	T2UFINT	3	002Dh	GP 定时器 2 下溢中断	
	T2OFINT	4	002Eh	GP 定时器 2 上溢中断	
C	CAP1INT	1(最高)	0033h	捕捉单元 1 中断	
	CAP2INT	2	0034h	捕捉单元 2 中断	4
	CAP3INT	3	0035h	捕捉单元 3 中断	

表 7.16 所有 EVB 中断及其优先级和分组

组	中断	每组内的优先级	向量地址(ID)	描述/中断源	内部中断号
A	$\overline{\text{PDPINTB}}$	1(最高)	0019h	功率驱动保护中断 B	1
	CMP4INT	2	0024h	比较单元 4 比较中断	
	CMP5INT	3	0025h	比较单元 5 比较中断	
	CMP6INT	4	0026h	比较单元 6 比较中断	
	T3PINT	5	002Fh	GP 定时器 3 周期中断	2
	T3CINT	6	0030h	GP 定时器 3 比较中断	
	T3UFINT	7	0031h	GP 定时器 3 下溢中断	
	T3OFINT	8(最低)	0032h	GP 定时器 3 上溢中断	
B	T4PINT	1(最高)	0039h	GP 定时器 4 周期中断	
	T4CINT	2	003Ah	GP 定时器 4 比较中断	3
	T4UFINT	3	003Bh	GP 定时器 4 下溢中断	
	T4OFINT	4	003Ch	GP 定时器 4 上溢中断	
C	CAP4INT	1(最高)	0036h	捕捉单元 4 中断	
	CAP5INT	2	0037h	捕捉单元 5 中断	4
	CAP6INT	3	0038h	捕捉单元 6 中断	

表 7.17 中断产生的条件

中断	产生的条件
下溢	当计数器值达到 0000h 时
上溢	当计数器值达到 FFFFh 时
比较	当计数器值与比较寄存器的值相匹配时
周期	当计数器值与周期寄存器的值相匹配时

7.8.1 EV 中断请求和服务

在 EV 模块中,当一个中断事件出现时,EV 中断标志寄存器的相应中断标志位被置为 1。如果在 EV 中断组内的一个中断被设置并使能(EVxIMRx 中的相应位被置为 1),外设中断扩展控制器就会产生一个外设中断请求。

当一个中断请求被 CPU 应答时,在已经置位并使能的中断中具有最高优先级的外设中断向量被装载到 PIVR 中。中断向量寄存器中的值可以被中断服务程序(ISR)读出。

中断标志寄存器的中断标志位必须在中断服务程序中用软件来清除,即直接向中断标志位写 1 来清除。如果中断标志位未被清除,则以后该中断源就不会再产生中断请求。

有关 EV 中断响应过程的详细描述见 7.1.5 节。

7.8.2 EV 中断寄存器

事件管理器 EVA 和 EVB 中断寄存器的地址见表 7.8 和表 7.9。这些寄存器均为 16 位寄存器,映射在数据存储器空间。对这些寄存器中的保留位读操作返回0,写操作无效。由于EVxIFRx寄存器可读,所以当中断被屏蔽时,可以通过软件查询事件管理器中断标志寄存器中相应的位来监测中断事件的发生。

1. EVA中断标志寄存器和屏蔽寄存器

(1) EVA中断标志寄存器A(EVAIFRA),其映射地址为742Fh,各位的意义详细描述如图7.35所示。

15~11			10	9	8
保留			T1OFINT FLAG	T1UFINT FLAG	T1CINT FLAG
R-0			RW1C-0	RW1C-0	RW1C-0
7	6~4	3	2	1	0
T1PINT FLAG	保留	CMP3INT FLAG	CMP2INT FLAG	CMP1INT FLAG	PDPINTA FLAG
RW1C-0	R-0	RW1C-0	RW1C-0	RW1C-0	RW1C-0

图7.35 EVA中断标志寄存器A各位描述

R—可读;W1C—写1清除;-0—复位后的值

位15~位11:保留。读返回0,写无效。

位10:T1OFINT FLAG,通用定时器1的上溢中断标志。

 读:0—通用定时器1无上溢中断发生。

   1—通用定时器1有上溢中断发生。

 写:0—无效。

   1—复位标志位。

位9:T1UFINT FLAG,通用定时器1的下溢中断标志。

 读:0—通用定时器1无下溢中断发生。

   1—通用定时器1有下溢中断发生。

 写:0—无效。

   1—复位标志位。

位8:T1CINT FLAG,通用定时器1的比较中断标志。

 读:0—通用定时器1无比较中断发生。

   1—通用定时器1有比较中断发生。

 写:0—无效。

   1—复位标志位。

位7:T1PINT FLAG,通用定时器1的周期中断标志。

 读:0—通用定时器1无周期中断发生。

   1—通用定时器1有周期中断发生。

 写:0—无效。

   1—复位标志位。

位6~位4:保留。读返回0,写无效。

位3:CMP3INT FLAG,比较单元3中断标志。

读:0—比较单元3无中断发生。
　　　　1—比较单元3有中断发生。
　　写:0—无效。
　　　　1—复位标志位。
位2:CMP2INT FLAG,比较单元2中断标志。
　　读:0—比较单元2无中断发生。
　　　　1—比较单元2有中断发生。
　　写:0—无效。
　　　　1—复位标志位。
位1:CMP1INT FLAG,比较单元1中断标志。
　　读:0—比较单元1无中断发生。
　　　　1—比较单元1有中断发生。
　　写:0—无效。
　　　　1—复位标志位。
位0:PDPINTA FLAG,功率驱动保护中断标志。
　　读:0—无功率驱动保护中断发生。
　　　　1—有功率驱动保护中断发生。
　　写:0—无效。
　　　　1—复位标志位。
(2)EVA中断标志寄存器B(EVAIFRB),其映射地址为7430h,各位的意义详细描述如图7.36所示。

15~4	3	2	1	0
保留	T2OFINT FLAG	T2UFINT FLAG	T2CINT FLAG	T2PINT FLAG
R-0	RW1C-0	RW1C-0	RW1C-0	RW1C-0

图7.36　EVA中断标志寄存器B各位描述
R—可读;W1C—写1清除;-0—复位后的值

位15~位4:保留。读返回0,写无效。
位3:T2OFINT FLAG,通用定时器2的上溢中断标志。
　　读:0—通用定时器2无上溢中断发生。
　　　　1—通用定时器2有上溢中断发生。
　　写:0—无效。
　　　　1—复位标志位。
位2:T2UFINT FLAG,通用定时器2的下溢中断标志。
　　读:0—通用定时器2无下溢中断发生。
　　　　1—通用定时器2有下溢中断发生。
　　写:0—无效。
　　　　1—复位标志位。

位1:T2CINT FLAG,通用定时器2的比较中断标志。

　　读:0—通用定时器2无比较中断发生。

　　　1—通用定时器2有比较中断发生。

　　写:0—无效。

　　　1—复位标志位。

位0:T2PINT FLAG。通用定时器2的周期中断标志。

　　读:0—通用定时器2无周期中断发生。

　　　1—通用定时器2有周期中断发生。

　　写:0—无效。

　　　1—复位标志位。

(3)EVA中断标志寄存器C(EVAIFRC),其映射地址为7431h,各位的意义详细描述如图7.37所示。

15~3	2	1	0
保留	CAP3INT FLAG	CAP2INT FLAG	CAP1INT FLAG
R-0	RW1C-0	RW1C-0	RW1C-0

图7.37　EVA中断标志寄存器C各位描述

R—可读;W1C—写1清除;-0—复位后的值

位15~位3:保留。读返回0,写无效。

位2:CAP3INT FLAG,捕捉单元3中断标志。

　　读:0—捕捉单元3无中断发生。

　　　1—捕捉单元3有中断发生。

　　写:0—无效。

　　　1—复位标志位。

位1:CAP2INT FLAG,捕捉单元2中断标志。

　　读:0—捕捉单元2无中断发生。

　　　1—捕捉单元2有中断发生。

　　写:0—无效。

　　　1—复位标志位。

位0:CAP1INT FLAG,捕捉单元1中断标志。

　　读:0—捕捉单元1无中断发生。

　　　1—捕捉单元1有中断发生。

　　写:0—无效。

　　　1—复位标志位。

(4)EVA中断屏蔽寄存器A(EVAIMRA),其映射地址为742Ch,各位的意义详细描述如图7.38所示。

15~11			10	9	8
保留			T1OFINT ENABLE	T1UFINT ENABLE	T1CINT ENABLE
R–0			RW–0	RW–0	RW–0

7	6~4	3	2	1	0
T1PINT ENABLE	保留	CMP3INT ENABLE	CMP2INT ENABLE	CMP1INT ENABLE	PDPINTA ENABLE
RW–0	R–0	RW–0	RW–0	RW–0	RW–1

图 7.38　EVA 中断屏蔽寄存器 A 各位描述
R—可读;W—可写;–0—复位后的值;–1—复位后的值

位 15~位 11:保留。读返回 0,写无效。

位 10:T1OFINT ENABLE,通用定时器 1 的上溢中断使能位。

　　0—禁止。

　　1—使能。

位 9:T1UFINT ENABLE,通用定时器 1 的下溢中断使能位。

　　0—禁止。

　　1—使能。

位 8:T1CINT ENABLE,通用定时器 1 的比较中断使能位。

　　0—禁止。

　　1—使能。

位 7:T1PINT ENABLE。通用定时器 1 的周期中断使能位。

　　0—禁止。

　　1—使能。

位 6~位 4:保留。读返回 0,写无效。

位 3:CMP3INT ENABLE,比较单元 3 中断使能位。

　　0—禁止。

　　1—使能。

位 2:CMP2INT ENABLE,比较单元 2 中断使能位。

　　0—禁止。

　　1—使能。

位 1:CMP1INT ENABLE,比较单元 1 中断使能位。

　　0—禁止。

　　1—使能。

位 0:PDPINTA ENABLE,功率驱动保护中断使能位,复位后即被使能(设置为 1)。

　　0—禁止。

　　1—使能。

(5) EVA 中断屏蔽寄存器 B (EVAIMRB),其映射地址为 742Dh,各位的意义详细描述如图 7.39 所示。

15~4	3	2	1	0
保留	T2OFINT ENABLE	T2UFINT ENABLE	T2CINT ENABLE	T2PINT ENABLE
R-0	RW-0	RW-0	RW-0	RW-0

图 7.39　EVA 中断屏蔽寄存器 B 各位描述

注:R—可读;W—可写;-0—复位后的值

位 15~位 4:保留。读返回 0,写无效。

位 3:T2OFINT ENABLE,通用定时器 2 的上溢中断使能位。

　　0—禁止。

　　1—使能。

位 2:T2UFINT ENABLE,通用定时器 2 的下溢中断使能位。

　　0—禁止。

　　1—使能。

位 1:T2CINT ENABLE,通用定时器 2 的比较中断使能位。

　　0—禁止。

　　1—使能。

位 0:T2PINT ENABLE。通用定时器 2 的周期中断使能位。

　　0—禁止。

　　1—使能。

(6)EVA 中断屏蔽寄存器 C(EVAIMRC),其映射地址为 742Eh,各位的意义详细描述如图 7.40 所示。

15~3	2	1	0
保留	CAP3INT ENABLE	CAP2INT ENABLE	CAP1INT ENABLE
R-0	RW-0	RW-0	RW-0

图 7.40　EVA 中断屏蔽寄存器 C 各位描述

R—可读;W—可写;-0—复位后的值

位 15~位 3:保留。读返回 0,写无效。

位 2:CAP3INT ENABLE,捕捉单元 3 中断使能位。

　　0—禁止。

　　1—使能。

位 1:CAP2INT ENABLE,捕捉单元 2 中断使能位。

　　0—禁止。

　　1—使能。

位 0:CAP1INT ENABLE,捕捉单元 1 中断使能位。

　　0—禁止。

　　1—使能。

2.EVB 中断标志寄存器和屏蔽寄存器

事件管理器 EVB 的中断标志和屏蔽寄存器与 EVA 的类似,两者是完全对称的。下面只简要介绍各寄存器每位的意义,其读、写、置位的意义可参考 EVA 的中断标志和屏蔽寄存器的讲解。

(1)EVB 中断标志寄存器 A(EVBIFRA),其映射地址为 752Fh,各位的意义描述如图 7.41 所示。

15~11		10	9	8
保留		T3OFINT FLAG	T3UFINT FLAG	T3CINT FLAG
R-0		RW1C-0	RW1C-0	RW1C-0

7	6~4	3	2	1	0
T3PINT FLAG	保留	CMP6INT FLAG	CMP5INT FLAG	CMP4INT FLAG	PDPINTB FLAG
RW1C-0	R-0	RW1C-0	RW1C-0	RW1C-0	RW1C-0

图 7.41　EVB 中断标志寄存器 A 各位描述

R—可读;W1C—写 1 清除; -0—复位后的值

位 15~位 11:保留。读返回 0,写无效。

位 10:T3OFINT FLAG,通用定时器 3 的上溢中断标志。

位 9:T3UFINT FLAG,通用定时器 3 的下溢中断标志。

位 8:T3CINT FLAG,通用定时器 3 的比较中断标志。

位 7:T3PINT FLAG。通用定时器 3 的周期中断标志。

位 6~位 4:保留。读返回 0,写无效。

位 3:CMP6INT FLAG,比较单元 6 中断标志。

位 2:CMP5INT FLAG,比较单元 5 中断标志。

位 1:CMP4INT FLAG,比较单元 4 中断标志。

位 0:PDPINTB FLAG,功率驱动保护中断标志。

(2)EVB 中断标志寄存器 B(EVBIFRB),其映射地址为 7530h,各位的意义描述如图 7.42 所示。

15~4	3	2	1	0
保留	T4OFINT FLAG	T4UFINT FLAG	T4CINT FLAG	T4PINT FLAG
R-0	RW1C-0	RW1C-0	RW1C-0	RW1C-0

图 7.42　EVB 中断标志寄存器 B 各位描述

R—可读;W1C—写 1 清除; -0—复位后的值

位 15~位 4:保留。读返回 0,写无效。

位 3:T4OFINT FLAG,通用定时器 4 的上溢中断标志。

位 2:T4UFINT FLAG,通用定时器 4 的下溢中断标志。

位 1:T4CINT FLAG,通用定时器 4 的比较中断标志。

位 0:T4PINT FLAG,通用定时器 4 的周期中断标志。

(3)EVB 中断标志寄存器 C(EVBIFRC),其映射地址为 7531h,各位的意义描述如图 7.43 所示。

15~3	2	1	0
保留	CAP6INT FLAG	CAP5INT FLAG	CAP4INT FLAG
R－0	RW1C－0	RW1C－0	RW1C－0

图7.43 EVB中断标志寄存器C各位描述

R—可读;W1C—写1清除;－0—复位后的值

位15~位3:保留。读返回0,写无效。

位2:CAP6INT FLAG,捕捉单元6中断标志。

位1:CAP5INT FLAG,捕捉单元5中断标志。

位0:CAP4INT FLAG,捕捉单元4中断标志。

(4)EVB中断屏蔽寄存器A(EVBIMRA),其映射地址为752Ch,各位的意义描述如图7.44所示。

15~11	10	9	8
保留	T3OFINT ENABLE	T3UFINT ENABLE	T3CINT ENABLE
R－0	RW－0	RW－0	RW－0

7	6~4	3	2	1	0
T3PINT ENABLE	保留	CMP6INT ENABLE	CMP5INT ENABLE	CMP4INT ENABLE	PDPINTB ENABLE
RW－0	R－0	RW－0	RW－0	RW－0	RW－1

图7.44 EVB中断屏蔽寄存器A各位描述

R—可读;W—可写;－0—复位后的值;－1—复位后的值

位15~位11:保留。读返回0,写无效。

位10:T3OFINT ENABLE,通用定时器3的上溢中断使能位。

位9:T3UFINT ENABLE,通用定时器3的下溢中断使能位。

位8:T3CINT ENABLE,通用定时器3的比较中断使能位。

位7:T3PINT ENABLE,通用定时器3的周期中断使能位。

位6~位4:保留。读返回0,写无效。

位3:CMP6INT ENABLE,比较单元6中断使能位。

位2:CMP5INT ENABLE,比较单元5中断使能位。

位1:CMP4INT ENABLE,比较单元4中断使能位。

位0:PDPINTB ENABLE,功率驱动保护中断使能位。复位后即被使能,设置为1。

(5)EVB中断屏蔽寄存器B(EVBIMRB),其映射地址为752Dh,各位的意义描述如图7.45所示。

15~4	3	2	1	0
保留	T4OFINT ENABLE	T4UFINT ENABLE	T4CINT ENABLE	T4PINT ENABLE
R－0	RW－0	RW－0	RW－0	RW－0

图7.45 EVB中断屏蔽寄存器B各位描述

R—可读;W—可写;－0—复位后的值

位 15 ~ 位 4:保留。读返回 0,写无效。
位 3:T4OFINT ENABLE,通用定时器 4 的上溢中断使能位。
位 2:T4UFINT ENABLE,通用定时器 4 的下溢中断使能位。
位 1:T4CINT ENABLE,通用定时器 4 的比较中断使能位。
位 0:T4PINT ENABLE,通用定时器 4 的周期中断使能位。

(6)EVB 中断屏蔽寄存器 C(EVBIMRC),其映射地址为 752Eh,各位的意义描述如图 7.46 所示。

15 ~ 3	2	1	0
保留	CAP6INT ENABLE	CAP5INT ENABLE	CAP4INT ENABLE

图 7.46 EVB 中断屏蔽寄存器 C 各位描述

R—可读;W—可写;–0—复位后的值

位 15 ~ 位 3:保留。读返回 0,写无效。
位 2:CAP6INT ENABLE,捕捉单元 6 中断使能位。
位 1:CAP5INT ENABLE,捕捉单元 5 中断使能位。
位 0:CAP4INT ENABLE,捕捉单元 4 中断使能位。

7.9 事件管理器应用举例

本节通过一个直流电动机的控制实例来说明事件管理器的应用。该实例用到了定时器和 PWM 电路。以下先介绍直流电动机的控制原理和电路框图,再给出本实例的源程序和注释。

1.PWM 调压调速原理

直流电动机是最早出现的电动机,也是最早能实现调速的电动机。近年来,直流电动机的结构和控制方式都发生了很大的变化。随着计算机进入控制领域,以及新型的电力电子功率元器件的不断出现,使采用全控型的开关功率元件进行脉宽调制(Pulse Width Modulation,简称 PWM)控制方式已成为绝对主流。

直流电动机转速 n 的表达式如式(7.2)所示

$$n = \frac{U - IR}{K\Phi} \tag{7.2}$$

式中,U 为电枢端电压;I 为电枢电流;R 为电枢电路总电阻;Φ 为每极磁通量;K 为电动机结构参数。

直流电动机的转速控制方法可分为两类:对励磁磁通进行控制的励磁控制法和对电枢电压进行控制的电枢控制法。其中励磁控制法在低速时受磁极饱和的限制,在高速时受换向火花和换向器结构强度的限制,并且励磁线圈电感较大,动态响应较差,所以这种控制方法用得很少。现在,大多数应用场合都使用电枢控制法。绝大多数直流电动机采用开关驱动方式。开关驱动方式是使半导体功率器件工作在开关状态,通过脉宽调制 PWM 来控制电动机电枢电压,实现调速。

图 7.47 是利用开关管对直流电动机进行 PWM 调速控制的原理图和输入输出电压波

形。图中,当开关管 MOSFET 的栅极输入高电平时,开关管导通,直流电动机电枢绕组两端有电压 U_s。

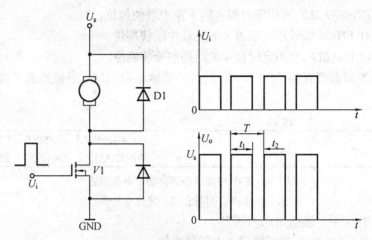

图 7.47 PWM 调速控制原理图和波形

t_1 s 后,栅极输入变为低电平,开关管截止,电动机电枢两端电压为 0。t_2 s 后,栅极输入重新变为高电平,开关管的动作重复前面的过程。这样,对应着输入 U_i 的电平高低,直流电动机电枢绕组两端的电压波形 U_o,如图 7.47 所示。电动机的电枢绕组两端的电压平均值 U_o 如式(7.3)所示

$$U_o = \frac{t_1 U_s + 0}{t_1 + t_2} = \frac{t_1}{T} U_s = \alpha U_s \tag{7.3}$$

式中,α 为占空比,$\alpha = t_1/T$。

占空比 α 表示了在一个周期 T 里,开关管导通的时间与周期的比值。α 的变化范围为 $0 \leqslant \alpha \leqslant 1$。由此式可知,在电源电压 U_s 不变的情况下,电枢绕组两端的电压平均值 U_o 取决于占空比 α 的大小,改变 α 值就可以改变端电压的平均值,从而达到调速的目的,这就是 PWM 调速原理。

2. PWM 调速方法

在 PWM 调速时,占空比 α 是一个重要参数。以下 3 种方法都可以改变占空比的值。

(1) 定宽调频法。这种方法是保持 t_1 不变,只改变 t_2,这样使周期 T(或频率)也随之改变。

(2) 调宽调频法。这种方法是保持 t_2 不变,只改变 t_1,这样使周期 T(或频率)也随之改变。

(3) 定频调宽法。这种方法是使周期 T(或频率)保持不变,而改变 t_1 和 t_2。

前两种方法由于在调速时改变了控制脉冲的周期(或频率),当控制脉冲的频率与系统的固有频率接近时,将会引起震荡,因此这两种方法用得很少。目前,在直流电动机的控制中,主要使用定频调宽法。

3. 直流电机模块控制框图

本实例硬件由 ICETEK - LF2407 - A 教学实验箱提供。该实验箱提供完整的 DSP 实验环境。硬件上包括 DSP 仿真器、评估板、信号源、显示控制模块;软件上提供仿真软件、完全

使用手册和实验例程。可以进行与 DSP 应用有关的大部分实验和测试。显示/控制模块上直流电机部分的原理图见图 7.48。

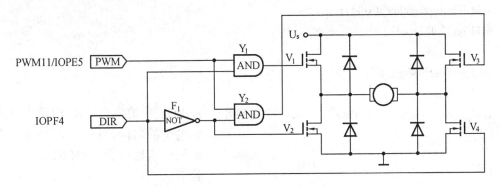

图 7.48　直流电机控制框图

图中 PWM 输入对应 ICETEK - LF2407 - A 板上 DSP 第 46 引脚的 PWM11/IOPE5 信号，DSP 将在此引脚上给出 PWM 信号用来控制直流电机的转速；图中的 DIR 输入对应 ICETEK - LF2407 - A 板上 DSP 第 2 引脚的 IOPF4 信号，DSP 将在此引脚上给出高电平或低电平来控制直流电机的转向。从 DSP 输出的 PWM 信号和转向信号先经过 2 个与门和 1 个非门再与各个开关管的栅极相连。

当电动机要求正转时，IOPF4 给出高电平信号，该信号分成 3 路：第 1 路接与门 Y_1 的输入端，使与门 Y_1 的输出由 PWM 决定，所以开关管 V_1 栅极受 PWM 控制；第 2 路直接与开关管 V_4 的栅极相连，使 V_4 导通；第 3 路经非门 F_1 连接到与门 Y_2 的输入端，使与门 Y_2 输出为 0，这样使开关管 V_3 截止；从非门 F_1 输出的另一路与开关管 V_2 的栅极相连，其低电平信号也使 V_2 截止。

同样，当电动机要求反转时，IOPF4 给出低电平信号，经过 2 个与门和 1 个非门组成的逻辑电路后，使开关管 V_3 受 PWM 信号控制，V_2 导通，V_1、V_4 全部截止。

4. 源程序

程序中采用定时器 3 周期中断产生固定频率的 PWM 波，用来控制电机，定时器 3 周期中断每发生 10 000 次电机转速改变一次，在本程序中电机始终为反转。程序的流程为：首先进行寄存器的初始化，如禁止看门狗操作，选择复用引脚为期望的功能，接着对定时器 3 进行初始化，并使能定时器 3 周期中断。当定时器计满时产生周期中断并进入中断服务子程序 gptime3()，在 gmtime3() 中，判断中断次数，如中断次数达到 10 000 次，则改变比较寄存器的值，使得 PWM 脉宽改变，电机转速发生变化。

因此，开始运行程序后，电机先以较慢的转速转动，经过 12.2 s 后，电机转速变快，再经过 12.2 s 电机转速又变慢，依次循环下去。该实例的源程序如下：

```
#include "2407c.h"
#include "scancode.h"
#define T46uS  0x0d40
ioport unsigned int port8000;
ioport unsigned int port8007;
```

```c
void Delay(unsigned int nTime);
void interrupt none(void);
void interrupt gptime3(void);
void gp_init(void);

unsigned int uWork,uN;
unsigned int cnt = 0;
unsigned int datacnt = 0, data[2] = {0xa90,0x540};    //data[]中的值为 PWM 波形中保持
                                                      //低电平的时间,可通过改变 data 中
                                                      //的值来实时改变 PWM 波形的占空
                                                      //比

main() //main 函数入口
{
    asm(" setc INTM");              //关中断
    port8000 = 0;                   // 以下六句用于显示控制模块的初始化,如使能直流
                                    //电机等。
    port8000 = 0x80;
    port8000 = 2;
    port8000 = 1;
    port8007 = 0;
    port8007 = 0x40;


    * WDCR = 0x6f;                  //以下三句禁止看门狗操作并清 WDCNTR 寄存器
    * WDKEY = 0x5555;
    * WDKEY = 0xaaaa;
    * SCSR1 = 0x81fe;               //打开所有外设,设置时钟频率为 40 MHz

    uWork = ( * MCRC);              // 以下四句将 PWM11/IOPE5 设置为 PWM11 功能,
                                    //TDIR2/IOPF4 设置成通用 I/O 功能 IOPF4
    uWork| = 0x0020;
    uWork& = 0xefff;
    ( * MCRC) = uWork;


    uWork = ( * ACTRB);             //以下四句设置 PWM11 引脚输出为高有效
    uWork| = 0x0200;
    uWork& = 0xfeff;
    ( * ACTRB) = uWork;


    ( * CMPR6) = 0xa90;             //设置初始的比较匹配值
```

```
    uWork = ( * COMCONB);           //使能 PWM 比较输出
    uWork| = 0xa600;
    uWork& = 0xa7ff;
    ( * COMCONB) = uWork;

    gp _ init();                    //定时器 3 初始化

    * IMR = 0x2;                    //使能定时器 3 周期中断所属的 INT2
    * IFR = 0xffff;                 //清所有中断标志
    uWork = ( * WSGR);              //(以下三句)设置 I/O 等待状态为 0
    uWork& = 0x0fe3f;
    ( * WSGR) = uWork;
    uWork = ( * PFDATDIR);          //以下四句将 IOPF4 置为输出方式,低电平,即设置电
                                    机的转向为反转
    uWork| = 0x1000;
    uWork& = 0xffef;
    ( * PFDATDIR) = uWork;

    asm("clrc INTM");               //开中断
    Delay(128);                     //延时

    for(;;)                         //DSP 在此死循环中等待定时器 3 周期中断的产生
    {
    }
    port8000 = 0;
    port8000 = 0x80;
    port8000 = 0;
    exit(0);
}                                   //main 函数结束
void interrupt gptime3(void)        //定时器 3 中断函数
{ uWork = ( * PIVR);                //获取中断向量
    switch(uWork)
    {
    case 0x2f:                      //0x2f 为定时器 3 周期中断的向量
    {
        ( * EVBIFRA) = 0x88;        //清定时器 3 周期中断的中断标志位
        cnt + + ;
        if(cnt > 10000)             //当电机转 1.22 ms * 10 000 = 12.2 s 后,改变比较匹配
                                    值进而改变 PWM 的占空比
```

```
        {
          cnt = 0;
          datacnt + + ;
          if (datacnt > 1)
            datacnt = 0;
          uN = data[datacnt];        // data[0] = [0xa90], data[1] = [0x540]
          ( * CMPR6) = uN;           //重载比较匹配值
        }
        break;
      }
    }
}

void gp _ init(void)                 // 定时器 3 初始化函数
{
    * EVBIMRA = 0x80;                //使能 T3PINT
    * EVBIFRA = 0xffff;              //清所有中断标志
    * GPTCONB = 0x0000;              //无事件启动 ADC
    * T3PR    = T46uS * 9/5;         //定时器 3 周期 = 0xd40 * 25 * 8 * 9/5 ns = 1.22 ms =
                                     820 Hz,即产生的定频 PWM 波形的频率为 820Hz。
    * T3CNT = 0;                     //计数器从 0 开始计数
    * T3CON = 0x1340;                //将定时器 3 设成连续递增计数模式,计数 CLK =
                                     CPUCLK/8,允许定时器操作,内部时钟,计数器的值
                                     为 0 时重载。
}

void Delay(unsigned int nDelay)      //延时函数
{
int i,j,k;
for ( i = 0;i < nDelay;i + + )
for ( j = 0;j < 16;j + + )
    k + + ;
}
void interrupt none(void)            //防止其他不可屏蔽中断的产生使程序跑飞
{}
```

第8章 模数转换(ADC)模块

LF240x/240xA DSP 具有一个 10 位的模数转换模块,内置采样/保持电路,具有 16 路模拟输入通道,并能达到 500 ns 以内的转换速度。本章介绍 LF240x/240xA DSP 中的模数转换模块的特性、工作原理和使用方法,重点对模数转换模块的自动排序器、时钟预定标、控制寄存器等进行介绍。

8.1 ADC 模块特性

TMS320LF240x/240xA 的模数转换模块具有如下特性。

(1) 10 bit ADC 内核,带有内置采样/保持电路。

(2) 2407A 模数转换模块的转换时间(采样/保持时间加上转换时间)为 375 ns,LC2402A 为 425 ns。

(3) 16 路模拟输入通道(ADCIN0～ADCIN15),LC2402A 为 8 路输入通道。

(4) 自动排序的能力,一次操作可对多达 16 路模拟量进行"自动排序",每个转换操作可通过软件编程来选择 16 个输入通道中的任意一个。

(5) 两个独立的 8 状态排序器(SEQ1 和 SEQ2),可以独立工作在双排序器模式,或级联成 16 状态排序器模式(SEQ 级联模式)。

(6) 在给定的排序模式下,4 个排序控制器(CHSELSEQn)决定模拟通道转换的顺序。

(7) 16 个转换结果缓冲寄存器(RESULT0～RESULT15),每个寄存器可单独访问。

(8) 有多个触发源可以启动 ADC 转换:

① 软件:软件立即启动,使用 ADC 控制寄存器的 SOC SEQn 位。

② EVA 事件管理器启动(比较匹配、周期匹配、下溢、CAP3 事件)。

③ EVB 事件管理器启动(比较匹配、周期匹配、下溢、CAP6 事件)。

④ ADC 的 SOC 引脚启动(与 XINT2 引脚复用)。

(9) 灵活的中断控制,允许在每一个转换序列结束时或每隔一个序列产生中断请求。

(10) 排序器可工作在启动/停止模式。在这种模式下,一个转换序列可以有多个触发信号,这些触发信号是按时间先后顺序排列的。

(11) EVA 和 EVB 可分别独立地触发 SEQ1 和 SEQ2(仅用于双排序器模式)。

(12) 采样/保持时间有单独的预定标控制。

(13) LF240x DSP 的 ADC 模块具有标定和自测试功能,LF240xA DSP 的 ADC 模块则不具有标定和自测试功能。

(14) LF240x/240xA DSP 的 ADC 模块和 24x 的 ADC 模块不兼容,因此 24x 器件的 ADC 程序代码不能被移植到 LF240x/240xA DSP。

模数转换模块的寄存器如表 8.1 所示。

表 8.1 模数转换模块的寄存器

地 址	寄存器	名 称
70A0h	ADCTRL1	ADC 控制寄存器 1
70A1h	ADCTRL2	ADC 控制寄存器 2
70A2h	MAXCONV	最大转换通道寄存器
70A3h	CHSELSEQ1	通道选择排序控制寄存器 1
70A4h	CHSELSEQ2	通道选择排序控制寄存器 2
70A5h	CHSELSEQ3	通道选择排序控制寄存器 3
70A6h	CHSELSEQ4	通道选择排序控制寄存器 4
70A7h	AUTO_SEQ_SR	自动排序状态寄存器
70A8h	RESEULT0	转换结果缓冲寄存器 0
70A9h	RESEULT1	转换结果缓冲寄存器 1
70AAh	RESEULT2	转换结果缓冲寄存器 2
70ABh	RESEULT3	转换结果缓冲寄存器 3
70ACh	RESEULT4	转换结果缓冲寄存器 4
70ADh	RESEULT5	转换结果缓冲寄存器 5
70AEh	RESEULT6	转换结果缓冲寄存器 6
70AFh	RESEULT7	转换结果缓冲寄存器 7
70B0h	RESEULT8	转换结果缓冲寄存器 8
70B1h	RESEULT9	转换结果缓冲寄存器 9
70B2h	RESEULT10	转换结果缓冲寄存器 10
70B3h	RESEULT11	转换结果缓冲寄存器 11
70B4h	RESEULT12	转换结果缓冲寄存器 12
70B5h	RESEULT13	转换结果缓冲寄存器 13
70B6h	RESEULT14	转换结果缓冲寄存器 14
70B7h	RESEULT15	转换结果缓冲寄存器 15
70B8h	CALIBRATION	校准寄存器

注:CALIBRATION 寄存器对于 LF240x DSP 芯片是可用的,但对于 LF240xA DSP 不可用,LF240xA 器件没有标定和自测试特性,因此 LF240xA DSP 中 ADCTRL1 寄存器的位 0,1,2 和 3 必须作为保留位处理,必须写入 0,ADCTRL2 寄存器位 14 的功能只限于 RST_SEQ1 功能。

8.2 ADC 模块概述

LF240x/240xA DSP 内部具有一个 10 位的模数转换模块,模拟输入通道为 16 路,为了对模拟输入通道的转换顺序进行排序,芯片内部提供了自动排序器。本节重点介绍自动排序器的工作原理、排序器的两种工作模式(不中断的自动排序模式和启动/停止模式)、排序器的启动以及在排序转换中的中断操作。

8.2.1 自动排序器工作原理

模数转换(ADC)模块的排序器由两个独立的8状态排序器(SEQ1和SEQ2)组成,这两个8状态排序器既可以单独工作,也可以级联成一个16状态排序器(SEQ)。"状态"表示排序器可以执行的最大自动转换数目,如8状态排序器可以对多达8个输入通道的信号进行转换。

单排序器(16个转换通道、级联)模式下ADC模块原理框图如图8.1所示,双排序器两个8状态排序器或两个独立的8转换通道均可模式下ADC模块的原理框图如图8.2所示。

在这两种工作方式下,ADC能够对一系列的转换进行排序。对于每个转换,通过模拟多路转换器来选择要转换的通道,转换结束后,所选通道的转换结果保存在相应的结果寄存器(RESULTn)中,即第0通道的转换结果保存在RESULT0中,第1个通道的转换结果保存在RESULT1中,依此类推。用户也可以对同一通道进行多次采样,即允许用户执行"过采样",这样得到的采样结果比传统的单次采样结果分辨率要高。

注意:在双排序模式下,来自"未被激活"排序器的SOC(启动转换)请求将在"被激活"的排序器完成采样之后自动开始执行。例如,假设A/D转换器正在忙于处理SEQ2的操作,当SEQ1收到一个SOC触发信号后,A/D转换器在完成SEQ2的操作之后立刻响应SEQ1的请求,即在当前SEQ2转换完成后,立刻开始SEQ1的转换。

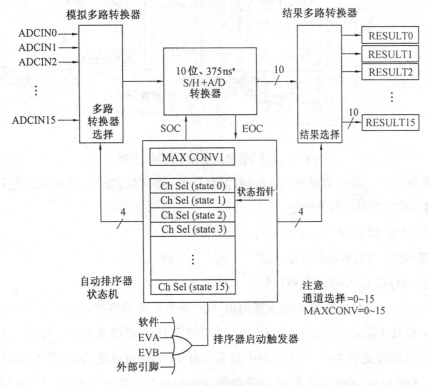

图8.1 单排序器模式下ADC的原理框图

*:2407A 的转换时间为 375 ns,LC2402A 则为 425 ns

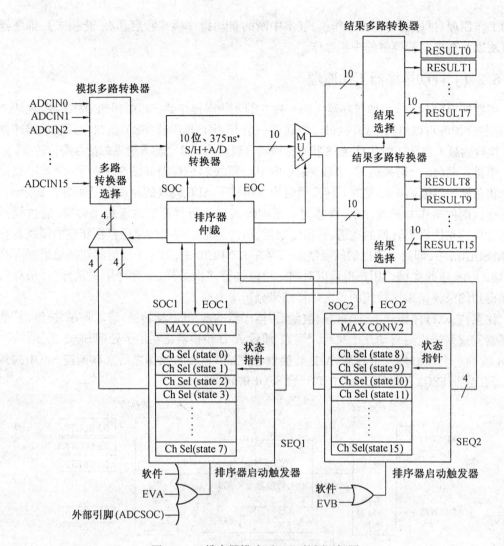

图 8.2 双排序器模式下 ADC 的原理框图

8 状态和 16 状态排序器操作大致相同,但也存在一些区别,如表 8.2 所示。为了方便起见,以后描述排序器时做以下规定。

排序器 SEQ1 指 CONV00～CONV07。

排序器 SEQ2 指 CONV08～CONV15。

排序器 SEQ 指 CONV00～CONV15。

为每个排序转换所选的模拟输入通道由 ADC 输入通道排序控制寄存器(CHSELSEQn)的 CONVnn 位域所定义。CONVnn 为 4 位长,可以指定 16 个转换通道中的任何一个。当排序器工作在级联模式下,在一个排序器中最多可有 16 个转换通道,因此需要 16 个 4 位域(CONV00～CONV15),即需要 4 个 16 位寄存器(CHSELSEQ1～CHSELSEQ4)对转换通道进行定义。

表 8.2 8 状态和 16 状态排序器比较

特 性	8 状态排序器 1（SEQ1）	8 状态排序器 2（SEQ2）	16 状态排序器（SEQ）
转换触发启动	EVA,软件,外部引脚	EVB,软件	EVA,EVB,软件,外部引脚
最大的自动转换通道数	8	8	16
序列转换完成后自动停止	是	是	是
触发优先权	高	低	不适用
ADC 转换结果寄存器	0~7	8~15	0~15
CHSELSEQn 位分配	CONV00~CONV07	CONV08~CONV15	CONV00~CONV15

自动排序器有两种工作模式:不中断的自动排序模式,启动/停止模式。前一种模式收到一个 SOC 信号,会将整个序列转换完,转换过程不间断;而后一种模式下可以有多个 SOC 信号,这些 SOC 信号是按时间顺序排列的,一个 SOC 信号将所定义的输入通道转换完成后可以不回到初始状态,而是等待另一个 SOC 信号,当另一 SOC 信号到来后继续转换。也就是说,启动/停止模式下可以将转换序列分成几段,由多个 SOC 信号分段完成整个序列的转换。以下对这两种排序模式进行详细说明。

8.2.2 不中断的自动排序模式

任何排序器(SEQ1、SEQ2 和 SEQ)都可工作在不中断的自动排序模式。

下面针对 8 状态排序器(SEQ1 或 SEQ2)讲解不中断的自动排序模式。在该模式下,SEQ1/SEQ2 能在一次排序过程中对多达 8 个转换通道进行自动排序。每次转换结果被保存到 8 个转换结果缓冲寄存器里的一个中(SEQ1 为 RESULT0~RESULT7,SEQ2 为 RESULT8~RESULT15),并且按照地址从低到高的顺序存放在结果寄存器中。

一个排序中的转换个数由 MAX CONVn(MAXCONV 寄存器中的一个 3 位域或 4 位域)控制,该值在转换开始时被自动装载到自动排序状态寄存器(AUTO_SEQ_SR)的排序计数器中(SEQ CNTR3—0)。MAX CONVn 位域的值在 0~7 之间。当排序器从通道 CONV00 开始有顺序地转换(CONV01,CONV02,……)时,SEQ CNTRn 位域的值从装载值开始进行减计数,直到 SEQ CNTRn 为 0。一次自动排序中完成的转换数为(MAX CONVn + 1)。下面通过例 8.1 进行说明。

例 8.1 利用8状态排序器 SEQ1 进行转换。

假设需要用 SEQ1 来完成 7 个通道的转换(通道 2,3,2,3,6,7 和 12 需要进行自动排序转换),则 MAX CONV1 的值应设为 6,并且 CHSELSEQn 寄存器的值按表 8.3 进行设置。

表 8.3 例 8.1 中 CHSELSEQn 寄存器设置

	Bits 15~12	Bits 11~8	Bits 7~4	Bits 3~0	
70A3h	3	2	3	2	CHSELSEQ1
70A4h	x	12	7	6	CHSELSEQ2
70A5h	x	x	x	x	CHSELSEQ3
70A6h	x	x	x	x	CHSELSEQ4

注:表中的数值为十进制,x 是不必考虑的值。

不中断的自动排序模式流程如图 8.3 所示。

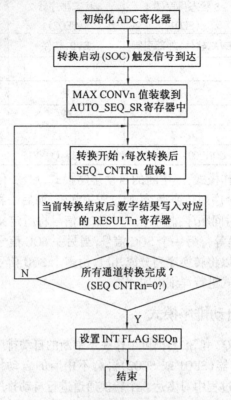

图 8.3　不中断的自动排序模式流程图
流程图中相应的 CONT RUN 位为 0

一旦转换启动(SOC)触发信号被排序器接收,转换立刻开始,SOC 触发信号也将 MAX CONVn 的值装入 SEQ CNTRn 位,然后按照 CHSELSEQn 寄存器指定的通道顺序进行转换。每个通道转换结束后,SEQ CNTRn 位自动减 1。当 SEQ CNTRn 达到 0 时,将根据 ADCTRL1 寄存器中连续运行位(CONT RUN)状态,出现以下两种情况。

(1) 如果 CONT RUN 位为 1,则转换排序自动重新开始(即 SEQ CNTRn 装入最初的 MAX CONVn 的值,并且 SEQn 的通道指针指向 CONV00 或 CONV08),在这种情况下,用户必须确保在下一个转换序列开始之前读取结果寄存器的值。在 ADC 模块试图向结果寄存器写入数据而用户却试图从结果寄存器中读取数据时,ADC 模块的仲裁逻辑保证了在发生这些冲突时,结果寄存器不会崩溃。

(2) 如果 CONT RUN 位为 0,则排序器指针会停留在最后状态(在例 8.1 中指向 CONV06),且 SEQ CNTRn 继续保持 0 值。

由于每次 SEQ CNTRn 到达 0 时,中断标志位都被设置为 1,如果需要,用户可以在中断服务子程序(ISR)中,使用 ADCTRL2 寄存器的 RST SEQn 位将排序器手动复位,以便在下一次转换启动时,SEQ CNTRn 位可以重载 MAX CONVn 中的初始值,并且 SEQ1 的指针指向 CONV00(或者 SEQ2 的指针指向 CONV08)。这一特性在排序器的启动/停止模式中很有用。

8.2.3 排序器的启动/停止模式

除了不中断的自动排序模式外,任何排序器(SEQ1、SEQ2 和 SEQ)都可工作在启动/停止模式,这种模式可以有多个 SOC 触发信号,这些触发信号在时间上是分开的。这种模式与例 8.1 不同的是,在排序器完成第一个转换序列之后,可以在没有复位到初始状态 CONV00 情况下(也就是说,在中断服务子程序中不需要被复位)被重新触发,因此,当一个转换序列结束时,排序器指针指向当前的通道。在这种方式下,ADCTRL1 寄存器的连续运行位(CONT RUN)必须设为 0。

例 8.2 排序器的启动/停止操作

使用触发信号 1(定时器下溢)启动 3 个自动转换(例如 I_1、I_2、I_3),触发信号 2(定时器周期)启动 3 个自动转换(例如 V_1、V_2、V_3)。两个触发信号在时间上是分开的,时间间隔为 25 μs,并且由事件管理器 A(EVA)提供,如图 8.4 所示,本实例只使用了 SEQ1。

注意:触发信号 1 和 2 可以是来自事件管理器 A(EVA)的转换启动(SOC)信号、外部引脚或软件。在本实例中相同的触发信号源要产生两次。

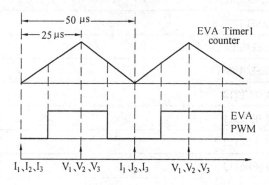

图 8.4 事件管理器启动排序器的例子

在本实例中,MAX CONV1 的值应被设置为 2,ADC 输入通道选择排序控制寄存器(CHSELSEQn)的设置见表 8.4。

表 8.4 例 8.2 中 CHSELSEQn 寄存器设置

	Bits 15~12	Bits 11~8	Bits 7~4	Bits 3~0	
70A3h	V_1	I_3	I_2	I_1	CHSELSEQ1
70A4h	x	x	V_3	V_2	CHSELSEQ2
70A5h	x	x	x	x	CHSELSEQ3
70A6h	x	x	x	x	CHSELSEQ4

注:表中的数值为十进制,x 是不必考虑的值。

一旦复位和初始化之后,SEQ1 就开始等待触发信号的到来。第一个触发信号到来之后,执行 CONV00(I_1)、CONV01(I_2)和 CONV02(I_3)这 3 个转换,然后,SEQ1 在当前状态等待另一个触发信号。当第二个触发信号到来时(与第一个触发信号时间间隔为 25 μs),ADC 模块开始另外 3 个转换,分别为 CONV03(V_1)、CONV04(V_2)和 CONV05(V_3)。

在这两种触发情况下,MAX CONV1 的值都被自动装入到 SEQ CNTRn 中。如果第二个触发要求转换的通道数和第一个不同,则用户必须在第二个触发信号到来之前,通过软件改变 MAX CONV1 的值,否则,ADC 将重新使用原来的 MAX CONV1 值。用户可以在第一个触发引起的转换完成后的中断服务子程序中改变 MAX CONV1 的值。

在第二个自动转换完成后,ADC 结果寄存器的值如表 8.5 所示。

表 8.5 例 8.2 中 ADC 结果寄存器的值

缓冲寄存器	ADC 转换结果缓冲区
RESEULT0	I_1
RESEULT1	I_2
RESEULT2	I_3
RESEULT3	V_1
RESEULT4	V_2
RESEULT5	V_3
RESEULT6	x
RESEULT7	x
RESEULT8	x
RESEULT9	x
RESEULT10	x
RESEULT11	x
RESEULT12	x
RESEULT13	x
RESEULT14	x
RESEULT15	x

完成第 2 个转换序列后,SEQ1 在当前状态等待另一个触发信号到来。用户可以通过软件复位 SEQ1 到 CONV00,并重复同样的触发 1,2 转换操作。

8.2.4 输入触发器描述

每一个排序器都有一组能被使能或禁止的触发源。SEQ1、SEQ2 和 SEQ 的有效输入触发源见表 8.6。

表 8.6 SEQ1、SEQ2 和 SEQ 的有效输入触发源

SEQ1(排序器 1)	SEQ2(排序器 2)	级联的 SEQ 排序器
软件触发(SOC) 事件管理器 A(EVA SOC) 外部 SOC 引脚(ADC SOC)	软件触发(SOC) 事件管理器 B(EVB SOC)	软件触发(SOC) 事件管理器 A(EVA SOC) 事件管理器 B(EVB SOC) 外部 SOC 引脚(ADC SOC)

ADC 模块的输入触发器具有以下特性。

(1) 无论何时,只要一个排序器处在空闲状态,一个 SOC 触发信号就能启动一个自动转

换序列。排序器处于空闲状态是指在接收到一个触发信号之前排序器指针指向 CONV00,或者排序器已完成一个转换序列,即 SEQ CNTRn 已经达到 0 值。

(2) 如果一个 SOC 触发信号到来时,当前的转换序列正在进行,这会将 ADCTRL2 寄存器中的 SOC SEQn 位置为 1(该位在前一个转换序列开始时已被清 0)。如果再来一个 SOC 触发信号,则该信号将丢失,即当 SOC SEQn 位已经置为 1(SOC 挂起)时,后来的触发信号将被忽略。

(3) 一旦被触发,排序器无法在中途被停止或中断,程序必须等到一个序列的结束信号(EOS)或者对排序器复位,这样排序器就会立刻返回到空闲的起始状态(SEQ1 和级联的排序器指针指向 CONV00,SEQ2 的指针指向 CONV08)。

(4) 当 SEQ1/2 工作在级联模式时,到 SEQ2 的触发信号被忽略,而到 SEQ1 的触发信号是有效的,因此,级联方式可以看成是 SEQ1 具有 16 状态而不是 8 状态。

8.2.5 排序转换期间的中断操作

排序器在转换期间有两种中断方式,第一种中断方式是在每次 EOS(转换结束)到来时产生中断请求,第二种中断方式是每隔一个 EOS(转换结束)信号产生中断请求,这两种方式由 ADCTRL2 寄存器中的中断模式使能控制位(位 11 和位 10)决定。对 8.2.3 节的实例 8.2 稍作改动就可说明,在不同的工作条件下,中断方式 1 和中断方式 2 的用途,如图 8.5 所示。

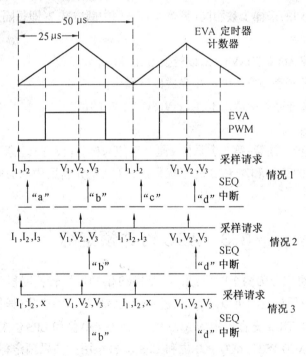

图 8.5 排序转换期间的中断操作

情况 1:第一个序列和第二个序列的采样个数不同,使用中断方式 1(即在每次 EOS 到来时,产生中断请求)。

(1) 排序器设置 MAX CONVn = 1 来转换 I_1 和 I_2。

(2) 在中断服务子程序"a"中,通过软件将 MAX CONVn 的值改为 2,以转换 V1、V2 和 V3。

(3) 在中断服务子程序"b"中完成以下操作。

① MAX CONVn 修改为 1,以转换 I_1 和 I_2。

② 从 ADC 结果寄存器中读出 I_1、I_2 和 V_1、V_2、V_3 的值。

③ 将排序器复位。

(4) 重复第(2)步和第(3)步。注意:在每次 SEQ CNTRn 到达 0 时,中断标志位被置 1,且产生中断。

情况 2:第一个序列和第二个序列的采样个数相同,使用中断方式 2(即每隔一个 EOS 信号产生中断请求)。

(1) 排序器设置 MAX CONVn = 2,以转换 I_1、I_2 和 I_3(或者 V_1、V_2 和 V_3)。

(2) 在中断服务子程序"b"和"d"中完成以下操作。

① 从 ADC 结果寄存器中读出 I_1、I_2、I_3 和 V_1、V_2、V_3 的值。

② 将排序器复位。

③ 重复第(2)步。注意:在每次 SEQ CNTRn 到达 0 时,中断标志位都被置 1,即在 ADC 转换完 I_1、I_2 和 I_3 或者 V_1、V_2、V_3 之后,中断标志位均被置为 1,但是,只有转换完 V_1、V_2 和 V_3 之后才会产生中断。

情况 3:两个序列的采样个数相同(带虚读),采用中断方式 2(即每隔一个 EOS 信号产生中断请求)。

(1) 排序器设置 MAX CONVn = 2,以转换 I_1、I_2 和 x。

(2) 在中断服务子程序"b"和"d"中完成以下操作。

① 从 ADC 结果寄存器中读出 I_1、I_2、x、V_1、V_2 和 V_3 的值。

② 将排序器复位。

(3) 重复第(2)步。注意:第 3 个采样 x 是一个假采样,并没有真正要求采样,然而,为了使中断服务子程序的开销和对 CPU 的干扰最小,可以充分利用中断方式 2 的中断请求特性。

8.3 ADC 时钟预定标

模数转换过程可以分为两个时段:采样/保持(S/H)时段、转换时段(图 8.6)。LF240xA DSP 中 ADC 的采样/保持时间可以调节,以适应输入信号阻抗的变化(详见 8.5.1 节表 8.7),这可以通过改变 ADCTRL1 寄存器中的 ACQ PS3~ACQ PS0 位和 CPS 位来实现。

图 8.7 显示了 ACQ PS3~ACQ PS0 位和 CPS 位的作用。如果预定标器 prescaler = 1(即 ACQ PS3~ACQ PS0 位均为 0),且 CPS = 0,则 PS(预定标 CPU 时钟)和 A_{CLK}将等于 CPU 时钟。对于预定标器的其他任何值,PS 的值将被放大(即增加采样/保持窗口的时间),具体可见 8.5.1 节对 ACQ PS3~ACQ PS0 位的描述。如果 CPS 位为 1,则采样/保持窗口长度为原来的 2 倍,这不包括被预定标器拉长的长度。

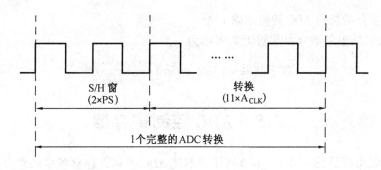

图 8.6 ADC 转换时间

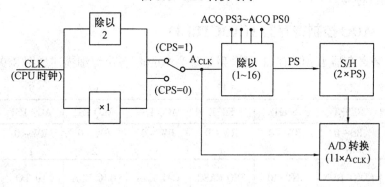

图 8.7 240xA 的 ADC 模块的时钟预定标

8.4 ADC 校准

LF240x DSP 具有校准模式,CALIBRATION 寄存器可用;但 LF240xA DSP 没有标定和自测试特性,CALIBRATION 寄存器不可用。

在校准模式下,排序器不工作,并且 ADCINn 引脚不接到 A/D 转换器上,而是将 V_{REFHI}、V_{REFLO} 或者它们的中值连接到 A/D 转换器的输入端,然后 ADC 模块完成一个转换,从而获得 ADC 模块的零、中值和最大值的偏置误差,该偏置误差的二进制补码被保存到 CALIBRATION 寄存器(二进制补码操作仅对负误差有用)。此后,ADC 硬件自动将偏置误差加到转换结果上。校准模式下,连接到 A/D 转换器输入端的信号由位 BRG ENA(桥使能)和位 HI/LO (V_{REFHI}/V_{REFLO} 选择)来确定。

CALIBRATION 寄存器的映射地址为 70B8h,寄存器各位描述如图 8.8 所示。

15	14	13	12	11	10	9	8
D9	D8	D7	D6	D5	D4	D3	D2

7	6	5	4	3	2	1	0
D1	D0	0	0	0	0	0	0

图 8.8 CALIBRATION 寄存器定义

CALIBRATION 寄存器保存校准模式下的最终校准结果,校准结果存在寄存器的高 10 位中。在 ADC 的正常转换模式下,ADC 转换结果被保存到结果寄存器之前,CALIBRATION 寄存器的值会被自动加到 ADC 转换结果上去。

10 位 ADC 转换的数字结果可近似表示为

$$数字结果 = 1\,023 \times \frac{输入电压 - V_{REFLO}}{V_{REFHI} - V_{REFLO}} \tag{8.1}$$

8.5 ADC 控制寄存器

ADC 控制寄存器见表 8.1。本节将详细阐述 ADC 控制寄存器各位的意义,以及如何设置 ADC 控制寄存器。

8.5.1 ADC 控制寄存器 1(ADCTRL1)

ADC 控制寄存器 1(ADCTRL1)的映射地址为 70A0h,各位详细描述如图 8.9 所示。

15	14	13	12	11	10	9	8
保留	RESET	SOFT	FREE	ACQ PS3	ACQ PS2	ACQ PS1	ACQ PS0
	RS-0	RW-0	RW-0	RW-0	RW-0	RW-0	RW-0
7	6	5	4	3	2	1	0
CPS	CONT RUN	INT PRI	SEQ CASC	CAL ENA	BRG ENA	HI/LO	STEST ENA
RW-0	RW-0	RW-0	RW-0				

图 8.9 ADC 控制寄存器 1 各位描述
R—可读;W—可写;S—仅置位;-0—复位后的值

位 15:保留。

位 14:RESET,ADC 模块软件复位。这一位置 1 会引起整个 ADC 模块产生一个主动复位。所有寄存器位和排序器都复位到芯片复位引脚被拉低或者上电复位时的初始状态。

  0—无影响。

  1—复位整个 ADC 模块。在系统复位中,ADC 模块被复位。如果想在其他时间对 ADC 模块进行复位,可以向这位写 1 来实现,延时一段时间后,向该位写 0,清除 ADC 复位位。

位 13 ~ 位 12:SOFT 位和 FREE 位。这两位决定仿真悬挂(例如,调试时遇到一个断点)时,ADC 模块的工作情况。

  00——旦仿真悬挂,转换立刻停止。

  10—在停止前完成当前转换。

  x1—自由运行,不管仿真悬挂继续运行。

位 11 ~ 位 8:ACQ PS3 ~ ACQ PS0。采样时间窗预定标位 3 ~ 0。这几位规定 ADC 采样/保持时段的时钟预定标系数。CLK = 30 MHz 和 40 MHz 时的时钟预定标值及源阻抗分别见表 8.7 和表 8.8。

位 7:CPS,这位决定了 ADC 转换时钟预定标值。

  0—A_{CLK} = CLK/1。

  1—A_{CLK} = CLK/2。

CLK 为 CPU 时钟频率。

位 6：CONT RUN，连续运行位。这位决定排序器工作在连续转换模式还是启动/停止模式。可以在当前转换序列正在执行时向这位写数，但是只有在当前转换序列完成后这位才生效。在连续模式下，不用对排序器复位；在启动/停止模式下，排序器必须被复位，才能使排序器指针指到 CONV00。

0—启动/停止模式。到达 EOS 后，排序器停止。适用于多时间序列触发。

1—连续转换模式。到达 EOS 后，排序器重新开始。

表 8.7 CLK = 30 MHz 时 ADC 时钟的预定标系数和源阻抗

#	ACQ PS3	ACQ PS2	ACQ PS1	ACQ PS0	预定标器（除以）	采样时间窗	源阻抗 Z /Ω CPS = 0	源阻抗 Z /Ω CPS = 1
0	0	0	0	0	1	$2 \times T_{CLK}$	67	385
1	0	0	0	1	2	$4 \times T_{CLK}$	385	1 020
2	0	0	1	0	3	$6 \times T_{CLK}$	702	1 655
3	0	0	1	1	4	$8 \times T_{CLK}$	1 020	2 290
4	0	1	0	0	5	$10 \times T_{CLK}$	1 337	2 925
5	0	1	0	1	6	$12 \times T_{CLK}$	1 655	3 560
6	0	1	1	0	7	$14 \times T_{CLK}$	1 972	4 194
7	0	1	1	1	8	$16 \times T_{CLK}$	2 290	4 829
8	1	0	0	0	9	$18 \times T_{CLK}$	2 607	5 464
9	1	0	0	1	10	$20 \times T_{CLK}$	2 925	6 099
A	1	0	1	0	11	$22 \times T_{CLK}$	3 242	6 734
B	1	0	1	1	12	$24 \times T_{CLK}$	3 560	7 369
C	1	1	0	0	13	$26 \times T_{CLK}$	3 877	8 004
D	1	1	0	1	14	$28 \times T_{CLK}$	4 194	8 639
E	1	1	1	0	15	$30 \times T_{CLK}$	4 512	9 274
F	1	1	1	1	16	$32 \times T_{CLK}$	4 829	9 909

注：1. T_{CLK} 周期取决于 CPS 位(位 7)，即 CPS = 0, T_{CLK} = 1/CLK(例如，当 CLK = 30 MHz, T_{CLK} = 33 ns)；CPS = 1, T_{CLK} = 2 * (1/CLK)(例如，当 CLK = 30 MHz, T_{CLK} = 66 ns)；

2. 源阻抗 Z 仅是设计估计值。

表 8.8　CLK = 40 MHz 时 ADC 时钟预定标系数和源阻抗

#	ACQ PS3	ACQ PS2	ACQ PS1	ACQ PS0	预定标器（除以）	采样时间窗	源阻抗 Z /Ω CPS = 0	源阻抗 Z /Ω CPS = 1
0	0	0	0	0	1	$2 \times T_{CLK}$	53	291
1	0	0	0	1	2	$4 \times T_{CLK}$	291	767
2	0	0	1	0	3	$6 \times T_{CLK}$	529	1 244
3	0	0	1	1	4	$8 \times T_{CLK}$	767	1 720
4	0	1	0	0	5	$10 \times T_{CLK}$	1 005	2 196
5	0	1	0	1	6	$12 \times T_{CLK}$	1 244	2 672
6	0	1	1	0	7	$14 \times T_{CLK}$	1 482	3 148
7	0	1	1	1	8	$16 \times T_{CLK}$	1 720	3 625
8	1	0	0	0	9	$18 \times T_{CLK}$	1 958	4 101
9	1	0	0	1	10	$20 \times T_{CLK}$	2 196	4 577
A	1	0	1	0	11	$22 \times T_{CLK}$	2 434	5 053
B	1	0	1	1	12	$24 \times T_{CLK}$	2 672	5 529
C	1	1	0	0	13	$26 \times T_{CLK}$	2 910	6 005
D	1	1	0	1	14	$28 \times T_{CLK}$	3 148	6 482
E	1	1	1	0	15	$30 \times T_{CLK}$	3 386	6 958
F	1	1	1	1	16	$32 \times T_{CLK}$	3 625	7 434

注：1. T_{CLK} 周期取决于 CPS 位(位 7)，即 CPS = 0，T_{CLK} = 1/CLK(例如，当 CLK = 40 MHz，T_{CLK} = 25 ns)；CPS = 1，T_{CLK} = 2 * (1/CLK)(例如，当 CLK = 40 MHz，T_{CLK} = 50 ns)；

2. 源阻抗 Z 仅是设计估计值。

位 5：INT PRI，ADC 中断优先级位。

　　0—高优先级。

　　1—低优先级。

位 4：SEQ CASC，排序器级联操作位。这位决定 SEQ1 和 SEQ2 是作为两个 8 状态排序器还是级联成 16 状态排序器工作。

　　0—双排序器模式。SEQ1 和 SEQ2 是作为两个独立的 8 状态排序器工作。

　　1—级联模式。SEQ1 和 SEQ2 级联成一个 16 状态排序器工作。

位 3：CAL ENA，偏差校准使能。该位设置为 1 时，CAL ENA 禁止模拟多路转换器，将 HI/LO 位和 BRG ENA 位选择的校准参考连接到 ADC 内核输入端，然后，设置 ADCTRL2 寄存器的位 14(STRT CAL)为 1 就可以开始校准转换。注意：偏差校准使能位必须在 STRT CAL 位被使用之前先被置 1。另外，若 STEST ENA = 1(即使能了 ADC 自测试模式)，这位不能设为 1。

　　0—禁止偏差校准模式。

　　1—使能偏差校准模式。

位 2:BRG ENA,桥使能位。在校准模式下,桥使能位与 HI/LO 位一起,使参考电压或中间值接到 ADC 输入。

0—满度参考电压接到 ADC 输入。

1—中点参考电压接到 ADC 输入。

位 1:HI/LO,V_{REFHI}或 V_{REFLO}选择位。在自测试模式(STEST ENA = 1)下,HI/LO 位规定被连接的测试电压。在校准模式下,HI/LO 位规定参考源的极性,见表 8.9。在正常工作模式下,HI/LO 位无效。

0—用 V_{REFLO}作为 ADC 输入。

1—用 V_{REFHI}作为 ADC 输入。

表 8.9　参考电压位选择

BRG ENA	HI/LO	CAL ENA = 1 参考电压/V	STEST ENA = 1 参考电压/V
0	0	V_{REFLO}	V_{REFLO}
0	1	V_{REFHI}	V_{REFHI}
1	0	$\lvert (V_{REFHI} - V_{REFLO})/2 \rvert$	V_{REFLO}
1	1	$\lvert (V_{REFLO} - V_{REFHI})/2 \rvert$	V_{REFHI}

位 0:STEST ENA,自测试功能使能位。自测试功能可以用于检查 ADC 模块是否能正常工作。

0—禁止自测试模式。

1—使能自测试模式。

8.5.2　ADC 控制寄存器 2(ADCTRL2)

ADC 控制寄存器 2(ADCTRL2)的映射地址为 70A1h,各位详细描述如图 8.10 所示。

15	14	13	12	11	10	9	8
EVB SOC SEQ	RST SEQ1 /STRT CAL	SOC SEQ1	SEQ1 BSY	INT ENA SEQ1 (MODE 1)	INT ENA SEQ1 (MODE 0)	INT FLAG SEQ1	EVA SOC SEQ1
RW-0	RS-0	RW-0	R-0	RW-0	RW-0	RC-0	RW-0
7	6	5	4	3	2	1	0
EXT SOC SEQ1	RST SEQ2	SOC SEQ2	SEQ2 BSY	INT ENA SEQ2 (MODE 1)	INT ENA SEQ2 (MODE 0)	INT FLAG SEQ2	EVBSOC SEQ2
RW-0	RS-0	RW-0	R-0	RW-0	RW-0	RC-0	RW-0

图 8.10　ADC 控制寄存器 2 各位描述

R—可读;W—可写;S—仅设置;C—清除;-0—复位后的值

位 15:EVB SOC SEQ,EVB 的 SOC 信号启动级联排序器位,该位仅在级联模式下用。

0—不起作用。

1—允许事件管理器 B 的信号启动级联排序器。

位 14:RST SEQ1/STRT CAL,复位排序器 SEQ1/启动校准位。这一位在校准禁止和使能两种情况下,作用不同。

校准禁止时(即 ADCTRL1 的位 3 = 0),对该位写 1 将复位排序器 SEQ1,使排序器指针指向 CONV00,且当前的转换序列将被中断。

  0——无动作。

  1——立刻复位排序器使其指针指向 CONV00。

校准使能时(即 ADCTRL1 的位 3 = 1),对该位写 1 将启动校准过程。

  0——无动作。

  1——立刻启动校准过程。

位 13:SOC SEQ1,排序器 SEQ1 的启动转换触发位。以下触发源可以将此位置为 1。

(1) S/W——软件向这位写 1。
(2) EVA——事件管理器 A。
(3) EVB——事件管理器 B(仅在级联模式下有效)。
(4) EXT——外部引脚(即 ADCSOC 引脚)。

当一个触发信号到来时,有以下三种可能的情况。

情况 1:SEQ1 空闲,且 SOC 位为 0。这种情况下 SEQ1 立刻启动,该位被置 1 后再被清 0,允许悬挂触发源的请求。

情况 2:SEQ1 忙,且 SOC 位为 0。这种情况下该位被置 1 以表示一个触发源请求正被悬挂。当 SEQ1 完成当前的转换又重新开始时,这位将被清 0。

情况 3:SEQ1 忙,且 SOC 位为 1。在这种情况下,任何到来的触发源将被忽略。

注:RST SEQ1 位(ADCTRL2.14)和 SOC SEQ1 位(ADCTRL2.13)不能在同一条指令中被设置,这将复位排序器,而不能启动排序器。正确的操作顺序是,先设置 RST SEQ1 位,然后在下条指令中设置 SOC SEQ1 位,这样就可以保证先复位排序器,再将其启动。对 RST SEQ2 位和 SOC SEQ2 位的操作也是如此。

位 12:SEQ1 BSY,SEQ1 忙状态位。当 ADC 自动转换正在进行时,这位被置 1;当转换完成时,这位被清 0。

  0——排序器 SEQ1 处于空闲状态,即等待触发信号。

  1——转换正在进行。

位 11 ~ 位 10:INT ENA SEQ1,SEQ1 的中断方式使能控制位,详见表 8.10。

表 8.10 SEQ1 中断方式使能控制位

位 11	位 10	作用描述
0	0	中断禁止
0	1	中断方式 1。当中断标志位(INT FLAG SEQ1)置 1 时,立刻申请中断
1	0	中断方式 2。当中断标志位(INT FLAG SEQ1)已经置 1 时,才产生中断请求,即每隔一个 EOS 信号产生一次中断请求
1	1	保留

位 9:INT FLAG SEQ1,SEQ1 的 ADC 中断标志位。这位表示中断事件是否已发生。用户只有通过向该位写 1 才能清除此位。

0—无中断事件发生。

1—有中断事件发生过。

位 8：EVA SOC SEQ1,事件管理器 A 事件启动 SEQ1 的屏蔽位。

0—不允许用 EVA 的触发源启动 SEQ1。

1—允许用 EVA 的触发源启动 SEQ1。

位 7：EXT SOC SEQ1,外部引脚对 SEQ1 的启动转换位。

0—不起作用。

1—允许一个来自 ADCSOC 引脚上的触发信号启动 ADC 自动转换序列。

位 6：RST SEQ2,复位排序器 SEQ2。

0—无动作。

1—立刻复位排序器 SEQ2,使其指针指向 CONV08,当前的转换序列将被中断。

位 5：SOC SEQ2,排序器 SEQ2 的启动转换触发位,仅适用于双排序器模式。以下触发源可以将此位置为 1。

(1)S/W—软件向这位写 1。

(2)EVB—事件管理器 B。

当一个触发信号到来时,有以下三种可能的情况。

情况 1：SEQ2 空闲,且 SOC 位为 0。这种情况下 SEQ2 立刻启动,该位被清 0,允许后面的触发请求被悬挂。

情况 2：SEQ2 忙,且 SOC 位为 0。这种情况下该位被置 1 以表示一个触发请求正被悬挂。当 SEQ2 完成当前的转换又重新开始时,这位将被清 0。

情况 3：SEQ2 忙,且 SOC 位为 1。在这种情况下,任何到来的触发源将被忽略。

位 4：SEQ2 BSY,SEQ2 忙状态位。当 ADC 自动转换正在进行时这位被置 1,当转换完成,这位被清 0。

0—排序器 SEQ2 处于空闲状态,即等待触发信号。

1—转换正在进行。

位 3~位 2：INT ENA SEQ2,SEQ2 的中断方式使能控制位,详见表 8.11。

表 8.11　SEQ2 中断方式使能控制位

位 3	位 2	作用描述
0	0	中断禁止
0	1	中断方式 1。当中断标志位(INT FLAG SEQ2)置 1 时,立刻申请中断
1	0	中断方式 2。当中断标志位(INT FLAG SEQ2)已经置 1 时,才产生中断请求,即每隔一个 EOS 信号产生一次中断请求
1	1	保留

位 1：INT FLAG SEQ2,SEQ2 的 ADC 中断标志位。这位表示中断事件是否已发生。用户只有通过向该位写 1 才能清除此位。

0—无中断事件发生。

1—有中断事件发生过。

位 0：EVB SOC SEQ2,事件管理器 B 事件启动 SEQ2 的屏蔽位。

0—不允许用 EVB 的触发源启动 SEQ2。
1—允许用 EVB 的触发源启动 SEQ2。

8.5.3 最大转换通道寄存器(MAXCONV)

最大转换通道寄存器(MAXCONV),映射地址为 70A2h,各位详细描述如图 8.11 所示。

15~8
保留
R-x

7	6	5	4	3	2	1	0
保留	MAX CONV2_2	MAX CONV2_1	MAX CONV2_0	MAX CONV1_3	MAX CONV1_2	MAX CONV1_1	MAX CONV1_0
R-x	RW-0	RW-0	RW-0	RW-0	RW-0	RW-0	RW-0

图 8.11 最大转换通道寄存器各位描述

R—可读;W—可写;x—复位后的值不确定;-0—复位后的值

位 15~位 7:保留。

位 6~位 0:MAX CONVn,这些位定义了一次自动转换中最多转换的通道数目。这些位和它们的操作根据排序器工作模式(双排序器模式或级联模式)的变化而变化,有以下三种情况:

(1) 对于 SEQ1 操作,使用 MAX CONV1_2~MAX CONV1_0。
(2) 对于 SEQ2 操作,使用 MAX CONV2_2~MAX CONV2_0。
(3) 对于 SEQ 操作,使用 MAX CONV1_3~MAX CONV1_0。

一次自动转换中完成的转换数为 MAX CONVn+1。表 8.12 所示为 MAXCONV 寄存器的位定义和转换数目的关系。下面通过实例 8.3 来说明 MAXCONV 寄存器的位编程。

例 8.3 MAXCONV 寄存器位编程

表 8.12 MAX CONV1 对不同转换数时的位定义

MAX CONV1_3~MAX CONV1_0	转换数目
0000	1
0001	2
0010	3
0011	4
0100	5
0101	6
0110	7
0111	8
1000	9

续表 8.12

MAX CONV1_3 ~ MAX CONV1_0	转换数目
1001	10
1010	11
1011	12
1100	13
1101	14
1110	15
1111	16

如果要求进行 5 个转换,则 MAX CONVn 设置为 4。并可以按照如下两种情况实现转换。

情况 1:双排序器模式 SEQ1 和级联模式。这种情况下,MAX CONV1_3 ~ MAX CONV1_0 设成 0100,排序器从 CONV00 到 CONV04 进行转换,并且 5 个转换结果保存在结果寄存器 RESULT0 到 RESULT4 中。

情况 2:双排序器模式 SEQ2。这种情况下,MAX CONV2_2 ~ MAX CONV2_0 设成 100,排序器从 CONV08 到 CONV12 进行转换,并且 5 个转换结果保存在结果寄存器 RESULT8 到 RESULT12 中。

8.5.4 自动排序状态寄存器(AUTO_SEQ_SR)

自动排序状态寄存器(AUTO_SEQ_SR)的映射地址为 70A7h,各位详细描述如图 8.12 所示。

15 ~ 12				11	10	9	8
保留				SEQ CNTR3	SEQ CNTR2	SEQ CNTR1	SEQ CNTR0
R - x				R - 0	R - 0	R - 0	R - 0
7	6	5	4	3	2	1	0
保留位	SEQ2 - State2	SEQ2 - State1	SEQ2 - State0	SEQ1 - State3	SEQ1 - State2	SEQ1 - State1	SEQ1 - State0
R - x	R - 0	R - 0	R - 0	R - 0	R - 0	R - 0	R - 0

图 8.12 自动排序状态寄存器(AUTO_SEQ_SR)各位描述

R—可读;x—复位后的值不确定;-0—复位后的值

位 15 ~ 位 12:保留。

位 11 ~ 位 8:SEQ CNTR3 ~ SEQ CNTR0,排序器计数状态位。

这四位状态域由 SEQ1、SEQ2 和级联排序器使用,SEQ CNTRn 的 4 位状态域值所对应的待转换通道数,如表 8.13 所示。在自动排序启动时,MAX CONVn 的值载入 SEQ CNTRn 中,每次转换后 SEQ CNTRn 减 1,在减计数的过程中,通过读 SEQ CNTRn 位值并结合 SEQ1 和 SEQ2 的忙状态位(分别为 ADCTRL2.12 和 ADCTRL2.4),可确定正在运行的排序器进程或状态。

表 8.13　SEQ CNTRn 4 位状态域值含义

SEQ CNTRn(只读)	待转换的通道数
0000	1
0001	2
0010	3
0011	4
0100	5
0101	6
0110	7
0111	8
1000	9
1001	10
1010	11
1011	12
1100	13
1101	14
1110	15
1111	16

位 7:保留。

位 6～位 4:SEQ2 – State2～SEQ2 – State0,这些位反映了 SEQ2 排序器的状态,如果需要,用户可以在转换结束信号 EOS 到来之前,根据这几位的值去读取中间结果。这里的 SEQ2 与级联模式无关。

位 3～位 0:SEQ1 – State3～SEQ1 – State0,这些位反映了 SEQ1 排序器的状态,如果需要,用户可以在转换结束信号 EOS 到来之前,根据这几位的值去读取中间结果。

8.5.5　ADC 输入通道选择排序控制寄存器（CHSELSEQn）

ADC 输入通道选择排序控制寄存器(CHSELSEQn)共有 4 个寄存器,即 CHSELSEQ1(图 8.13)、CHSELSEQ2(图 8.15)、CHSELSEQ3 和 CHSELSEQ4(图 8.16),下面分别进行介绍。

15～12	11～8	7～4	3～0
CONV03	CONV02	CONV01	CONV00
RW – 0	RW – 0	RW – 0	RW – 0

图 8.13　ADC 输入通道选择排序控制寄存器(CHSELSEQ1)——70A3h
R—可读;W—可写;—0 复位后的值

15~12	11~8	7~4	3~0
CONV07	CONV06	CONV05	CONV04
RW–0	RW–0	RW–0	RW–0

图 8.14　ADC 输入通道选择排序控制寄存器(CHSELSEQ2)——70A4h
R—可读；W—可写；—0 复位后的值

15~12	11~8	7~4	3~0
CONV11	CONV10	CONV09	CONV08
RW–0	RW–0	RW–0	RW–0

图 8.15　ADC 输入通道选择排序控制寄存器(CHSELSEQ3)——70A5h
R—可读；W—可写；—0 复位后的值

15~12	11~8	7~4	3~0
CONV15	CONV14	CONV13	CONV12
RW–0	RW–0	RW–0	RW–0

图 8.16　ADC 输入通道选择排序控制寄存器(CHSELSEQ4)——70A6h
R—可读；W—可写；—0 复位后的值

由以上介绍可知，CHSELSEQn 寄存器中的每 4 位定义一个 CONVnn，CONVnn 会为自动排序转换选择 16 个模拟输入通道中的一个，如表 8.14 所示。

表 8.14　CONVnn 位值与 ADC 输入通道选择对应表

CONVnn 位值	ADC 输入通道选择
0000	通道 0
0001	通道 1
0010	通道 2
0011	通道 3
0100	通道 4
0101	通道 5
0110	通道 6
0111	通道 7
1000	通道 8
1001	通道 9
1010	通道 10
1011	通道 11
1100	通道 12
1101	通道 13
1110	通道 14
1111	通道 15

8.5.6 ADC 转换结果缓冲寄存器（RESULTn）

ADC 转换结果缓冲寄存器(RESULTn)共有 16 个,可以为 ADC 模块保存 16 个通道的转换结果。每个 ADC 转换结果缓冲寄存器的各位意义一样,其意义为从第 15 位~第 6 位的 10 位是保存结果的有效位,10 位的转换结果(D9~D0)为左对齐。

ADC 转换结果缓冲寄存器(RESULTn)的 16 个寄存器的映射地址为 70A8h~70B7h。

ADC 转换结果缓冲寄存器(RESULTn,n=0~15)的各位描述如图 8.17 所示。

15	14	13	12	11	10	9	8
D9	D8	D7	D6	D5	D4	D3	D2
7	6	5	4	3	2	1	0
D1	D0	0	0	0	0	0	0

图 8.17 ADC 转换结果缓冲寄存器(RESULTn,n=1~15)各位描述

在级联模式下,RESULT8~RESULT15 寄存器可以保存第 9 个~第 16 个转换的结果

8.6 ADC 转换时间

本节介绍 ADC 转换所需时间的计算方法,转换时间与一个给定序列中转换的个数有关。转换周期可以分为以下 5 个阶段。

(1) 排序启动的同步时间(SOS 同步),SOS 同步时间仅在转换序列的第一个转换中有。
(2) 采样时间(ACQ)。
(3) 转换时间(CONV)。
(4) 转换结束时间(EOC)。ACQ、CONV 和 EOC 时间在一个序列的每个转换中都有。
(5) 序列转换结束标志设置时间(EOS),EOS 仅用于一个序列的最后一个转换。

完成上面每个阶段所对应的 CLKOUT 周期个数见表 8.15。

表 8.15 ADC 各转换阶段所需 CLKOUT 周期个数

转换阶段	CLKOUT 周期(CPS=0)	CLKOUT 周期(CPS=1)
SOS 同步	2	2 或 3(注 1)
ACQ	2(注 2)	4(注 2)
CONV	10	20
EOC	1	2
EOS	1	1

注:1. 当 CPS=1 时,SOS 同步有时会花费额外一个 CLKOUT 周期,以便与 ADC 时钟(ADCCLK)同步,这取决于软件对 SOC 置位的时机,因此,SOS 同步所需的 CLKOUT 周期数为 2 或 3。

2. 由 8.3 节可知,采样时间(ACQ)依赖于 ACQ PSn 位的设置。当 ACQ PS=0 时,表 8.15 所示的值是可用的;当 CPS=0,ACQ PSn 不为 0 时,采样时间为 2×(PSn+1)。例如,当 ACQ PSn=1,2,3 时,ACQ 值如表 8.16 所示。

表 8.16 当 ACQ PS = 1,2,3 时的 ACQ 值

ACQ PS	(CPS = 0)	(CPS = 1)
1	ACQ = 4	ACQ = 8
2	ACQ = 6	ACQ = 12
3	ACQ = 8	ACQ = 16

以下给出两个计算 ADC 转换时间的实例。

例 8.4 计算当 CPS = 0, ACQ = 0 时的多通道转换序列的 ADC 转换时间。

按照表 8.15 计算得到：

第一个转换所需时间为 15 个 CLKOUT 周期(2 + 2 + 10 + 1)。

第二个转换所需时间为 13 个 CLKOUT 周期(2 + 10 + 1)。

第三个转换所需时间为 13 个 CLKOUT 周期(2 + 10 + 1)。

最后一个转换所需时间为 14 个 CLKOUT 周期(2 + 10 + 1 + 1)。

例 8.5 计算当 CPS = 1, ACQ = 1 时的单个转换序列的 ADC 转换时间。

按照表 8.15 和表 8.16 可计算得到：

第一个,也是唯一的转换所需时间为 33 个或 34 个 CLKOUT 周期(2 + 8 + 20 + 2 + 1 或 3 + 8 + 20 + 2 + 1)。

8.7 ADC 转换应用实例

本实例设置 TMS320LF2407A 采用连续采集的方式工作,同时采集两个通道(ADCIN0, ADCIN1)的模拟量输入,使用片内通用定时器 1 产生定时中断,用以定时保存转换数据。

其硬件平台由 ICETEK – LF2407 – USB – EDU 教学实验箱提供。ADC 的输入信号由实验箱上的信号源提供。由于模数输入信号未经任何转换就进入 DSP,所以必须保证输入的模拟信号的幅度在 0 ~ 3.3 V 之间。实验箱上信号源输出为 0 ~ 3.3 V,但如果使用外接信号源,则必须用示波器检测信号范围,保证最小值为 0 V、最大值为 3.3 V,否则容易损坏 DSP 芯片的 ADC 模块。

在本实例中,ADCIN0 通道所接信号为 100 Hz ~ 1 KHz 的三角波,ADCIN1 通道所接信号则为 100 Hz ~ 1 KHz 的正弦波。

由于 TMS320LF2407A DSP 芯片内的 A/D 转换精度是 10 位的,转换结果的高 10 位为所需数值,所以在保留时应注意将结果的低 6 位去除,取出高 10 位有效数字。本实例源程序如下。

```
# include "2407c.h"
# define ADCNUMBER 256
void interrupt gptime1(void);            /* 中断服务程序,用于设置保存标志 */
void ADInit(void);                       /* 初始化 A/D 转换模块和通用定时器 1 */
ioport unsigned char port000c;           /* I/O 端口用于设置 ICETEK – 2407 – A 板
                                            上指示灯 */
unsigned int uWork, uWork1, nADCount, nLed, * pResult1, * pResult2;
```

```c
int nNewConvert, nWork;
unsigned int nADCIn0[ADCNUMBER];
/* 存储区 1,保存通道 ADCIN0 的转换结果,循环保存 */
unsigned int nADCIn1[ADCNUMBER];
/* 存储区 2,保存通道 ADCIN1 的转换结果,循环保存 */
int * z;
main()
{
    asm(" CLRC SXM");                    /* 清标志,关中断 */
    asm(" CLRC OVM");
    asm(" CLRC CNF");
    pResult1 = RESULT0;                  /* 将指针 pResult1 指向 ADC 转换结果缓冲
                                            寄存器 RESULT0 的地址,RESULT0 在头文件
                                            中"2407c.h"已定义 */
    pResult2 = RESULT1;                  /* 将指针 pResult2 指向 ADC 转换结果缓冲
                                            寄存器 RESULT1 的地址,RESULT1 在头文件
                                            中"2407c.h"已定义 */
    nNewConvert = 0;
    * WDCR = 0x6f;
    * WDKEY = 0x5555;
    * WDKEY = 0xaaaa;                    /* 关闭 WD 中断 */
    * SCSR1 = 0x81fe;                    /* 打开所有外设,设置时钟频率为 40 MHz */
    uWork = ( * WSGR);                   /* 设置 I/O 等待状态为 0 */
    uWork& = 0x0fe3f;
    ( * WSGR) = uWork;
    ADInit();                            /* 初始化 A/D 相关设备 */
    * IMR = 3;                           /* 使能定时器中断 */
    * IFR = 0xffff;                      /* 清所有中断标志 */
    asm(" clrc INTM");                   /* 开中断 */
    while ( 1 )
    {
        if ( nNewConvert )               /* 如果保存标志置位,以下开始转换和保存
                                            转换结果 */
        {
            nNewConvert = 0;             /* 清保存标志 */
            uWork = ( * pResult1);       /* 取 ADCINT0 通道转换结果 */
            uWork > > = 6;               /* 移位去掉低 6 位 */
            nADCIn0[nADCount] = uWork;   /* 保存结果 */
            uWork = ( * pResult2);       /* 取 ADCINT1 通道转换结果 */
```

```c
        uWork>>=6;                      /* 移位去掉低6位 */
        nADCIn1[nADCount]=uWork;        /* 保存结果 */
        nADCount++;
          if(nADCount>=ADCNUMBER)       /* 缓冲区满后设置指示灯闪烁 */
          {
              nADCount=0;               /* 中断位置 */
              nWork++;
              if(nWork>=16)
              {
                 nWork=0;
                 nLed++; nLed&=0x0f;
                 port000c=nLed;
              }
          }
      }
   }
}
void ADInit(void)                       /* 初始化A/D转换模块和通用定时器1 */
{
int i;
for(i=0;i<ADCNUMBER;i++)                /* 缓冲区清0 */
    nADCIn0[i]=nADCIn1[i]=0;
port000c=0;                             /* 关指示灯 */
*ADCTRL1 = 0x2040;                      /* 设置连续转换模式 */
*MAXCONV = 0x1;                         /* 每次完成转换两个通道 */
*CHSELSEQ1 = 0x10;                      /* 转换次序,先ADCIN0,再ADCIN1 */
*ADCTRL2 = 0x2000;                      /* 启动转换 */
nADCount=nLed=nWork=0;
    /* 以下设置通用定时器参数 */
*EVAIMRA = 0x80;                        /* 使能T1PINT */
*EVAIFRA = 0xffff;                      /* 清中断标志 */
*GPTCONA = 0x0100;
*T1PR = 2000;                           /* 保存结果周期=2000*25 ns=50 us=
                                           20 KHz */
*T1CNT = 0;                             /* 计数器从0开始计数 */
*T1CON = 0x1040;                        /* 连续增计数方式,启动计数器 */
}
void interrupt gptime1(void)            /* 定时器1中断服务函数 */
{
```

```
uWork1 = ( * PIVR);
switch ( uWork1 )
{
    case 0x27:
    {
        nNewConvert = 1;              /* 设置保存标志 */
        ( * EVAIFRA) = 0x80;          /* 清中断标志位 */
        break;
    }
}
```

运行程序后,利用 Code Composer Studio 2 DSP 仿真软件,配合实验箱,运行程序后,通过仿真软件提供图形观察功能可观察到 ADCIN0 和 ADCIN1 两个通道的采样波形,如图 8.18 所示。

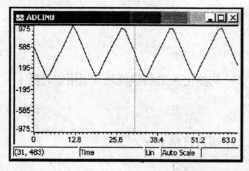
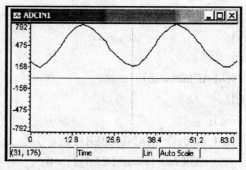

图 8.18　ADCIN0 和 ADCIN1 通道采样波形

第 9 章 串行通信接口 SCI

本章主要介绍串行通信接口(SCI)模块的结构、功能和编程。SCI 支持 CPU 与其他使用标准 NRZ(非归零)格式的异步外设之间的数据通信。SCI 接收器和发送器是双缓冲的,每一个都有自己独立的使能和中断标志位,两者既可以独立工作,也可以在全双工模式下同时工作。串行通信模块的寄存器是 8 位的。

为了确保数据的完整性,SCI 会对接收到的数据进行检测,如间断检测、奇偶性、超时和帧错误检测等。位传输速率可以通过一个 16 位波特率选择寄存器进行编程,因此可获得 65 536 种不同的速率。

9.1 概 述

9.1.1 SCI 物理描述

如图 9.1 所示,SCI 模块包括以下主要功能部件。
(1) 两个 I/O 引脚。
① SCI 接收数据引脚(SCIRXD)。
② SCI 发送数据引脚(SCITXD)。
(2) 通过对一个 16 位的波特率选择寄存器编程,可得到 65 536 种不同的波特率。
① 基于 40 MHz 系统时钟,其速率范围为 76 b/s ~ 2 500 kb/s。
② 波特率的数量共有 65 536 种。
(3) 1 ~ 8 位的可编程数据长度。
(4) 1 位或 2 位的可编程停止位。
(5) 内部产生的串行时钟。
(6) 4 个错误检测标志。
① 奇偶性错误。
② 超时错误。
③ 帧错误。
④ 间断检测。
(7) 两种唤醒多处理器模式。
① 空闲线唤醒。
② 地址位唤醒。
(8) 半双工或全双工操作。
(9) 双缓冲的接收和发送功能。
(10) 发送和接收操作均可以通过中断或查询操作进行,相应的状态标志如下。
① 发送器。TXRDY 标志(发送缓冲寄存器准备好接收另一个字符)和 TX EMPTY 标志(发送移位寄存器空)。

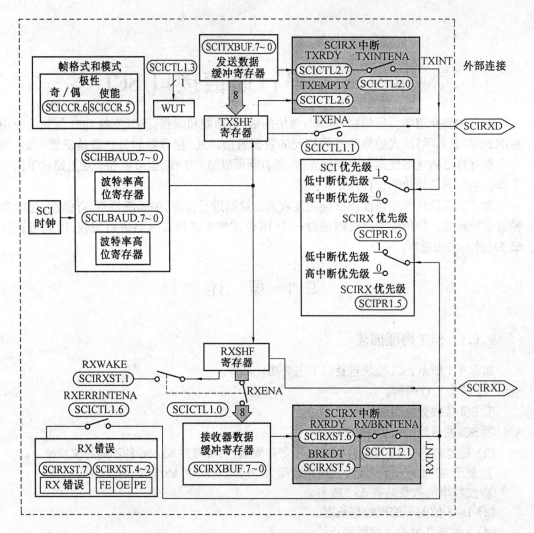

图 9.1 SCI 模块结构

② 接收器。RXRDY 标志(接收缓冲寄存器准备好接收另一个字符)、BRKDT 标志(间断条件发生)和 RXERROR 标志(监视 4 个中断条件)。

(11) 发送器和接收器中断的独立使能位。

(12) 多个错误条件的独立错误中断。

(13) 非归零(NRZ)格式。

SCI 模块内的所有寄存器都为 8 位,但是它又与 16 位的外设总线相连。因此,当访问这些寄存器时,寄存器的数据在低字节(0~7 位)对高字节(8~15 位)读操作返回 0,写操作无效。

9.1.2 SCI 模块的结构

在全双工操作中所用的主要部件如图 9.1 所示,它包括以下几部分。

(1) 一个发送器(TX)及其主要寄存器。

① 发送器数据缓冲寄存器(SCITXBUF),存放等待发送的数据(由 CPU 载入)。

② 发送器移位寄存器(TXSHF)，从 SCITXBUF 载入数据，并每次一位地将数据移位至 SCITXD 引脚。

(2) 一个接收器(RX)及其主要寄存器。

① 接收器移位寄存器(RXSHF)，每次一位地将 SCIRXD 引脚上的数据移入。

② 接收器数据缓冲寄存器(SCIRXBUF)。存放将由 CPU 读取的数据。来自远端处理器的数据，先载入接收器移位寄存器(RXSHF)，然后装入接收数据缓冲寄存器(SCIRXBUF)和接收仿真缓冲寄存器(SCIRXEMU)。

(3) 一个可编程的波特率发生器。

(4) 数据存储器映射的控制和状态寄存器。

SCI 的接收器和发送器可以独立或同时工作。

9.1.3 SCI 模块的寄存器地址

表 9.1 列出了串行通信接口 SCI 的寄存器及其地址。

表 9.1 SCI 寄存器及其地址

地址	寄存器	名称	描述
7050h	SCICCR	SCI 通信控制寄存器	定义 SCI 使用的字符格式、协议和通信模式
7051h	SCICTL1	SCI 控制寄存器 1	控制 RX/TX 和接收器错误中断使能、TXWAKE 和 SLEEP 功能、内部时钟使能和 SCI 软件复位
7052h	SCIHBAUD	SCI 波特率选择寄存器（高 8 位）	保存产生波特率所需要的高 8 位数据
7053h	SCILBAUD	SCI 波特率选择寄存器（低 8 位）	保存产生波特率所需要的低 8 位数据
7054h	SCICTL2	SCI 控制寄存器 2	包括发送器中断使能、接收器缓冲/间断中断使能、发送器准备标志和发送器空标志
7055h	SCIRXST	SCI 接收器状态寄存器	包括 7 个接收器状态标志
7056h	SCIRXEMU	SCI 仿真数据缓冲寄存器	包括用于屏幕更新的数据，主要用于仿真器（不是一个真实的寄存器——仅仅是在不清除 RXRDY 的情况下，为读取 SCIRXBUF 而存在的一个可替换的地址）
7057h	SCIRXBUF	SCI 接收器数据缓冲寄存器	包括来自接收器移位寄存器的当前数据
7058h		保留	保留
7059h	SCITXBUF	SCI 发送数据缓冲寄存器	保存被 SCITX 发送的数据位
705Ah		保留	保留
705Bh		保留	保留
705Ch		保留	保留
705Dh		保留	保留
705Eh		保留	保留
705Fh	SCIPRI	SCI 优先级控制寄存器	包括接收器和发送器中断优先级选择位和仿真器挂起使能位

9.1.4 多处理器(多机)异步通信模式

SCI 有两种多处理器协议,即空闲线多处理器模式和地址位多处理器模式,这些协议允许在多个处理器之间进行有效的数据传输。

SCI 提供了与许多流行的外围设备接口的通用异步接收器/发送器(UART)通信模式。异步模式需要两条线与许多标准设备接口,如使用 RS-232-C 格式的终端和打印机等。数据发送的字符包括以下组成部分。

(1) 1 个起始位。
(2) 1~8 个数据位。
(3) 1 个奇偶校验位或无奇偶校验位。
(4) 1 个或 2 个停止位。

9.2 可编程的数据格式

串行通信接口的数据,不管是接收的还是发送的都是 NRZ(非归零)格式的。NRZ 的数据格式包括以下组成部分。

(1) 1 个起始位。
(2) 1~8 位数据位。
(3) 1 个奇偶校验位(可选)。
(4) 1 个或 2 个停止位。
(5) 1 个数据中识别地址的附加位(仅用于地址位模式)。

数据的基本单元称做一个字符,其长度为 1~8 位。数据的每个字符格式化为有 1 个起始位、1 个或 2 个停止位、可选的奇偶校验位和地址位。带有格式化信息数据的一个字符称做一个帧,如图 9.2 所示。

图 9.2 典型的 SCI 数据帧格式

为了对数据格式进行编程,要使用 SCI 通信接口控制寄存器。具体的控制位见表 9.2。

表 9.2 SCICCR 中数据格式控制列表

位 名	位	功 能
SCI CHAR2-0	SCICCR.2~0	选择字符(数据)长度(1~8位)
PARITY ENABLE	SCICCR.5	如果设置为1,则使能奇偶校验功能,否则禁止奇偶校验
EVEN/ODD PARITY	SCICCR.6	当奇偶校验使能后,如果该位设置为1,则为偶校验;如果设置为0,则为奇校验
STOP BITS	SCICCR.7	定义为发送数据的停止位,如果该位清0,则有1个停止位;如果该位设置为1,则有2个停止位

9.3 SCI 多处理器通信

多处理器通信模式允许一个处理器向同一串行线路中的其他处理器传送数据块,但在这条线路中,任一时刻只可以进行一个传送,也就是说,每次传输时只能有一个信息源。

1. 地址字节

地址字节是信源所发出信息块的第一个字节,其中主要包含地址信息。所有处于接收状态的处理器都可以读取该地址字节,只有地址正确的处理器才能被紧随地址字节之后的数据字节中断,而地址不正确的处理器,则不会被中断。

2. SLEEP 位

串行线路上的所有处理器均将其 SCI 的 SLEEP 位(SCICTL1.2)设置为 1,它们仅在检测到地址字节时才被中断。当处理器读到的地址与其自身地址相同时,用户程序必须清除 SLEEP 位来确保 SCI 在接收每一个数据字节时都产生一个中断。处理器的地址可由用户软件设置。

当 SLEEP 位为 1 时,接收器仍然能工作,但是它不会使 RXRDY、RXINT 或任何接收错误状态位置位,除非检测到地址字节,并且接收帧中的地址位是 1。SCI 不会改变 SLEEP 位,必须由用户软件改变 SLEEP 位。

3. 地址字节识别

地址字节的识别需要根据多处理器的模式来处理,例如:

(1) 空闲线模式在地址字节之前留有一段空闲时间。这种模式没有附加的数据/地址位,在处理器包含超过 10 个字节的数据块的情况下,其效率要比地址位模式更高。空闲线模式常用于典型的非多处理器 SCI 通信。

(2) 地址位模式为每一字节增加一个附加位来区分地址和数据。这种模式在处理多个小数据块时更有效,因为它不像空闲线模式在数据块之间需要等待,但在高速传输中,地址位模式的效率不如空闲线模式。

4. SCI TX 和 RX 特性控制

多处理器模式可以由软件通过 ADDR/IDLE MODE 位(SCICCR.3)来设置。两种模式均使用发送唤醒标志位 TXWAKE(SCICTL1.3)、接收唤醒标志位 RXWAKE(SCIRXST.1)和休眠标志位 SLEEP(SCICTL1.2)来控制 SCI 发送器和接收器的工作状态。

5. 接收顺序

在两种处理器模式下,接收顺序如下。

(1) 接收地址块时,SCI 端口唤醒并请求一个中断,所以必须使能 RX/BK INT ENA 位(SCICTL2.1)以请求中断。SCI 读取数据块的第一帧数据,其中包括目的处理器的地址。

(2) 通过中断和检查程序得到的地址进入软件子程序,并且该地址与存在内存中的器件地址再次进行校对。

(3) 如果检查表明此地址块与 DSP 控制器的地址相符,则 CPU 清除 SLEEP 位,并读取块中的其余部分;如果不是则退出子程序,SLEEP 仍然置位,直到下一个地址块开始才接收中断。

9.3.1 空闲线多处理器模式

在空闲线多处理器协议中(ADDR/IDLE MODE = 0),数据块被块间的时间间隔分开,该时间间隔比块中数据帧之间的时间间隔要长。一帧后的空闲时间(10 个或更多的高电平位)表明了一个新块的开始,单个位的时间可以由波特率值算出。空闲线多处理器模式通信模式如图 9.3 所示(ADDR/IDLE MODE 位是 SCICCR.3)。

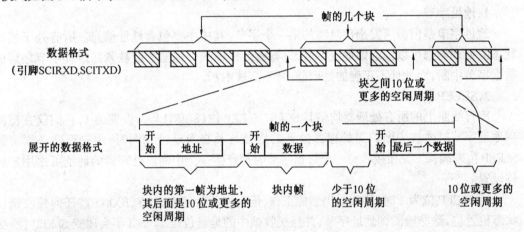

图 9.3 空闲线多处理器通信模式

1. 空闲线模式采用的步骤

空闲线模式的步骤如下。

(1) 接收到块起始信号后串行通信接口(SCI)唤醒。

(2) 处理器识别出下一个串行通信接口中断。

(3) 中断服务程序将接收到的地址(由一个远端发送器传送)与自己的地址进行比较。

(4) 如果 CPU 的地址与接收到的地址相符,则中断服务程序清除 SLEEP 位,并接收数据块的其余部分。

(5) 如果 CPU 的地址与接收到的地址不符,则 SLEEP 仍被置位,CPU 继续执行主程序而不被 SCI 端口中断,直到检测到下一个块的起始信号。

2. 块起始信号

传送一个块的起始信号有以下两种方法。

方法一:在前一个块的最后一帧数据与新块的地址帧之间进行延时,预留 10 位或更多的空闲时间。

方法二:在写 SCITXBUF 之前,串行通信接口(SCI)先把 TXWAKE 位(SCICTL1.3)置位为

1,恰好发送一段实际上是11位的空闲时间。用这种方法串行通信线只需要空闲一些必要的位。

3. 唤醒临时标志

与发送唤醒标志位(TXWAKE)相关的是唤醒临时标志(WUT,wake – up temporary),这是一个内部标志,与TXWAKE构成双缓冲。当发送器的移位寄存器(TXSHF)从SCI的发送数据缓冲寄存器(SCITXBUF)载入数据时,WUT从TXWAKE中装入数据,然后TXWAKE位被清0,这种处理过程如图9.4所示。

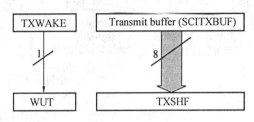

图9.4 双缓冲的WUT和TXSHF

4. 发送块起始信号

在一系列的数据块传送中,为了传送出时间长度恰好为一帧的块起始信号,需要做以下工作。

(1) 设置发送唤醒位TXWAKE为1。

(2) 将一个数据字(内容不限)写入SCITXBUF寄存器来作为传送一个块的开始信号(当块起始信号发出时,第一个写入的数据字无效,并且在块起始信号发出之后被忽略)。当TXSHF寄存器再次空闲时,SCITXBUF寄存器的内容载入TXSHF中,发送唤醒标志位TXWAKE中的值移入WUT,然后TXWAKE清0。

因为TXWAKE被置1,起始位、数据位和奇偶位均被上一帧数据停止位之后的11位的空闲周期所取代。

(3) 向SCITXBUF写入一个新的地址值,必须首先向SCITXBUF写入一个任意值的数据字,这样TXWAKE位的值才能被移入WUT中。当任意值的数据字移入TXSHF中时,SCITXBUF(必要时还有TXWAKE)可以被再次写入,因为TXSHF和WUT都是双缓冲的。

5. 接收器工作

接收器的操作与SLEEP位的值无关,在检测到一个地址帧之前,接收器既不能使RXRDY位置位,也不使错误状态位置位,并且也不会请求一个接收中断。

9.3.2 地址位多处理器模式

在地址位协议中(ADDR/IDLE MODE位=1),每个帧中有一个附加位紧跟在最后一个数据位之后,叫做地址位。在数据块的第一帧中,地址位设为1,而在其他所有的帧中置成0。空闲周期的时间是不相连的。地址位多处理器通信模式如图9.5所示。

TXWAKE位的值放在地址位中,在发送期间,当SCITXBUF和TXWAKE的值分别载入TXSHF和WUT时,TXWAKE复位为0,WUT变为当前帧的地址位的值。传送一个地址的步骤如下。

(1) TXWAKE位置为1,并向SCITXBUF写入适当的地址值,当这个地址值送入TXSHF

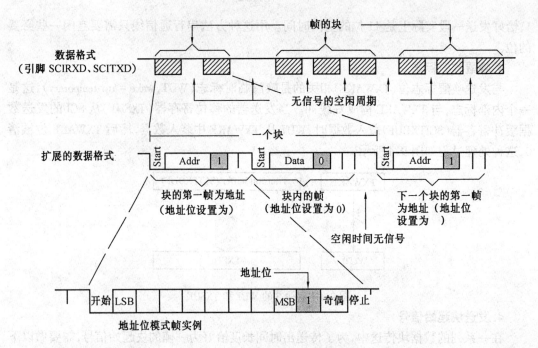

图 9.5 地址位多处理器通信模式

并且又被移出时,它的地址位被置为 1,这标志着将由串行线路上的其他处理器来读取地址。

(2) TXSHF 和 WUT 都是双缓冲的,因此 SCITXBUF 和 TXWAKE 可以在 TXSHF 和 WUT 载入后立即写入。

(3) 在发送块中非地址帧(即数据帧)时,应将 TXWAKE 置为 0。

需要注意的是,采用地址位模式通信时,需要在每个需要传输的数据字节后加一位(1 代表地址帧,0 代表数据帧),因此,地址位模式通信常用于传送长度为 11 字节或更少的数据帧,而 12 字节或更长的数据帧则常用空闲线模式传送。

9.4 SCI 通信模式

SCI 异步通信格式可使用单线(单路,即半双工)或双线(双路,即全双工)通信。在这种模式下,一个帧包括 1 个起始位、1~8 个数据位、1 个可选的奇偶校验位以及 1 个或 2 个停止位。如图 9.6 所示,每个数据占 8 个 SCICLK 周期。

接收器在接收到一个有效的起始位后开始工作。一个有效的起始位由 4 个连续的内部 SCICLK 周期的零位来识别,如图 9.6 所示。如果任何一个位都不为 0,则处理器重新启动并开始寻找另一个起始位。

对于起始位后的位,处理器通过在其中间进行三次采样来判定其位值。采样点位于第 4、5、6 个 SCICLK 周期。位值的判定是基于多数原则的,如果三次采样有两次为某值,则判定为该值。图 9.6 描述了有起始位的异步通信格式,显示了边沿是如何发现的以及在何处进行多数表决。

因为接收器本身能够按帧进行同步,所以外部发送和接收设备不必使用同步串行时钟,时钟可以在本地产生。

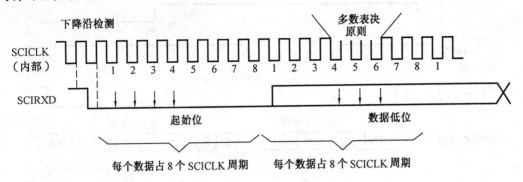

图 9.6　SCI 异步通信模式

9.4.1　通信模式中的接收器信号

图 9.7 描述的是基于以下假设条件下的接收器信号时序的例子。
(1) 地址位唤醒模式(地址位在空闲线模式中不出现)。
(2) 每个字符含 6 位。

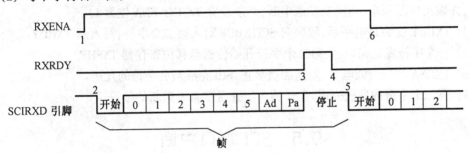

图 9.7　SCI 通信模式中接收器信号

在图 9.7 中：
(1) 标志位 RXENA(SCICTL1.0)为高电平时,使能接收器。
(2) 数据到达 SCIRXD 引脚后,检测到起始位。
(3) 数据从 RXSHF 移入接收器缓冲寄存器 SCIRXBUF,产生中断请求。标志位 RXRDY(SCIRXST.6)变为高电平,表示接收到一个新的字符。
(4) 程序读 SCIRXBUF,标志位 RXRDY 自动清除。
(5) 下一个字节的数据到达 SCIRXD 引脚,检测到起始位,然后清除起始位。
(6) 位 RXENA 变为低,接收器被禁止,数据继续保持在 RXSHF 中,但没有移入接收缓冲器 SCIRXBUF 中。

9.4.2　通信模式中的发送器信号

图 9.8 描述的是基于以下假设条件的发送器信号时序的例子：
(1) 地址位唤醒模式(在空闲线模式中地址位不会出现)。
(2) 每个字符 3 位。

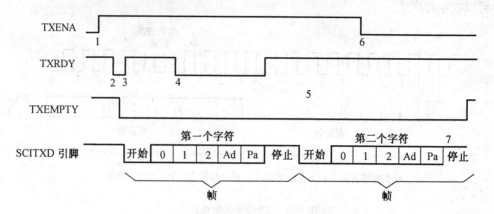

图 9.8 SCI 通信模式中发送器信号

在图 9.8 中：

(1) TXENA(SCICTL1.1)设为高电平时,发送器可以传送数据。

(2) SCITXBUF 被写入,从而发送器不再为空,TXRDY 变为低。

(3) SCI 把数传送到移位寄存器 TXSHF 中,发送器准备发送第二个字符(TXRDY 变为高电平),并发出中断请求(为使能发送中断,必须设置 TX INT ENA 位为 1)。

(4) TXRDY 变为高电平后,程序向 SCITXBUF 写入第二个字符,写入后 TXRDY 又变低。

(5) 一个字符发送完成后,第二个字符开始传送至移位寄存器 TXSHF。

(6) TXENA 位变为低电平,发送器被禁止,SCI 完成当前字符的发送。

(7) 第二个字符的发送完成,发送器为空并且准备发送新的字符。

9.5　SCI 端口中断

SCI 的接收器和发送器可以由中断控制,SCICTL2 寄存器中有一个标志位(TXRDY)表示有效的中断条件,SCIRXST 寄存器有两个中断标志位(RXRDY 和 BRKDT)和接收错误标志位(RX ERROR),其中 RX ERROR 是 FE、OE 和 PE 条件的逻辑或(详见 9.7.5 小节)。发送器和接收器有各自的中断使能位。当中断被屏蔽时,不会产生中断,但条件标志位仍有效,该位反映了发送和接收的状态,可用于查询方式。

串行通信接口(SCI)的发送器和接收器有自己独立的外设中断向量。外设中断请求可使用高优先级或低优先级,中断优先级由 SCIPRI 寄存器中相应的位来控制。当接收和发送中断都设置为相同的优先级时,接收中断往往具有更高的优先级,这样可以减少接收超时错误。

如果 RX/BK INT ENA 位(SCICTL2.1)置 1,则当发生以下事件之一就产生一次接收中断。

(1) SCI 接收到一个完整的帧并将 RXSHF 寄存器中的内容传送到 SCIRXBUF 寄存器,该操作会置位 RXRDY(SCIRXST.6),并初始化中断。

(2) 间断检测条件发生(在一个丢失的停止位之后,SCIRXD 引脚保持 10 个周期的低电平),该操作会设置 BRKDT 标志位,并初始化中断。

如果 TX INT ENA 位(SCICTL2.0)置位,当 SCITXBUF 寄存器中的数据传送到 TXSHF 寄存器时,将产生一个发送中断请求,用以表示 CPU 可以写数据到 SCITXBUF 寄存器中,该操作会置位 TXRDY 标志(SCICTL2.7),并初始化一个中断。

需要注意的是,RXRDY 和 BRKDT 位的中断产生由 RX/BK INT ENA 位(SCICTL2.1)控制,RX ERROR 位的中断产生由 RX ERR INT ENA 位(SCICTL1.6)控制。

9.6 SCI 波特率计算

内部产生的串行时钟由系统时钟频率 CLKOUT 和两个波特率选择寄存器决定。SCI 使用 16 位的波特率选择寄存器来选择 65 536 种不同的串行时钟频率中的一种。

SCI 波特率选择寄存器为 SCIHBAUD 和 SCILBAUD,前者为高位字节,后者为低位字节,两者连接在一起形成一个 16 位的波特率值,用 BRR 表示。

SCI 波特率可以使用如下的公式计算

$$\text{SCI 异步波特率} = \frac{\text{CLKOUT}}{(\text{BRR}+1) \times 8}$$

$$\text{BRR} = \frac{\text{CLKOUT}}{\text{SCI 异步波特率} \times 8} - 1$$

上式适用于 $1 \leqslant \text{BRR} \leqslant 65535$ 的情况,如果 BRR = 0,则波特率的计算公式如下

$$\text{SCI 异步波特率} = \frac{\text{CLKOUT}}{16}$$

一般的 SCI 位速度的波特率选择值见表 9.3。

表 9.3 常用 SCI 位速度的波特率选择值

理想的波特率	CPU 时钟频率(40 MHz)		
	BRR	实际的波特率	误差/%
2 400	2 082(822h)	2 400	0
4 800	1 040(411h)	4803	0.06
9 600	520(208h)	9 597	−0.03
19 200	259(103h)	19 231	0.16
38 400	129(81h)	38 462	0.16

9.7 SCI 控制寄存器

SCI 的配置可以通过软件设置。通过设置相应的控制寄存器来初始化 SCI 接口的通信格式,其中包括操作模式、协议、波特率、字符长度、有无奇偶校验位、停止位和位数、中断优先级和使能控制位等。SCI 是通过图 9.9 所示的寄存器来控制和访问的,这些寄存器将在后面章节详细介绍。

地址	寄存器	位域							
		7	6	5	4	3	2	1	0
7050h	SCICCR	STOP BITS	EVEN/ODD PARITY	PARITY ENABLE	LOOP-BACK ENA	ADDR/IDLE MOOE	SCI CHAR2	SCI CHAR1	SCI CHAR0
7051h	SCICTL1	保留	RX ERR INT ENA	SW RESET	保留	TXWAKE	SLEEP	TXENA	RXENA
7052h	SCIHBAUD	BAUD15 (MSB)	BAUD14	BAUD13	BAUD12	BAUD11	BAUD10	BAUD9	BAUD8
7053h	SCILBAUD	BAUD7	BAUD6	BAUD5	BAUD4	BAUD3	BAUD2	BAUD1	BAUD0 (LSB)
7054h	SCICTL2	TXRDY	TX EMPTY	保留				RXBK INT ENA	TX INT ENA
7055h	SCIRXST	RX ERROR	RXRDY	BRKDT	FE	OE	PE	RXWAKE	保留
7056h	SCIRXEMU	ERXDT7	ERXDT6	ERXDT5	ERXDT4	ERXDT3	ERXDT2	ERXDT1	ERXDT0
7057h	SCIRXBUF	RXDT7	RXDT6	RXDT5	RXDT4	RXDT3	RXDT2	RXDT1	RXDT0
7058h	—	保留							
7059h	SCITXBUF	TXDT7	TXDT7	TXDT5	TXDT4	TXDT3	TXDT2	TXDT1	TXDT0
705Ah	—	保留							
705Bh	—	保留							
705Ch	—	保留							
705Dh	—	保留							
705Eh	—	保留							
705Fh	SCIPRI	保留		SCITX PRIORITY	SCIRX PRIORITY	SCI SOFT	SCI FREE	保留	

图 9.9 串行通信接口寄存器设置

9.7.1 SCI 通信控制寄存器(SCICCR)

SCI 通信控制寄存器(SCICCR)定义了字符格式、协议和 SCI 所用的通信模式,如图 9.10 所示。

7	6	5	4	3	2	1	0
STOP BITS	EVEN/ODD PARITY	PARITY ENABLE	LOOPBACK ENA	ADDR/IDLE MODE	SCICHAR2	SCICHAR1	SCICHAR0
RW-0	RW-0	RW-0	RW-0	RW-0	RW-0	RW-0	RW-0

图 9.10 SCI 通信控制寄存器(SCICCR)——地址 7050h
R—读访问;W—写访问;-0—复位后的值

位7:STOP BITS(SCI停止位的位数)。该位定义了所发送的停止位的位数。接收器只检测1个停止位。

  0—1个停止位。

  1—2个停止位。

位6:EVEN/ODD PARITY(SCI奇偶校验选择)。如果PARTY ENABLE(SCICCR.5)被置位,那么此位用于指定奇偶校验(判定发送和接收的字符中值为1的位为奇数或偶数)。

  0—奇校验。

  1—偶校验。

位5:PARITY ENABLE(SCI奇偶校验使能)。该位使能或禁止校验功能。如果SCI是地址位多处理器模式(用该寄存器的第三位来设置),地址位包含在校验计算中(如果校验被使能)。少于8位的字符,剩下的未用的位必须屏蔽,不用于校验计算。

  0—校验禁止,在发送过程中不产生校验位,接收过程中不等待校验位。

  1—校验使能。

位4:LOOP BACK ENA(回送检测模式使能)。如果使能了该模式,则发送引脚与接收引脚在系统内部连接在一起。

  0—禁止回送检测模式。

  1—使能回送检测模式。

位3:ADDR/IDLE MODE(SCI多处理器模式控制位)。该位选择采用哪一种多处理器协议。

  0—选择空闲线模式协议。

  1—选择地址位模式协议。

多处理器通信与其他通信模式不同,它采用了SLEEP和TXWAKE功能(分别为SCICTL1.2和SCICTL1.3)。由于地址位模式需要为每帧增加一个附加位,因此一般的通信通常采用与RS-232通信兼容的空闲线模式。

位2~位0:SCI CHAR2~0(字符长度选择位)。这些位在1~8之间设置SCI字符的长度。少于8位的字符在SCIRXBUF和SCIRXEMU中右对齐,并且在SCIRXBUF中,其前面的位填0。在SCITXBUF中,其前面的位不需要填0。表9.4列出了对应于SCI CHAR2~0位的位值和字符长度。

表9.4　SCI CHAR2~0位值和字符长度

SCI CHAR2~0 的位值(二进制)			字符长度/bit
SCI CHAR2	SCI CHAR1	SCI CHAR0	
0	0	0	1
0	0	1	2
0	1	0	3
0	1	1	4
1	0	0	5
1	0	1	6
1	1	0	7
1	1	1	8

9.7.2 SCI 控制寄存器 1(SCICTL1)

SCI 控制寄存器 1(SCICTL1)控制接收器/发送器使能、TXWAKE 和 SLEEP 功能、内部时钟使能和 SCI 软件复位,如图 9.11 所示。

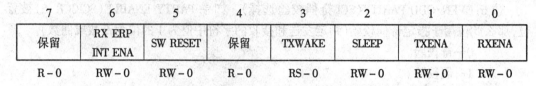

图 9.11 SCI 控制寄存器 1(SCICTL1)——7051h
R—读访问;W—写访问;S—只能被置位;–0—复位后的值

位 7:保留,读操作返回 0,写无效。

位 6:RX ERR INT ENA(SCI 接收错误中断使能)。将该位置位后,当接收发生错误时 RX ERR 位(SCIRXST.7)将被置位,并且产生接收错误中断。

0—禁止接收错误中断。

1—使能接收错误中断。

位 5:SW RESET(SCI 软件复位,低有效)。当向该位写 0 时,将初始化 SCI 状态和操作标志(SCICTL2 和 SCIRXST)至复位条件。SW RESET 位不影响其他任何配置位。

所有受影响的逻辑均保持为特定的复位状态,直到向 SW RESET 写一个 1,因此,系统复位后,应将该位置 1 来重新使能 SCI。

在接收器间断检测(BRKDT 标志,SCIRXST.5 位)后需要清除 SW RESET。

SW RESET 影响 SCI 的操作标志位,但不影响配置位,也不恢复复位值,一旦 SW RESET 被确认,SCI 的操作标志位将被冻结,直到该位解除确认。表 9.5 列出了受 SW RESET 影响的 SCI 操作标志。

表 9.5 受 SW RESET 影响的 SCI 操作标志

串口标志	寄存器的位	SW RESET 复位后的值
TXRDY	SCICTL2.7	1
TX EMPTY	SCICTL2.6	1
RXWAKE	SCIRXST.1	0
PE	SCIRXST.2	0
OE	SCIRXST.3	0
FE	SCIRXST.4	0
BRKDT	SCIRXST.5	0
RXRDY	SCIRXST.6	0
RX ERROR	SCIRXST.7	0

位 4:保留,读操作返回 0,写无效。

位 3:TXWAKE(SCI 发送器唤醒模式选择)。TXWAKE 位控制着是否选择数据发送特征,发送特征依赖于 ADDR/IDLE MODE 位(SCICR.3)中确定的是哪一种发送模式(空闲线模

征,发送特征依赖于 ADDR/IDLE MODE 位(SCICR.3)中确定的是哪一种发送模式(空闲线模式还是地址位模式)。

  0——发送特征不被选择。

  1——发送特征的选择依赖于通信模式,是空闲线模式还是地址位模式。

  在空闲线模式下,向 TXWAKE 写 1,然后向寄存器 SCITXBUF 写数据产生一个 11 个数据位的空闲周期。

  在地址位模式下,向 TXWAKE 写 1,然后向寄存器 SCITXBUF 写数据并设置该帧的地址位为 1。

  TXWAKE 不会被 SW RESET(SCITL.5)位清除,该位仅通过系统复位或 TXWAKE 向 WUT 标志的传送来清除。

  位 2:SLEEP(休眠模式)。在多处理器配置中,该位控制接收器的休眠功能,清除该位将使 SCI 脱离休眠模式。

  0——禁止休眠模式。

  1——使能休眠模式。

SLEEP 位置位后,接收器仍然可以继续工作,但是除非检测到新的地址字节,操作不会更新接收缓冲器准备位(SCIRXST.6,RXRDY)和错误状态位(SCIRXST.5~2,BRKDT、FE、OE 和 PE)。检测到地址字节时,该位不被清除。

  位 1:TXENA(SCI 发送使能位)。仅当 TXENA 置位时,数据才能从 SCITXD 引脚发送出去(图 9.1)。如果复位,则把已写入到 SCITXBUF 寄存器中的数据发送完毕后才停止发送。

  0——禁止发送。

  1——使能发送。

  位 0:RXENA(SCI 接收使能位)。数据从 SCIRXD 引脚(如图 9.1 所示)接收并传送到接收移位寄存器,然后再传到接收缓冲器,该位使能或禁止接收器(传送到缓冲器)。

  0——禁止接收到的字符传送到 SCIRXEMU 和 SCIRXBUF 接收缓冲器。

  1——允许接收到的字符传送到 SCIRXEMU 和 SCIRXBUF 接收缓冲器。

清除 RXENA 将使接收到的字符停止传送到两个接收缓冲器,并将停止产生接收器中断,但是接收移位寄存器仍可以继续接收字符,因此,如果 RXENA 在接收字符的过程中被置位,那么传送到接收缓冲器 SCIRXEMU 和 SCIRXBUF 中的字符仍是完整的。

9.7.3 波特率选择寄存器(SCIHBAUD,SCILBAUD)

  SCI 波特率选择寄存器(SCIHBAUD,SCILBAUD)中的值指定 SCI 的波特率,如图 9.12 和图 9.13 所示。

15	14	13	12	11	10	9	8
BAUD15 (MSB)	BAUD14	BAUD13	BAUD12	BAUD11	BAUD10	BAUD9	BAUD8
RW–0	RW–0	RW–0	RW–0	RS–0	RW–0	RW–0	RW–0

图 9.12 SCI 波特率高 8 位选择寄存器(SCIHBAUD)——7052h

R—读访问;W—写访问;–0—复位后的值

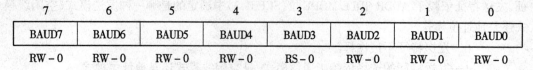

图 9.13 SCI 波特率低 8 位选择寄存器(SCILBAUD)——7053h
R—读访问;W—写访问;-0—复位后的值

位 15～位 0:BAUD15～BAUD0(SCI 的 16 位波特率选择)。

SCI 波特率选择寄存器为 SCIHBAUD 和 SCILBAUD,前者为高位字节,后者为低位字节,两者连接成一个 16 位的波特率值,用 BRR 表示。

内部产生的串行时钟由 CLKOUT 信号和两个波特率选择寄存器决定。SCI 波特率的方程计算可参考 9.6 节。

9.7.4 SCI 控制寄存器 2(SCICTL2)

SCI 控制寄存器 2 使能接收准备、间断检测和发送准备中断,并使能发送器准备和空标志,如图 9.14 所示。

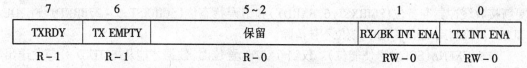

图 9.14 SCI 控制寄存器 2(SCICTL2)——7054h
R—读访问;W—写访问;-n—复位后的值

位 7:TXRDY(发送缓冲寄存器准备好标志)。置位时,该位表示发送缓冲寄存器 SCITXBUF 准备好接收下一个字符,向 SCITXBUF 写数据会自动清除该位。如果中断使能位 TX INT ENA(SCICTL2.0)被置位,则该位置位时,将产生一个发送器中断请求。使能 SW RESET 位(SCICTL1.2)或系统复位,TXRDY 将被置为 1。

0—SCITXBUF 满。

1—SCITXBUF 准备接收下一个字符。

位 6:TX EMPTY(发送器空标志)。该标志位的值表示发送缓冲寄存器(SCITXBUF)和移位寄存器(TXSHF)的状态。一个有效的 SW RESET(SCICTL1.2)或系统复位可使此位置位。该位不会引起中断请求。

0—发送缓冲器或移位寄存器或二者均载入数据。

1—发送缓冲器和移位寄存器均空。

位 5～位 2:保留,读操作返回 0,写无效。

位 1:RX/BK INT ENA(接收缓冲器/间断中断使能位)。该位控制由 RXRDY 标志或 BRKDT 标志(SCIRXST.6 和 SCIRXST.5)置位引起的中断请求。但是 RX/BK INT ENA 不妨碍这些标志的置位。

0—禁止 RXRDY/BRKDT 中断。

1—使能 RXRDY/BRKDT 中断。

位 0:TX INT ENA(发送缓冲器中断使能位)。该位控制由 TXRDY 标志位(SCICTL2.7)置位引起的中断请求,但是它不妨碍 TXRDY 标志的置位。

0—禁止 TXRDY 中断。
1—使能 TXRDY 中断。

9.7.5 SCI 接收状态寄存器(SCIRXST)

SCI 接收状态寄存器(SCIRXST)包含 7 个接收器状态标志位(其中 2 个可以产生中断请求),如图 9.15 所示。每次一个完整的字符传送到接收缓冲器(SCIRXEMU 和 SCIRXBUF),状态标志就会被更新。每次缓冲器被读出,标志就会被清除。图 9.16 描述了这几个寄存器位之间的关系。

7	6	5	4	3	2	1	0
RX ERROR	RXRDY	BRKDT	FE	OE	PE	RXWAKE	保留
R-0	R-0	R-0	R-0	R-0	R-0	R-0	R-0

图 9.15 SCI 接收器状态寄存器(SCIRXST)——7055h
R—读访问;W—写访问;-0—复位后的值

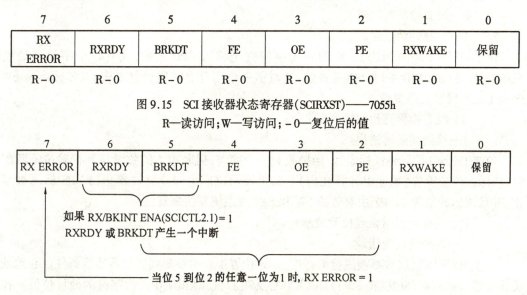

图 9.16 SCIRXST 寄存器位之间的关系

位 7:RX ERROR(SCI 接收器错误标志)。RX ERROR 标志表明接收状态寄存器中的一个错误标志位被置位。RX ERROR 是间断检测、帧错误、超时和校验错误标志(位 5 ~ 位 2,BRKDT、FE、OE 和 PE)的或逻辑。

0—没有错误标志位被置位。
1—有错误标志位被置位。

如果 RX ERR INT ENA 位(SCICTL1.6)已被置位,该位为 1 将引起中断。该位可以用于中断服务程序中快速的错误条件检查,该错误标志不可以被直接清除,它是由一个有效的 SW RESET 或系统复位来清除的。

位 6:RXRDY(SCI 接收器准备好标志)。当准备从 SCIRXBUF 读出数据时,接收器将该位置位。如果此时 RX/BK ENA 位(SCICTL2.1)为 1,则产生接收器中断。RXRDY 可通过读 SCIRXBUF、一个有效的 SW RESET 或系统复位来清除。

0—SCIRXBUF 中没有新字符。
1—准备从 SCIRXBUF 读字符。

位 5:BRKDT(SCI 间断检测标志位)。当产生间断条件时,该位置 1。当 SCI 的接收数据引脚 SCIRXD 在丢失第一个停止位后连续保持至少 10 位的低电平,就满足间断条件。如果 RX/BK ENA 位为 1,间断的发生将引起接收器中断,但不会导致接收缓冲器的载入操作,即使接收器 SLEEP 位置为 1，BRKDT 中断仍然会产生。BRKDT 由一个有效的 SW RESET 或系统复位清除,在间断被检测到之后,它不会通过接收字符来清除,因此,为了接收更多的字符,SCI 必须通过切换 SW RESET 位或系统复位来复位。

  0—无间断条件发生。
  1—发生了间断条件。

位 4:FE(SCI 帧错误标志)。当没有找到预期的停止位时,SCI 将置该位。SCI 仅检测第一个停止位,即停止位丢失是指与起始位同步的停止位丢失并且字符帧发生了错误。此位需要通过清除 SW RESET 位或系统复位进行复位。

  0—没有检测到帧错误。
  1—检测到帧错误。

位 3:OE(SCI 超时标志)。在前一个字符完全读入 CPU 之前,又有一个字符传送到 SCIRXEMU 和 SCIRXBUF 时,SCI 置该位,这时前一个字符会被覆盖并丢失。OE 标志由 SW RESET 或系统复位来复位。

  0—没有检测到超时错误。
  1—检测到超时错误。

位 2:PE(SCI 校验错误标志)。当接收到一个字符,但其中 1 的数量与其校验位不匹配时,该标志位被置位(地址也计算在内)。如果校验位产生和检测被禁止,则 PE 标志被禁止,并且读出的值为 0。PE 由有效的 SW RESET 或系统复位来复位。

  0—没有检测错误或校验被禁止。
  1—检测到校验错误。

位 1:RXWAKE(接收器唤醒检测标志)。该位置 1 表明检测到接收器唤醒条件。在地址位多处理器模式中(SCICCR.3 = 1),RXWAKE 反映了 SCIRXBUF 中所含字符的地址位值。在空闲线多处理器模式中,如果检测到 SCIRXD 数据线空闲,则 RXWAKE 置位。RXWAKE 是只读的标志,可通过以下方法清除。

  (1) 地址字节传到 SCIRXBUF 后开始传送第一个字节。
  (2) 读 SCIRXBUF 寄存器。
  (3) 有效的 SW RESET。
  (4) 系统复位。

位 0:保留,读操作返回 0,写无效。

9.7.6　SCI 接收数据缓冲寄存器(SCIRXEMU,SCIRXBUF)

接收数据缓冲器包括 SCIRXEMU(图 9.17)和 SCIRXBUF(图 9.18)。SCIRXEMU 为仿真数据缓冲寄存器,SCIRXBUF 为接收数据缓冲寄存器。接收到的数据由 RXSHF 传送到 SCIRXEMU 和 SCIRXBUF,当传送结束时,RXRDY 标志(SCIRXST.6)置位,表明接收到的数据准备好被读出。这两个寄存器包含着同样的数据,它们有各自的地址,但不是物理上独立的寄存器,唯一的差异在于读 SCIRXEMU 时不清除 RXRDY 标志,而读 SCIRXBUF 将清除该标志。

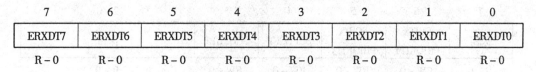

图 9.17 SCI 仿真数据缓冲寄存器(SCIRXEMU)——7056h
R—读访问；-0—复位后的值

1.仿真数据缓冲器(SCIRXEMU)

对于普通的 SCI 数据接收操作,接收到的数据是从 SCIRXBUF 读出的。SCIRXEMU 主要由仿真器(EMU)使用,因为它可以连续地读出接收的数据,用于屏幕更新,而不需要清除 RXRDY 标志。SCIRXEMU 由系统复位清除。

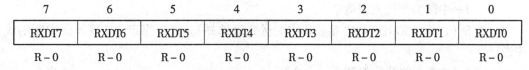

图 9.18 SCI 接收器数据缓冲寄存器(SCIRXBUF)——7057h
R—读访问；-0—复位后的值

2.接收器数据缓冲器(SCIRXBUF)

当接收到的数据从 RXSHF 移位到接收缓冲器时,标志位 RXRDY 被置位,并且数据准备好读出。如果 RX/BK INT ENA 位(SCICTL2.1)被置位,这个移位还将引起一个中断。当 SCIRXBUF 被读出时,RXRDY 被复位。SCIRXBUF 由系统复位清除。

9.7.7 SCI 发送数据缓冲寄存器(SCITXBUF)

发送数据缓冲寄存器(图 9.19)存放将被发送的数据。数据从该寄存器向 TXSHF(发送移位寄存器)传送会使 TXRDY 标志(SCICTL2.7)置位,这表明 SCITXBUF 准备好接收下一个数据。如果 TX INT ENA(SCICTL2.0)被置位,数据传送还将产生发送中断。SCITXBUF 中的数据必须右对齐,对于少于 8 位的字符,其左边的数据位将被忽略。

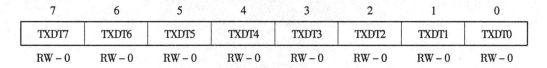

图 9.19 SCI 发送数据缓冲寄存器(SCITXBUF)——7059h
R—读访问；W—写访问；-0—复位后的值

9.7.8 SCI 优先级控制寄存器(SCIPRI)

SCI 优先级控制寄存器(SCIPRI)包含接收器和发送器的中断优先级选择位,并且在程序挂起(如遇到程序断点)期间控制 XDS 仿真器的 SCI 操作,如图 9.20 所示。

7	6	5	4	3	2~0
保留	SCITX PRIORITY	SCIRX PRIORITY	SCI SCFT	SCI FREE	保留
R-0	RW-0	RW-0	RW-0	RW-0	R-0

图 9.20　SCI 优先级控制寄存器(SCIPPI)——705Fh

R—读访问；W—写访问；-0—复位后的值

位7:保留。读操作返回0,写无效。

位6:SCITX PRIORITY(SCI 发送器中断优先级选择)。该位指定 SCI 发送器中断的优先级。

　　0—中断为高优先级请求。

　　1—中断为低优先级请求。

位5:SCIRXD PRIORITY(SCI 接收器中断优先级选择)。该位指定 SCI 接收器中断的优先级。

　　0—中断为高优先级请求。

　　1—中断为低优先级请求。

位4~位3:SCI SOFT 和 FREE。这些位决定了当一个仿真挂起事件(例如当调试器遇到断点时)发生后,将采取什么动作。外设可继续正在进行的工作(自由运行模式),可以立刻停止或者在当前操作(当前的接收/发送队列)运行结束后停止。

　　00—仿真挂起时立即停止。

　　10—停止前完成当前的接收/发送操作。

　　x1—自由运行,不管是否发生挂起,继续 SCI 操作。

位2~位0:保留,读操作返回0,写无效。

第 10 章　串行外设接口 SPI

串行外设接口(SPI)是一个高速、同步串行 I/O 口,通常应用于 DSP 控制器与外部设备或 DSP 控制器与其他控制器之间的通信。典型的应用包括 DSP 可通过 SPI 接口扩展出各种外设,如移位寄存器、显示驱动器或模数转换器(ADC)等。

同 TMS320C240 DSP 一样,TMS320LF/240xA 系列 DSP 的 SPI 的大部分寄存器采用 8 位数据总线宽度(数据寄存器除外),读高 8 位时返回值为 0。

10.1　概　　述

10.1.1　SPI 物理描述

SPI 模块结构如图 10.1 所示。

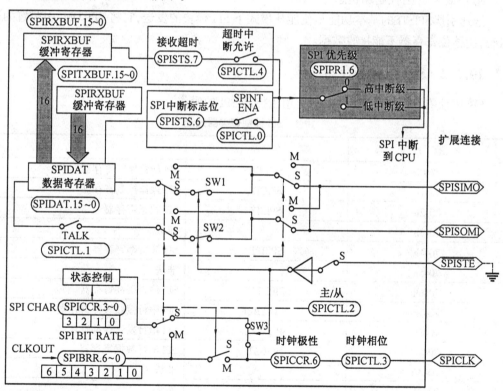

图 10.1　SPI 模块结构图

注:1. 该图给出的是从模式下的情况;
　2. 图中所示的引脚SPISTE被置低电平,即指在该模式下可发送和接收数据。在这种配置下开关 SW1、SW2 和 SW3 是关闭的。当这些"开关"的"控制信号"为高时,它们假定为关。

SPI 具体组成如下。

(1) 4 个 I/O 引脚。

① SPISIMO(SPI 主输出、从输入引脚)。

② SPISOMI(SPI 主输入、从输出引脚)。

③ SPICLK(SPI 时钟引脚)。

④ $\overline{\text{SPISTE}}$(SPI 从传输选通引脚)。

在不使用 SPI 模块时,这 4 个引脚都可用做一般 I/O 引脚。

(2) 主/从操作模式。

(3) SPI 串行接收缓冲寄存器(SPIRXBUF),该缓冲寄存器存放从网络接收并等待 CPU 读取的数据。

(4) SPI 串行发送缓冲寄存器(SPITXBUF),该缓冲寄存器存放当前传送完成后即将发送的下一个数据。

① SPI 串行数据寄存器(SPIDAT),该寄存器用做数据发送/接收移位寄存器。

② SPICLK 相位和极性控制。

③ 状态控制逻辑。

④ 存储器映射控制和状态寄存器。

选通引脚$\overline{\text{SPISTE}}$的基本功能是使能从模式下 SPI 模块的发送,它将 SPISOMI 引脚置为高阻态,使移位寄存器不能接收数据。

10.1.2 SPI 控制寄存器

SPI 模块有 9 个寄存器(表 10.1),用于控制 SPI 的操作。

10.1 SPI 控制寄存器地址

地 址	寄存器	名 称
7040h	SPICCR	SPI 配置控制寄存器
7041h	SPICTL	SPI 操作控制寄存器
7042h	SPISTS	SPI 状态寄存器
7043h		非法
7044h	SPIBRR	SPI 波特率寄存器
7045h		非法
7046h	SPIRXEMU	SPI 仿真缓冲寄存器
7047h	SPIRXBUF	SPI 串行接收缓冲寄存器
7048h	SPITXBUF	SPI 串行发送缓冲寄存器
7049h	SPIDAT	SPI 串行数据寄存器
704Ah		非法
704Bh		非法
704Ch		非法
704Dh		非法
704Eh		非法
704Fh	SPIPRI	SPI 优先级控制寄存器

(1) SPICCR(SPI 配置控制寄存器)，包括以下用于 SPI 配置的控制位。
① SPI 模块软件复位。
② SPICLK 极性选择。
③ 4 个控制 SPI 字长的控制位。
(2) SPICTL(SPI 操作控制寄存器)，包括以下用于数据发送的控制位。
① 两个 SPI 中断允许位。
② SPICLK 相位选择。
③ 操作模式(主/从)。
④ 数据发送使能。
(3) SPISTS(SPI 状态寄存器)，包括两个接收缓冲器状态位和一个发送缓冲器状态位。
① RECEIVER OVERRUN 接收缓冲器溢出。
② SPI INT FLAG SPI 中断标志。
③ TX BUF FULL FLAG 发送缓冲器满标志位。
(4) SPIBRR(SPI 波特率寄存器)，包括 7 个决定位传输速率的位。
(5) SPIRXEMU(SPI 仿真缓冲寄存器)，存放接收到的数据，该寄存器仅用于仿真操作中，SPIRXBUF 用于正常操作。
(6) SPIRXBUF(SPI 串行接收缓冲寄存器)，存放接收到的数据。
(7) SPITXBUF(SPI 串行发送缓冲寄存器)，存放将要传送的下一个数据。
(8) SPIDAT(SPI 数据寄存器)，存放 SPI 发送的数据，用作发送/接收移位寄存器。写入 SPIDAT 的数据将在几个 SPICLK 周期后被移出 SPIDAT，每从 SPI 移出一位数据，都会有一位数据从最低位进入移位寄存器。
(9) SPIPRI(SPI 优先级寄存器)，这些位用于确定中断优先级和在使用 XDS 仿真器时程序挂起期间的串行外设接口的操作。

10.2　SPI 操作

本节将描述 SPI 的操作，包括操作模式、中断、数据格式、时钟源和初始化，并给出将典型的数据传送时序图。

10.2.1　操作介绍

图 10.2 给出两个 SPI 进行通信的典型连接图，其中一个 SPI 为主控制器，另一个为从控制器。

主控制器通过发出 SPICLK 信号来启动数据传送。对于主控制器和从控制器，数据都是在 SPICLK 的一个边沿移出移位寄存器并在相对的另一个边沿锁存入移位寄存器。如果 CLOCK PHASE(SPICTL.3)为 1，则在 SPICLK 跳变之前的半个周期时数据被发送和接收(见 10.2.2 节的 SPI 主、从操作模式)，因此，两个控制器可同时发送和接收数据，所传输的数据是否为有用数据或伪数据由应用软件进行判断。数据的发送方式有以下三种。

(1) 主控制器发送有用数据，从控制器发送伪数据。
(2) 主控制器发送有用数据，从控制器发送有用数据。

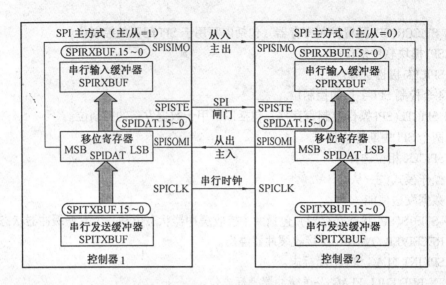

图 10.2 SPI 主/从控制器连接图

(3) 主控制器发送伪数据,从控制器发送有用数据。

主控制器可在任何时刻启动数据发送,因为它控制着 SPICLK 信号,但是软件决定了主控制器如何检测、从控制器何时准备发送数据。

10.2.2 SPI 模块的主、从操作模式

SPI 可以工作于主模式或从模式。位 MASTER/SLAVE(SPICTL.2)用来选择操作模式和 SPICLK 信号的来源。

1. 主模式

主模式下(MASTER/SLAVE = 1),串行外设接口 SPICLK 引脚提供了整个串行通信网络的串行时钟。数据从 SPISIMO 引脚输出并在 SPISOMI 引脚锁存。

SPI 波特率设置寄存器(SPIBRR)决定了网络发送和接收的位传输速率,SPI 可选择 126 种不同的数据传输率。

写入 SPIDAT 或 SPITXBUF 寄存器的数据启动 SPISIMO 引脚上的数据发送,先发送最高有效位,同时,接收到的数据通过 SPISOMI 引脚移入 SPIDAT 的最低位。当指定位数的数据位发送完时,整个数据发送完毕。接收到的数据将被送到 SPIRXBUF(接收缓冲器),并右对齐以供 CPU 读取。

当指定位数的数据位从 SPIDAT 移出后,产生下列事件。

(1) SPIDAT 中的内容传送到 SPIRXBUF 寄存器。

(2) 位 SPI INT FLAG(SPISTS.6)置 1。

(3) 如果发送缓冲器 SPITXBUF 中存在有效数据(由 SPISTS 的 TXBUF FULL 位表示),则这些数据被传送到 SPIDAT 并被送出。当所有数据从 SPIDAT 移出后,SPICLK 时钟停止。

(4) 如果位 SPI INT ENA(SPICTL.0)置 1,则产生中断。

(5) 在典型应用中,引脚 SPISTE 可用做从 SPI 设备的片选引脚(在向从设备发送数据时,须将从设备的片选引脚置低,数据传送完毕再将此引脚置高)。

2. 从模式

在从模式中(MASTER/SLAVE = 0),数据从 SPISOMI 引脚移出并且由 SPISIMO 引脚移入。

SPICLK 引脚用做串行移位时钟的输入,该时钟由 SPI 网络主控制器提供,数据传输速率由该时钟决定。SPICLK 的输入频率不应大于 CLKOUT 的 1/4。

当从网络主控制器接收到 SPICLK 的某一跳变沿时,写入 SPIDAT 或 SPITXBUF 的数据被发送到网络。发送数据时,需要发送的数据首先被写入 SPITXBUF 寄存器,当 SPIDAT 寄存器完成现有数据的发送后,写入 SPITXBUF 的数据再传入 SPIDAT。接收数据时,SPI 需要等待网络主控制器送出 SPICLK 信号,然后将数据从 SPISIMO 引脚移入 SPIDAT。如果从控制器同时也发送数据,则必须在 SPICLK 信号开始之前将数据写到 SPIDAT 寄存器中。

当 TALK 位(SPICTL.1)被清 0 时,数据传送被禁止,从输出引脚(SPISOMI)置成高阻状态。如果此时一个传送正在进行,即使 SPISOMI 被强制为高阻状态,当前的正在传送的字符也可以继续传送,以保证 SPI 可以接收到正确的数据。因此,在一个网络上可以同时拥有多个从设备,但任一时刻只能有一个从设备起作用。

SPISTE引脚是从设备的片选引脚。引脚SPISTE上的低有效信号允许从 SPI 将数据传送到串行数据线;而高无效信号则导致从 SPI 的串行移位寄存器停止工作,并且其串行输出引脚被置成高阻态。这样就允许同一网络上可以有多个从器件,但任一时刻只能有一个从设备被选中。

10.2.3 SPI 中断

SPI 的寄存器中有以下 5 个控制位用于初始化 SPI 中断。
(1) SPI 中断允许位 SPI INT ENA(SPICTL.0)。
(2) SPI 中断标志位 SPI INT FLAG(SPISTS.6)。
(3) SPI 超时中断使能位 OVERRUN INT ENA(SPICTL.4)。
(4) SPI 接收超时标志位 RECEIVER OVERRUN FLAG(SPISTS.7)。
(5) 位 SPI PRIORITY(SPIPRI.6)。

1. SPI INT ENA 位(SPICTL.0)

当 SPI 中断允许位被置位且产生了中断条件时,将确定相应的中断。
　　0—禁止串行外设接口中断。
　　1—允许串行外设接口中断。

2. SPI INT FLAG 位(SPISTS.6)

该状态标志位表示字符已放在 SPI 接收器缓冲器中并准备被读出。

当有字符被移入或移出 SPIDAT 时,SPI INT FLAG(SPISTS.6)位被置位,此时如果 SPI INT ENA(SPICTL.0)允许,则产生中断。中断标志位将保持置位,直到下列事件之一发生才被清除。

(1) 中断信号被接收。
(2) CPU 读 SPIRXBUF(读 SPIEMU 并不清除 SPI INT FLAG)。
(3) 通过 IDLE 指令使 CPU 进入 IDLE2 或 HALT 模式。
(4) 软件清除 SPI SW RESET 位(SPICCR.7)。
(5) 系统复位。

当 SPI INT FLAG 被置位时,字符已进入 SPIRXBUF 并准备好被读取。如果 CPU 在下一个字符已经接收完毕时还没有读上一个字符,则新字符被写入 SPIRXBUF,并且 RECEIVER

OVERRUN 标志位(SPISTS.7)置位。

3. OVERRUN INT ENA 位(SPICTL.4)

当硬件置 RECEIVER OVERRUN FLAG 位(SPISTS.7)时,置该位将产生中断。RECEIVER OVERRUN FLAG(SPISTS.7)和 SPI INT FLAG(SPISTS.6)产生的中断共用一个中断向量。

0——禁止 RECEIVER OVERRUN FLAG 位中断。

1——允许 RECEIVER OVERRUN FLAG 位中断。

4. RECEIVER OVERRUN FLAG 位(SPISTS.7)

当前一个字符未从 SPIRXBUF 读出,又接收到新的字符且被装入 SPIRXBUF 时,该位将被置位。该标志位必须由软件清除。

5. SPI PRIORITY 位(SPIPRI.6)

SPI PRIORITY 位的值决定了 SPI 中断的优先级。

0——高级中断请求。

1——低级中断请求。

10.2.4 数据格式

SPICCR.3～0 这四位确定了数据字符的位数(1～16 位)。该信息指导状态控制逻辑对接收和发送的数据位数进行计数,从而决定何时处理完一个字符。下列情况适用于少于 16 位的字符。

(1) 字符写入 SPIDAT 或 SPITXBUF 时必须左对齐。

(2) 字符写入 SPIRXBUF 时必须右对齐。

(3) SPIRXBUF 中存放最新接收的字符(右对齐),再加上那些已移位到左边的前次传送留下的位(例 10.1)。

例 10.1 图10.3所示为从 SPIRXBUF 的位传送。

条件:

(1) 发送字符长度 = 1 位(由位 SPICCR.3～0 决定)。

(2) SPIDAT 的当前值 = 737Bh。

图 10.3 从 SPIRXBUF 的位传送

如果 SPISOMI 数据为高,则 x = 1;如果 SPISOMI 数据为低,则 x = 0。以上假定为主方式。

10.2.5 波特率和时钟配置

SPI 模块支持 125 种不同的波特率和 4 种不同的时钟配置。根据 SPI 是处于从模式还是主模式,引脚SPICLK可接收外部SPI时钟信号或提供SPI时钟信号。在从模式下,SPI时钟是通过SPICLK引脚从外部接入的,且该时钟不能超过CLKOUT频率的1/4;在主模式下,SPI时钟由SPI产生并经SPICLK引脚输出,且该时钟不能超过CLKOUT频率的1/4。

1. 波特率的确定

对于 SPIBRR = 3 ~ 127

$$SPI 波特率 = CLKOUT/(SPIBRR + 1)$$

对于 SPIBRR = 0,1,2

$$SPI 波特率 = CLKOUT/4$$

式中,CLKOUT为器件的CPU时钟频率;SPIBRR为主串行外设接口器件中的SPIBRR内容。

为了确定SPIBRR中所载的值,用户必须知道器件的系统时钟频率(取决于具体器件)和将使用的波特率。

例10.2 假设CLKOUT = 40 MHz,求C240xA能够进行通信的最大波特率。

$$最大波特率/(b \cdot s^{-1}) = CLKOOT/4 = 40 \times 10^6/4 = 10 \times 10^6$$

2. SPI时钟配置

时钟极性位CLOCK POLARITY(SPICCR.6)和时钟相位位CLOCK PHASE(SPICTL.3)控制着引脚SPICLK上4种不同的时钟配置。CLOCK POLARITY位选择时钟的有效沿为上升沿还是下降沿,CLOCK PHASE位则选择时钟是否有半个周期的延时。4种不同的时钟配置如下。

(1) 无延时的上升沿,SPI在SPICLK信号的上升沿发送数据并在SPICLK的下降沿接收数据。

(2) 有延时的上升沿,SPI在SPICLK信号的上升沿之前的半个周期时发送数据,而在SPICLK信号的上升沿接收数据。

(3) 无延时的下降沿,SPI在SPICLK信号的下降沿发送数据并在SPICLK的上升沿接收数据。

(4) 有延时的下降沿,SPI在SPICLK信号的下降沿之前的半个周期时发送数据,而在SPICLK信号的下降沿接收数据。

SPI时钟配置的选择见表10.2。图10.4所示的是这4种时钟配置下发送和接收数据的时序关系。

表10.2 SPI时钟配置选择

SPICLK方案	CLOCK POLARITY (SPICCR.6)	CLOCK PHASE (SPICTL.3)
无延时的上升沿	0	0
有延时的上升沿	0	1
无延时的下降沿	1	0
有延时的下降沿	1	1

对于SPI,SPICLK仅当(SPIBRR + 1)的值为偶数时保持对称;当(SPIBRR + 1)的值为奇数并且SPIBRR大于3时,SPICLK变为非对称。当CLOCK POLARITY位清0时,SPICLK的低脉冲比它的高脉冲长一个CLKOUT周期;当CLOCK POLARITY位置1时,SPICLK的高脉冲比它

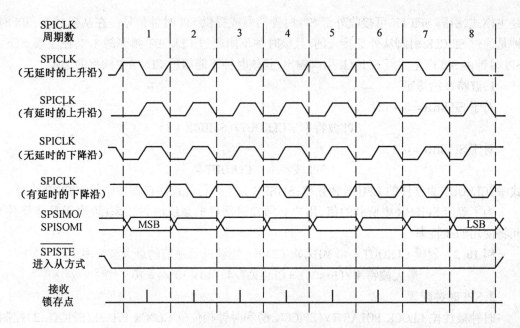

图 10.4　SPICLK 信号选择

的低脉冲长一个 CLKOUT 周期。图 10.5 为当(SPIBRR + 1)为奇数，SPIBRR > 3，且 CLOCK POLARITY = 1 时的 SPICLK 引脚的输出特性。

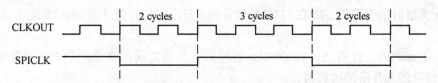

图 10.5　SPICLK 引脚的输出特性

10.2.6　SPI 的初始化

系统复位时强制 SPI 模块进入下列默认的配置。

(1) 该单元被配置成从模式(MASTER/SLAVE = 0)。
(2) 发送功能被禁止(TALK = 0)。
(3) 在 SPICLK 信号的下降沿输入数据被锁存。
(4) 字符长度为一位。
(5) 禁止 SPI 中断。
(6) SPIDAT 中的数据复位为 0000h。
(7) SPI 的四个引脚被配置成通用 I/O。

为了改变 SPI 在系统复位后的配置，可进行如下操作。

(1) 将 SPI SW RESET 位(SPICCR.7)清 0 使 SPI 进入复位状态。
(2) 初始化 SPI 的配置、数据格式、波特率和引脚功能。
(3) 置 SPI SW RESET 为 1，将 SPI 从复位状态释放。
(4) 写数据到 SPIDAT 或 SPITXBUF 寄存器(这就启动了主方式下的通信过程)。

(5) 数据传送完成后(SPISTS.6 = 1),读 SPI RX BUF 寄存器来确定收到的数据。

使用 SPI SW RESET 位对 SPI 进行复位时,为了保证复位后的 SPI 初始化能顺利进行,应首先清除 SPI SW RESET 位(SPICCR.7),初始化完成后再将该位置 1。

需要注意的一点是,当 SPI 正在通信时,不要改变串行外设接口的配置。

10.2.7 数据传送示例

图 10.6 描述了使用对称的 SPICLK 信号时两个 SPI 器件之间进行 5 位字符 SPI 数据传送的传送示例。

使用非对称的 SPICLK 时序图(图 10.5)具有与图 10.6 类似的性质,只是在低脉冲(CLOCK POLARITY = 0)或高脉冲期间(CLOCK POLARITY = 1),采用非对称 SPICLK 的数据传送在传送每一位时要延长一个 CLKOUT 周期。

图 10.6 给出的 SPI 数据传送的时序图仅适用于串行位流最大为 8 位的 DSP 器件,对于最大串行位流为 16 位的 240X 系列是不适用的,但我们也可以从图中了解到 SPI 数据传送的基本情况。

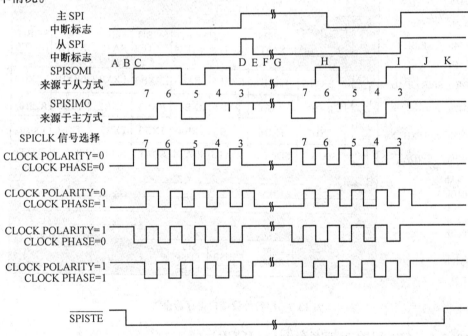

图 10.6 SPI 数据传送时序图

注:1.从控制器将 0D0h 写入 SPIDAT,并等待主控制器移出数据;

2.主控制器将从控制器的 $\overline{\text{SPISTE}}$ 引脚的电平置低(有效);

3.主控制器将 058h 写入 SPIDAT 寄存器来启动传送过程;

4.第一个字节传送完成,设置中断标志;

5.从控制器从它的 SPIRXBUF 中(右对齐)读取 0Bh;

6.从控制器将 04Ch 写入 SPIDAT,并等待主控制器移出数据;

7.主控制器将 06Ch 写入 SPIDAT 寄存器来启动传送过程;

8.主控制器从 SPIRXBUF 中(右对齐)读取 01Ah;

9. 第二个字节传送完成,中断标志位置位;

10. 主、从控制器分别从相应的 SPIRXBUF 中读取 89h 和 8Dh。用户软件屏蔽掉未使用位之后,主、从控制器分别接收到 09h 和 0Dh;

11. 主控制器将从控制器的 $\overline{\text{SPISTE}}$ 引脚设为高电平。

10.3 SPI 控制寄存器

对 SPI 的控制和访问通过读、写控制寄存器实现。SPI 的控制寄存器如图 10.7 所示。

地址	寄存器	位域							
		15-8	7	6	5	4	3	2	1	0
7040h	SPICCR	-	SPISW RESET	CLOCK POLARITY	-	-	SPI CHAR3	SPI CHAR2	SP1 CHAR1	SP1 CHAR0
7041h	SPICTL	-	-	-	-	OVER-RUN INT ENA	CLOCK PHASE	MASTER/ SLAVE	TALK	SPIINT ENA
7042h	SPISTS	-	RECEIVER OVERRUN FLAG	SPIINT FLAG	TXBUF FULL FLAG	-	-	-	-	-
7043h	-					-				
7044h	SPIBRR	-	-	SPIBIT RATE6	SPIBIT RATE5	SPIBIT RATE4	SPIBIT RATE3	SPIBIT RATE2	SPIBIT RATE1	SPIBIT RATE0
7045h	-	-								
7046h	SPIRXEMU	ERXB 15-8	ERXB7	ERXB6	ERXB5	ERXB4	ERXB3	ERXB2	ERXB1	ERXB0
7047h	SPIRXBUF	RXB 15-8	RXB7	RXB6	RXB5	RXB4	RXB3	RXB2	RXB1	RXB0
7048h	SPITXBUF	TXB 15-8	TXB7	TXB6	TXB5	TXB4	TXB3	TXB2	TXB1	TXB0
7049h	SPIDAT	SDAT 15-8	SDAT7	SDAT6	SDAT5	SDAT4	SDAT3	SDAT2	SDAT1	SDAT0
704Ah	-	-								
704Bh	-	-								
704Ch	-	-								
704Dh	-	-								
704Eh	-	-								
704Fh	SPIPRI	-	-	SPI PRIORITY	SPI SUSP SOFT	SPI SUSP FREE	-	-	-	-

图 10.7 串行外设接口寄存器设置

10.3.1 SPI 配置控制寄存器(SPICCR)

SPICCR(图 10.8)控制 SPI 的设置,使之能正常工作。

7	6	5-4	3	2	1	0
SPI SW RESET	CLOCK POLARITY	保留	SPI CHAR3	SPI CHAR2	SPI CHAR1	SPI CHAR0
RW-0	RW-0	R-0	RW-0	RW-0	RW-0	RW-0

图 10.8 SPI 配置控制寄存器(SPICCR)—地址 7040h

R—读访问;W—写访问;-0—复位后的值

位 7:SPI SW RESET(SPI 软件复位)。用户在改变配置前,应把该位清 0,并在恢复操作前把该位置1。

0——初始化SPI操作标志位至复位条件。

此时清除了 RECEIVER OVERRUN 标志位(SPISTS.7)、SPI INT FLAG 位(SPISTS.6)和 TXBUF FULL 标志位(SPISTS.5),SPI的其他配置保持不变。若该模块用做主模块,则 SPICLK 信号的输出返回其无效电平。

1——SPI 准备发送或接收下一个字符。

如果 SPI SW RESET 位为0,则将该位置位时写入发送器的字符不会被移出,必须向串行数据寄存器写入新字符。

位6:CLOCK POLARITY(时钟极性)。该位控制着 SPICLK 信号的极性。CLOCK POLARITY 和 CLOCK PHASE(SPICTL.3)共同控制着 SPICLK 引脚上的4种时钟配置方案。见 10.2.5 节。

0——数据在上升沿输出、下降沿输入。当没有数据被传送时,SPICLK 为低电平。数据的输入、输出边沿取决于 CLOCK PHASE——时钟相位位(SPICTL.3)。

(1) CLOCK PHASE = 0:在 SPICLK 信号的上升沿输出数据,而在它的下降沿将输入数据锁存。

(2) CLOCK PHASE = 1:在 SPICLK 信号的第一个上升沿之前的半个周期和在随后的 SPICLK 信号下降沿输出数据,而在它的上升沿将输入数据锁存。

1——数据在下降沿输出、上升沿输入。当没有数据被传送时,SPICLK 为高电平。数据的输入、输出边沿取决于 CLOCK PHASE——时钟相位位(SPICTL.3)。

(1) CLOCK PHASE = 0:在 SPICLK 信号的下降沿输出数据;而在它的上升沿将输入数据锁存。

(2) CLOCK PHASE = 1:在 SPICLK 信号的第一个下降沿之前的半个周期和在随后的 SPICLK 信号上升沿输出数据;而在它的下降沿将输入数据锁存。

位5~位4:保留。读操作返回0,写无效。

位3~位0:SPICHAR3~SPICHAR0。字符长度控制位3~0。这4位决定了在一个移位序列中作为一个字符被移入或移出的位数。

具体的字符长度选择情况见表10.3。

表10.3 字符长度选择表

SPI CHAR3	SPI CHAR2	SPI CHAR1	SPI CHAR0	字符长度
0	0	0	0	1
0	0	0	1	2
0	0	1	0	3
0	0	1	1	4
0	1	0	0	5
0	1	0	1	6
0	1	1	0	7
0	1	1	1	8
1	0	0	0	9
1	0	0	1	10
1	0	1	0	11
1	0	1	1	12
1	1	0	0	13
1	1	0	1	14
1	1	1	0	15
1	1	1	1	16

10.3.2 SPI操作控制寄存器(SPICTL)

SPICTL(图10.9)控制数据传送、SPI产生中断的能力、SPICLK相位和操作模式(从模式或主模式)。

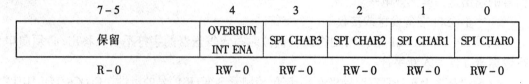

图10.9 SPI操作控制寄存器(SPICTL)—地址7041h
R—读访问;W—写访问;-0—复位后的值

位7~位5:保留。读操作为0,写无效。

位4:OVERRUN INT ENA(超时中断使能)。当RECEIVER OVERRUN标志位(SPISTS.7)由硬件置位时,置该位会导致中断产生。由REVEIVER OVERRUN标志位和SPI INT FLAG位(SPISTS.6)产生的中断共用一个中断向量。

    0—禁止RECEIVER OVERRUN FLAG位(SPISTS.7)中断。

    1—允许RECEIVER OVERRUN FLAG位(SPISTS.7)中断。

位3:CLOCK PHASE(SPI时钟相位选择)。该位控制SPICLK信号的相位。

    0—普通SPI时钟配置,具体配置取决于CLOCK POLARITY位(SPICCR.6)。

    1—SPICLK信号延迟半个周期,其极性由位CLOCK POLARITY决定。

CLOCK PHASE和CLOCK POLARITY(SPICCR.6)位构成了4种不同的时钟配置方案(图10.3)。当工作于CLOCK PHASE为高时,无论使用何种串行外设接口方式(主或从),SPI都将在写入SPIDAT之后和SPICLK信号的第一个沿之前得到数据的第一位。

位2:MASTER/SLAVE(SPI主/从模式选择)。该位决定了SPI是网络主模块还是从模块。在复位初始化期间,SPI自动地配置成从模块。

    0—SPI配置为从模块。

    1—SPI配置为主模块。

位1:TALK(主/从发送使能)该位可以通过将串行数据输出置成高阻态来禁止数据传输(主或从)。若在发送期间该位被禁止,发送移位寄存器继续运行直到前面的字符全部移出。当该位被禁止时,SPI仍可以接收字符和更新状态标志位。该位由系统复位来清除。

    0—禁止传送。

    (1)从模式:若以前没被配置成通用I/O引脚,则引脚SPISOMI将置成高阻态。

    (2)主模式:若以前已被配置成通用I/O引脚,则引脚SPISOMO将置成高阻态。

    1—允许发送。

对于4种引脚的情况,应保证接收器的$\overline{\text{SPISTE}}$输入引脚被允许。

位0:SPI INT ENA(SPI中断使能)。该位控制着SPI产生中断的能力。该位不影响SPI INT FLAG位(SPISTS.6)。

    1—禁止中断。

    0—允许中断。

10.3.3 SPI 状态寄存器(SPISTS)

SPISTS(图 10.10)中包含了接收缓冲器的状态位。

7	6	5	4 – 0
RECEIVER OVERRUN FLAG	SPI INT FLAG	TX BUF FULL FLAG	保留
RC – 0	RC – 0	RC – 0	R – 0

图 10.10 SPI 状态寄存器(SPISTS)—地址 7042h

R—读访问,W—写访问,–0—复位后的值;RECEIVER OVERRUN FLAG 位
与 SPI INT FLAG 位共用一个中断向量;向位 5,位 6 和位 7 写 0 无影响

位 7:RECEIVER OVERRUN FLAG(SPI 接收器超时标志位)该位是只读只清除标志位。当前一个字符从缓冲器中读出之前,又有一个接收或发送操作完成,则 SPI 用硬件将设置该位。该位表示最后接收到的字符已经被覆盖写入,并因此而丢失。如果 OVERRUN INT ENA 位(SPICTL.4)已经被置成高电平,则该位每次置位时 SPI 请求一次中断。该位可由下面三种方法之一来清除。

(1) 向该位写 1。
(2) 向 SPI SW RESET(SPICCR.7)写 1。
(3) 系统复位。

如果 OVERRUN INT ENA 位(SPICTL.4)被置位,则 SPI 将在第一次 RECEIVER OVERRUN FLAG 置位时产生一次中断请求。如果在该标志位仍置位时又发生了接收超时事件,则 SPI 将不会再次申请中断。这就要求在每次发生接收超时事件后,必须向 SPI SW RESET 位写 0 来清除该标志位,使下一次发生接收超时事件时,又能产生中断请求。换句话说,如果 RECEIVER OVERRUN FLAG 标志位一直未被清除,则当下一个超时事件发生时,将不会产生超时中断。无论如何,在中断服务程序中都应该清除该标志位。这是因为,RECEIVER OVERRUN FLAG 位和 SPI INT FLAG 位共用一个的中断向量,将该位清除后,在接收下一个数据时将减少可能因中断源而产生的混淆。

位 6:SPI INT FLAG(SPI 中断标志位)。这是一个只读标志位。SPI 硬件设置此位来表明它已经发送或接收完了最后一位,并准备好被服务。在该位置位的同时,收到的字符将被放在接收缓冲器中。如果 SPI INT ENA 位(SPICTL.0)已被置位,则该标志位将引起中断请求。有三种方法来清除该位。

(1) 读 SPIBUF。
(2) 向 SPI SW RESET(SPICCR.7)写 1。
(3) 系统复位。

位 5:TX BUF FULL FLAG(SPI 发送缓冲器满标志位)。当一个字符被写入 SPI 发送缓冲器 SPITXBUF 时,此只读位被置为 1。当 SPIDAT 中原先的字符移出,新写入的字符被自动地装入 SPIDAT, TX BUF FULL FLAG 位清 0。复位时该位清 0。

位 4~位 0:保留。读操作返回 0,写操作无效。

10.3.4 SPI 波特率寄存器(SPIBRR)

SPIBRR(图10.11)包括用于波特率计算的各位。

7	6	5	4	3	2	1	0
保留	SPI BIT RATE6	SPI BIT RATE5	SPI BIT RATE4	SPI BIT RATE3	SPI BIT RATE2	SPI BIT RATE1	SPI BIT RATE0
R-0	RW-0	RW-0	RW-0	RW-0	RW-0	RW-0	RW-0

图10.11　SPI 波特率寄存器(SPIBRR)—地址 7044h
R—读访问；W—写访问；-0—复位后的值

位7：保留。读操作返回0，写操作无效。

位6～位0：SPI BIT RATE6～SPI BIT RATE0(SPI 波特率控制)。如果 SPI 是网络的主设备，则这些位决定了传输速率，有125种可供选择的数据传输率。每个 SPICLK 周期只移位一个数据位。

如果 SPI 是网络的从设备，该模块从 SPICLK 引脚接收来自网络主设备的时钟，因此，这些位对 SPICLK 信号无影响。主设备输入的时钟频率不应超过从设备 SPI 的 SPICLK 信号的 1/4。

在主模式中，SPI 时钟由 SPI 产生并在引脚 SPICLK 上输出。

SPI 的波特率计算公式如下。

(1) 当 SPIBRR = 3～127 时，SPI 的波特率 = CLKOUT/(SPIBRR + 1)。

(2) 当 SPIBRR = 0,1,2 时，SPI 的波特率 = CLKOUT/4。

这里，CLKOUT 为器件的 CPU 时钟频率，SPIBRR 为主 SPI 器件的 SPIBRR 的内容。

10.3.5 SPI 仿真缓冲寄存器(SPIRXEMU)

SPIRXEMU(图10.12)存有接收的数据。读 SPIRXEMU 不会清除 SPI INT FLAG 位(SPISTS.6)，它不是一个真实的寄存器而是一个虚拟地址，SPIRXBUF 的内容可以被仿真器读出而不清除 SPI INT FLAG 位。

15	14	13	12	11	10	9	8
ERXB15	ERXB14	ERXB13	ERXB12	ERXB11	ERXB10	ERXB9	ERXB8
R-0	R-0	R-0	R-0	R-0	R-0	R-0	R-0
7	6	5	4	3	2	1	0
ERXB7	ERXB6	ERXB5	ERXB4	ERXB3	ERXB2	ERXB1	ERXB0
R-0	R-0	R-0	R-0	R-0	R-0	R-0	R-0

图10.12　SPI 仿真缓冲寄存器(SPIRXEMU)—地址 7046h
R—读访问；-0—复位后的值

位15～位0：ERXB15～ERXB0(仿真缓冲器接收的数据)。除了读 SPIRXEMU 操作不会清除 SPI INT FLAG 位(SPISTS.6)以外，SPIRXEMU 的功能与 SPIRXBUF 的功能几乎相同。一旦 SPIDAT 接收到完整的字符，字符就被传送到 SPIRXEMU 和 SPIRXBUF，在这两个寄存器中字符等待读取。同时将 SPI INT FLAG 置位。

这种镜像寄存器主要用于仿真操作。在仿真器的操作中,需要读取控制寄存器以在屏幕上不断地更新显示这些寄存器的内容,读取 SPIRXEMU 不会清除 SPI INT FLAG 位(SPISTS.6),但是读 SPIRXBUF 会清除该标志位。因此,SPIRXEMU 使得仿真器能更准确地模拟 SPI 的真实操作过程,建议用户在仿真器工作模式下读取 SPIRXEMU 寄存器。

10.3.6 SPI 串行接收缓冲寄存器(SPIRXBUF)

SPIRXBUF(图 10.13)包含有接收的数据。读 SPIRXBUF 的操作将清除 SPI INT FLAG 位(SPISTS.6)。

15	14	13	12	11	10	9	8
RXB15	RXB14	RXB13	RXB12	RXB11	RXB10	RXB9	RXB8
R-0	R-0	R-0	R-0	R-0	R-0	R-0	R-0
7	6	5	4	3	2	1	0
RXB7	RXB6	RXB5	RXB4	RXB3	RXB2	RXB1	RXB0
R-0	R-0	R-0	R-0	R-0	R-0	R-0	R-0

图 10.13 SPI 串行接收缓冲寄存器(SPIRXBUF)—地址 7047h
R—读访问;-0—复位后的值

位 15 ~ 位 0:RXB15 ~ RXB0(接收到的数据)。一旦 SPIDAT 已经接收到完整的字符,该字符就被传送到 SPIRXBUF,在这里字符可被读取,同时将 SPI INT FLAG 位(SPISTS.6)置位。因为数据首先被移位到 SPI 的最高有效位,所以数据在该寄存器中采用右对齐方式存储。

10.3.7 SPI 串行发送缓冲寄存器(SPITXBUF)

SPITXBUF(图 10.14)存储下一个要被传送的字符,进行写操作将对 TX BUF FULLFLAG(SPISTS.5)置位。当前字符传送结束时,此寄存器中内容自动装载到 SPIDAT 且 TX BUF FULL FLAG 被清 0。如果当前没有有效的传送,写入此寄存器的数据不能传送到 SPIDAT 且 TX BUF FULL FLAG 不置位。

在主模式下,如果当前没有有效的传送,对此寄存器的写入操作就像写入 SPIDAT 一样开始一个传送过程。

15	14	13	12	11	10	9	8
TXB15	TXB14	TXB13	TXB12	TXB11	TXB10	TXB9	TXB8
RW-0	RW-0	RW-0	RW-0	RW-0	RW-0	RW-0	RW-0
7	6	5	4	3	2	1	0
TXB7	TXB6	TXB5	TXB4	TXB3	TXB2	TXB1	TXB0
RW-0	RW-0	RW-0	RW-0	RW-0	RW-0	RW-0	RW-0

图 10.14 SPI 串行发送缓冲寄存器(SPITXBUF)—地址 7048h
R—读访问;W—写访问;-0—复位后的值

位 15 ~ 位 0:TXB15 ~ TXB0(要传送的数据)。用于存储下一个将要被传送的字符。当前字符传送结束时,如果 TX BUF FULL FLAG 位被置位,此寄存器中的内容自动装载到

SPIDAT且 TX BUF FULL FLAG 被清除。

10.3.8 SPI串行数据寄存器(SPIDAT)

SPIDAT(图10.15)是发送/接收移位寄存器。写入SPIDAT的数据将按照SPICLK时钟周期从SPI移出,首先移出最高有效位。每移出一位数据,都会有一位被移入移位寄存器的最低位。

15	14	13	12	11	10	9	8
SDAT15	SDAT14	SDAT13	SDAT12	SDAT11	SDAT10	SDAT9	SDAT8
RW – 0	RW – 0	RW – 0	RW – 0	RW – 0	RW – 0	RW – 0	RW – 0
7	6	5	4	3	2	1	0
SDAT7	SDAT6	SDAT5	SDAT4	SDAT3	SDAT2	SDAT1	SDAT0
RW – 0	RW – 0	RW – 0	RW – 0	RW – 0	RW – 0	RW – 0	RW – 0

图 10.15 SPI串行数据寄存器(SPIDAT)—地址7049h
R—读访问,W—写访问,–0—复位后的值

位15~位0:SDAT15~SDAT0(串行数据)。对SPIDAT进行写操作可完成以下两种功能。

(1) 若TALK位(SPICTL.1)被置位,则该寄存器提供了将被输出到串行输出引脚的数据。

(2) 当SPI工作于主模式时,会启动一个传送操作。具体的传输操作要求见CLOCK POLARITY位(SPICCR.6)和CLOCK PHASE位(SPICTL.3)的要求。

在主模式下,将伪数据写入SPIDAT会启动接收器序列。由于硬件并不支持对少于16位的字符进行对齐处理,因此发送数据必须写成左对齐格式,接收数据则用右对齐格式读取。

10.3.9 SPI优先级控制寄存器(SPIPRI)

SPIPRI(图10.16)选择SPI中断的中断优先级,并控制程序挂起期间XDS仿真器的SPI操作,例如,设置一个断点等。

7	6	5	4	3~0
保留	SPI PRIORITY	SPI SUSP SOFT	SPI SUSP FREE	保留
R – 0	RW – 0	RW – 0	RW – 0	R – 0

图 10.16 SPI优先级控制寄存器(SPIPRI)—地址704Fh
R—读访问;W—写访问;–0—复位后的值

位7:保留。读操作返回0,写操作无效。

位6:SPI PRIORITY(中断优先级选择)。该位确定了SPI中断的优先级的级别。

0—高优先级中断请求。

1—低优先级中断请求。

位5~位4:SPI SUSP SOFT 和 SPI SUSP FREE。这两位决定了当仿真器挂起时(如调试

断点)的 SPI 操作。该外设在自由运行模式无论在做什么都可连续进行,如果处于停止模式,它可立刻停止或在当前操作(接收/传送序列)完成后停止。

位 5	位 4	
SOFT	FREE	
0	0	一旦仿真器挂起,立即停止
1	0	一旦仿真器挂起,在当前的接收或发送完成后才停止
X	1	自由运行,SPI 操作与仿真器挂起无关

位 3 ~ 位 0:保留。读操作返回 0,写操作无效。

10.4 SPI 示例波形

图 10.17 至图 10.22 显示了不同情况下的 SPI 示例波形。

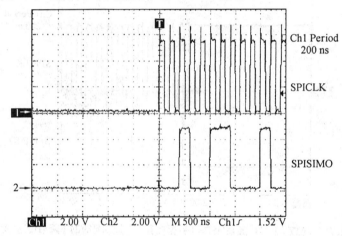

图 10.17 CLOCK POLARITY = 0,CLOCK PHASE = 0 数据在无延时的上升沿传送(无效电平为低)

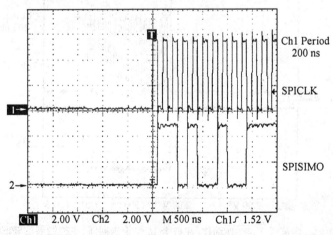

图 10.18 CLOCK POLARITY = 0,CLOCK PHASE = 1 数据在有半个周期延时的上升沿传送(无效电平为低)

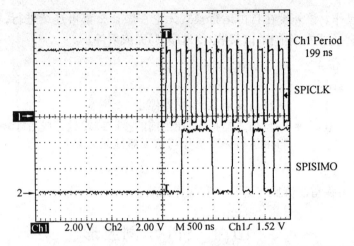

图 10.19　CLOCK POLARITY = 1,CLOCK PHASE = 0 数据在下降沿传送(无效电平为高)

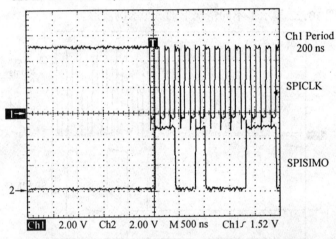

图 10.20　CLOCK POLARITY = 1,CLOCK PHASE = 1 数据在有半个周期延时的下降沿传送(无效电平为高)

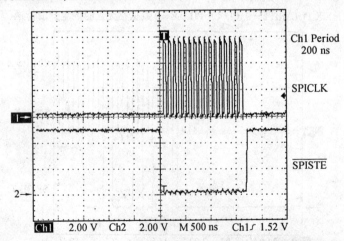

图 10.21　主模式下$\overline{\text{SPISTE}}$动作(在整个 16 位传送期间,主控制器的$\overline{\text{SPISTE}}$为低)

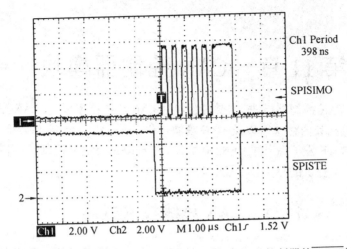

图 10.22　从模式下 $\overline{\text{SPISTE}}$ 动作(在整个 16 位传送期间,从控制器的 $\overline{\text{SPISTE}}$ 为低)

10.5　SPI 应用实例

　　SPI 的典型应用是 DSP 通过 SPI 接口扩展出各种外设,下面以 SPI 控制串行 D/A 为例来说明 DSP 的 SPI 接口如何应用。

　　DAC714 是美国 BB 公司生产的 16 位具有串行接口的数模转换器,电压输出型,输出范围是 –10～+10V,图 10.23 给出了 DAC714 的控制时序图。

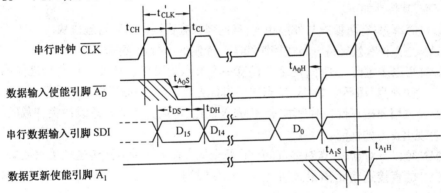

图 10.23　DAC714 控制时序图

　　在这个应用中,SPI 用于控制 DAC714 工作,所以应配置为主模式。从 DAC714 的控制时序图可以看出,串行数据在时钟的上升沿锁存。因此,SPI 时钟配置选择无延时的下降沿,即 SPI 在时钟的下降沿发送数据,在时钟的上升沿数据被锁存到 DAC714。DAC714 的数据更新使能信号 A1 则由 DSP 的 I/O 口译码产生。DSP 与 DAC714 的连接关系如图 10.24 所示。

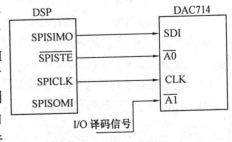

图 10.24　DSP 与 DAC714 连接图

第 11 章 CAN 控制器模块

本章简要介绍 CAN 控制器模块,主要内容包括 CAN 总线技术概述、CAN 控制器模块介绍、CAN 控制器的结构和内存映射以及 CAN 模块硬件扩展接口。若需要详细了解 CAN 协议,请参照由德国 Bosch 公司提出的 CAN2.0 协议,关于 CAN 模块的控制寄存器和状态寄存器定义请参见 TI 公司提供的相关技术资料。

11.1 CAN 总线技术概述

CAN(Controller Area Network)即控制器区域网,它是一种主要用于各种设备监测及控制的网络。CAN 最初是由德国 Bosch 公司为解决现代汽车中众多的控制单元与测试仪器之间的数据交换而开发的一种串行数据通信协议,它具有独特的设计思想、良好的功能特性和极高的可靠性,现场抗干扰能力强,能有效使用在汽车监控和其他一些需要可靠通信的工业领域。CAN 是一种多主总线,通信介质可以是双绞线、同轴电缆或光导纤维,通信速率可达 1 Mbps,通信距离可达 10 km。

由于 CAN 总线具有较强的纠错能力,支持差分收发,因而适合高干扰环境,并具有较远的传输距离。CAN 协议对于许多领域的分布式测控是很有吸引力的,目前 CAN 已成为 ISO11898 标准,其特性如下。

(1) 结构简单,只有两根线与外部相连,且内部含有错误探测和管理模块。

(2) CAN 是一种有效支持分布式控制和实时控制的串行通信网络。

(3) CAN 可以多主模式工作,网络上任意一个节点均可以在任意时刻主动地向网络上的其他节点发送信息,而不分主、从,节点之间有优先级之分,因而通信方式灵活。

(4) CAN 采用非破坏性位仲裁技术,优先级发送,可以大大节省总线冲突仲裁时间,在重负荷下表现出良好的性能。

(5) CAN 可以点对点、一点对多点(成组)及全局广播等几种方式传送和接收数据。

(6) CAN 的直接通信距离最远可达 10 km(传输速率为 5 Kbps);最高通信速率可达 1 Mbps(传输距离为 40 m)。

(7) CAN 上的节点数实际可达 110 个。

(8) CAN 数据链路层采用短帧结构,每一帧为 8 个字节,易于纠错。可满足通常工业领域中控制命令、工作状态及测试数据的一般要求,同时,8 个字节不会占用总线时间过长,从而保证了通信的实时性。

(9) CAN 每帧信息都有 CRC 校验及其他检错措施,有效地降低了数据的错误率。

(10) CAN 节点在错误严重的情况下,具有自动关闭的功能,使总线上其他节点不受影响。

(11) 信号调制解调方式采用 NRZ(非归 0)编码/解码方式,并且采用插入填充位(位填充)技术。

CAN 协议支持用于通信的 4 种不同的帧类型。

(1) 数据帧。从发送节点到接收节点传送数据。

(2) 远程帧。远程帧主要用于请求信息,当节点 A 向节点 B 发送一个远程帧,如果节点 B 中的数据帧信息与节点 A 有相同的标识符,节点 B 将做出应答,并发送相应的数据帧到总线上。

(3) 错误帧。当检测到总线错误时,任意一个节点所发送的帧。

(4) 过载帧。在前后两个数据帧或远程帧之间提供一个额外的延时。

CAN 标准数据帧包含 44~108 位,而 CAN 扩展数据帧包含 64~128 位,另外,多达 23 个填充位可以插入到一个标准的数据帧中,多达 28 个填充位可以插入到扩展数据帧中,这要根据数据流的代码来定。标准数据帧的最大长度为 131 位,扩展数据帧的最大长度为 156 位。

如图 11.1 所示,数据帧包含如下内容。

(1) 数据帧的起始位。

(2) 包含标识符和被发送信息类型的仲裁域。

(3) 包含数据位数的控制域。

(4) 多达 8 个字节的数据域。

(5) 循环冗余检查(CRC)位。

(6) 应答位。

(7) 帧结束位。

CAN 总线所具有的卓越性能、极高的可靠性,设计独特,特别适合工业设备测控单元相连,因此,备受工业界的重视,并已被公认为工业界最有前途的现场总线之一。

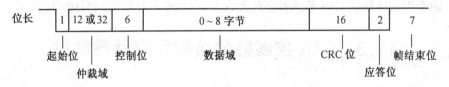

图 11.1 数据帧的位域定义

仲裁域包含:11 位标识符 + RTR 位用于标准帧格式;29 位标识符 + SRR 位 + IDE 位 + RTR 位用于扩展帧格式;RTR—远程传送请求;SRR—替代远程请求;IDE—标识符扩展

11.2 CAN 模块介绍

LF240x/LF240xA DSP 内的 CAN 模块是一个完全的 CAN 控制器,该控制器是一个 16 位的外设模块,具有以下特性。

(1) 完全支持 CAN2.0B 协议。

① 标准和扩展标识符。

② 数据帧和远程帧。

(2) 提供6个邮箱给对象,其数据长度为0~8个字节。
① 2个接收邮箱(MBOX0,1),2个发送邮箱(MBOX4,5)。
② 2个可配置为接收或发送的邮箱(MBOX2,3)。
(3) 针对邮箱0,1和2,3有局域接收屏蔽寄存器(LAMn)。
(4) 可编程比特率。
(5) 可编程中断配置。
(6) 可编程的CAN总线唤醒功能。
(7) 自动回复远程请求。
(8) 当发送出现错误或仲裁丢失数据时能自动重发。
(9) 总线错误诊断功能。
① 总线的开与关。
② 正极性还是负极性错误。
③ 总线错误警告。
④ 总线显性阻塞。
⑤ 帧错误报告。
⑥ 可读的错误计数器。
(10) 自测试模式。
① CAN控制器工作在循环模式。
② 接收自己发送的信息并且产生自应答信号。
(11) 两引脚通信。
① CAN模块使用两个引脚来通信,即CANTX和CANRX。
② 两个引脚连接到CAN收发器芯片上,CAN收发器芯片连接到CAN总线。

11.3 CAN控制器的结构和存储器映射

11.3.1 CAN控制器结构

CAN控制器的基本结构如图11.2所示。

CAN模块是一个16位的外设,可以访问以下资源。

1. 控制/状态寄存器

CPU可以对控制/状态寄存器进行16位访问,在读周期内,CAN外设一直提供完整的16位数据到CPU总线上。

2. 邮箱RAM

对邮箱RAM的读写操作都是按16位宽度进行,同时RAM总是把完整的16位字传送到总线上。

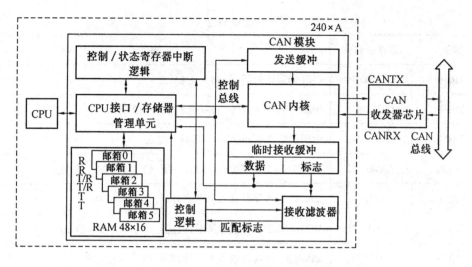

图 11.2 TMS320LF240xA CAN 模块框图

表 11.1 所示为邮箱的详细配置。

表 11.1 邮箱配置细节

邮箱	操作模式	使用 LAM
0	只接收	LAM0
1	只接收	LAM0
2	发送/接收(可配置)	LAM1
3	发送/接收(可配置)	LAM1
4	只发送	
5	只发送	

11.3.2 存储器映射

图 11.3 所示为 CAN 模块存储器空间,表 11.2 和表 11.3 分别给出了寄存器和邮箱在 CAN 模块中的位置。

表 11.2 CAN 模块寄存器地址及描述

地址	寄存器名称	描述
7100h	MDER	邮箱方向/使能寄存器(位 7~位 0)
7101h	TCR	发送控制寄存器(位 15~位 0)
7102h	RCR	接收控制寄存器(位 15~位 0)
7103h	MCR	主控制寄存器(位 13~位 6、位 1、位 0)
7104h	BCR2	位配置寄存器 2(位 7~位 0)
7105h	BCR1	位配置寄存器 1(位 10~位 0)
7106h	ESR	错误状态寄存器(位 8~位 0)
7107h	GSR	全局状态寄存器(位 5~位 3、位 1、位 0)

续表 11.2

地址	寄存器名称	描述
7108h	CEC	CAN 错误计数器(位 15~位 0)
7109h	CAN_IFR	中断标志寄存器(位 13~位 8,位 6~位 0)
710Ah	CAN_IMR	中断屏蔽寄存器(位 15,位 13~位 0)
710Bh	LAM0_H	MBOX0 和 1 局部接收屏蔽寄存器(位 31,位 28~位 16)
710Ch	LAM0_L	MBOX0 和 1 局部接收屏蔽寄存器(位 15~位 0)
710Dh	LAM1_H	MBOX2 和 3 局部接收屏蔽寄存器(位 31,位 28~位 16)
710Eh	LAM1_L	MBOX2 和 3 局部接收屏蔽寄存器(位 15~位 0)
710Fh	保留	如果声明来自 CAN 外设的 CAADDRx 信号,将产生一个非法地址错误

注:读所有没有用到的寄存器位返回 0;写无效。除非定义时特别声明,否则所有寄存器位初始为 0。

邮箱位于一个 48×16 位的 RAM 内,CPU 和 CAN 可以对其进行 16 位的读/写访问。CAN 进行读或写访问与 CPU 进行读访问都需要一个时钟周期,CPU 进行写访问则需要两个时钟周期,这是由于 CAN 控制器要执行一个读—修改—写的循环,因此插入一个等待状态。

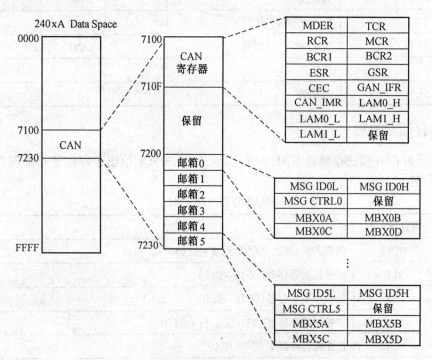

图 11.3 TMS320LF240xA CAN 模块存储器空间

表 11.3 邮箱地址

寄存器	邮箱					
	MBOX 0	MBOX 1	MBOX 2	MBOX 3	MBOX 4	MBOX 5
MSG IDnL	7200	7208	7210	7218	7220	7228
MSG IdnH	7201	7209	7211	7219	7221	7229
MSG CTRLn	7202	720A	7212	721A	7222	722A
保留						
MBXnA	7204	720C	7214	721C	7224	722C
MBXnB	7205	720D	7215	721D	7225	722D
MBXnC	7206	720E	7216	721E	7226	722E
MBXnD	7207	720F	7217	721F	7227	722F

11.4 CAN 控制器应用

11.4.1 CAN 控制器的操作步骤

CAN 控制器的操作分成以下三大步。

1. 初始化 CAN 控制器

在使用 CAN 控制器前必须对它的一些内部寄存器进行设置,如位配置寄存器的设置及对邮箱进行初始化。

(1) 初始化或重新设置位配置寄存器。位配置寄存器主要由 BCR1 和 BCR2 两个寄存器组成,BCR1 和 BCR2 寄存器决定了 CAN 控制器的通信波特率、同步跳转宽度、采样次数和重同步方式。

(2) 初始化邮箱。对邮箱初始化主要是设置邮箱的标识符,发送的是远程帧还是数据帧及对发送的数据区(即对 MBXnA ~ MBXnD)赋初值。

2. 信息的发送

CAN 控制器的发送邮箱有邮箱 4 和邮箱 5 及被配置为发送方式的邮箱 2 和邮箱 3。在写数据到发送邮箱的数据区后,如果相应的发送请求位使能,则信息帧被发送到 CAN 总线上。

3. 信息的接收

CAN 控制器的接收邮箱有邮箱 0 和邮箱 1 及被配置为接收方式的邮箱 2 和邮箱 3。接收邮箱初始化时要设置其标识符及标识符有关的局部屏蔽寄存器(LAM)。

11.4.2 CAN 控制器扩展硬件接口

CAN 控制器模块要实现其功能,必须具有外围扩展接口,构成完整的 CAN 通信系统。CAN 控制模块两个引脚连接到 CAN 收发器芯片上,CAN 收发器芯片连接到 CAN 总线,如图 11.4 所示。

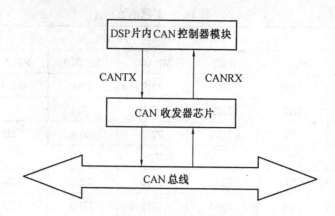

图 11.4 CAN 控制扩展硬件接口框图

1. 接口驱动器件的选择

由于 LF240x/240xA DSP 支持 CAN2.0 协议标准,所以可以选用 PHILIPS 公司的 PCA82C250 器件作为 CAN 控制器和 CAN 总线间的接口,提供对总线的差动发送和接收能力。

PCA82C250 与 ISO 11898 标准完全兼容,有三种不同的工作方式即高速、斜率控制和待机,可根据实际情况选择。PCA82C250 具有如下特性。

(1) 完全和 ISO 11898 标准兼容。

(2) 高速(高达 1 Mbaud)。

(3) 在自动化环境中总线保护瞬变。

(4) 斜率控制降低射频干扰(RFI)。

(5) 不同的接收器都具有宽共模范围,有很强的抗电磁干扰 EMI 的能力。

(6) 过热保护。

(7) 对电池和地的短路保护。

(8) 低电流备用模式。

(9) 没有上电的节点不干扰总线。

(10) 至少可挂 110 个节点。

PCA82C250 是 CAN 协议控制器和物理总线的接口,这个器件对总线提供不同的发送能力和对 CAN 控制器提供不同的接收能力,PCA82C250 芯片内部原理框图如图 11.5 所示。

由图 11.5 可知,欲发送的数据从 TXD 引脚进入,经过 PCA82C250 芯片内的驱动器驱动后以差分形式发送到 CAN 总线上,而从 CAN 总线上接收的差分信号经过 PCA82C250 芯片内的接收器变换后从 RXD 引脚输出。PCA82C250 芯片管脚功能描述如表 11.4 所示。

PCA82C250 引脚 8 较为特殊,该引脚用于选择电路自身的工作方式:高速、斜率控制和待机。该脚接地时,PCA82C250 工作于高速通信方式;接一个一定阻值的电阻器后再接地,用于控制发送数据脉冲的上升和下降斜率(斜率正比于引脚 8 上的电流值),用以减少射频干扰;该脚接高电平时,电路进入低电流待机状态。

硬件电路中使用 PCA82C250 是为了增大通信距离,提高系统的瞬间抗干扰能力,保护总线,降低射频干扰(RFI),实现热防护等,关于器件 PCA82C250 的详细特性可以参考 PHILIPS 公司关于该器件的数据表。

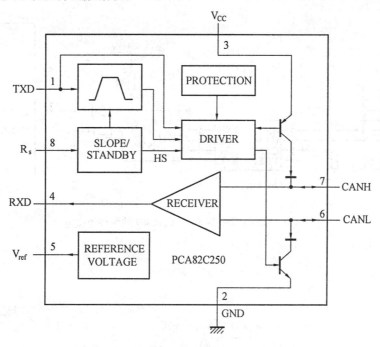

图 11.5　PCA82C250 芯片方框图

表 11.4　PCA82C250 管脚功能描述

标　记	管　脚	功能描述
TXD	1	欲发送数据的输入端
GND	2	接地
V_{CC}	3	接供电电源
RXD	4	接收数据输出
Vref	5	参考电压输出
CANL	6	低电平 CAN 电压输入/输出
CANH	7	高电平 CAN 电压输入/输出
R_s	8	Slope 电阻输入

2. 接口电路

PCA82C250 与 TMS320LF2407 的硬件连接电路图如图 11.6 所示。图 11.6 中,PCA82C250 是驱动 CAN 控制器和物理总线间的接口,提供对总线的差动发送和接收功能,电阻 R4 作为 CAN 终端的匹配电阻,电阻 R1、R2、R3 及二极管 D1 组成的电路为电平转换电路,因为 TMS320LF2407 用 3.3 V 供电,而 PCA82C250 用 5 V 供电。为了进一步提高系统的抗干扰能力,也可以在收发器 PCA82C250 前增加由高速光耦隔离器件 6N137 芯片或者 HCPL—2630 芯片构成的隔离电路,电源采用 DC—DC 变换器,这里不再详述,可以参考光耦器件的手册。

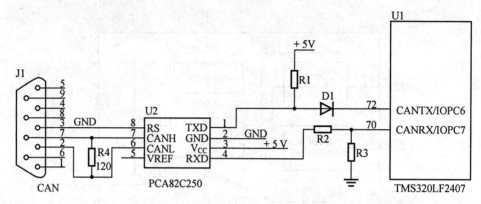

图 11.6　PCA82C250 与 TMS320LF2407 的硬件连接电路

第 12 章 看门狗(WD)定时器

本章主要介绍看门狗(WD)定时器的结构、功能和编程。

12.1 概 述

看门狗(WD, Watch Dog)定时器负责监视软件和硬件的运行,在 CPU 中断时完成系统的复位。如果程序进入死循环或 CPU 被暂时打断,则 WD 定时器溢出,产生系统复位。

大多数暂时打断芯片运行和妨碍 CPU 正常运作的情况都可以被 WD 清除并复位,正因为它的稳定性,增加了 CPU 的可靠性,从而保证了系统的完整性。

WD 的所有定时器都是 8 位的,连到 CPU 16 位外设数据线的低 8 位上。

WD 模块的结构框图如图 12.1 所示,WD 模块具有以下特性。

(1) 8 位 WD 计数器在溢出时产生一个系统复位信号。

(2) 6 位自行计数器的输出通过 WD 计数器预定标提供给 WD 计数器。

(3) 具有 WD 复位关键字(WDKEY)寄存器,当向该寄存器写入正确的组合值时,WDKEY寄存器将 WD 计数器清零,如果写入不正确的值时则产生一个复位信号。

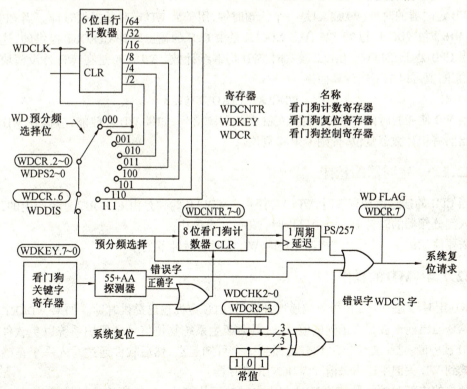

图 12.1 WD 模块结构框图

(4) 三个 WD 检验位,如果 WD 定时器失效,则启动系统复位。
(5) 系统复位后,WD 定时器自动启动。
(6) WD 预定标可以通过一个 6 位自行计数器实现 6 种预定标的设置。

12.2 WD 操作

12.2.1 WD 的操作寄存器

共有 3 个用于控制 WD 操作的寄存器。
(1) WD 计数器寄存器(WDCNTR),用来保存 WD 计数器的值。
(2) WD 复位关键字寄存器(WDKEY),向 WDKEY 写入 55h 后紧接着写入 AAh,则清除 WDCNTR 寄存器。
(3) WD 控制寄存器(WDCR),包含用于 WD 配置的如下控制位。
① WD 禁止位。
② WD 标志位。
③ WD 检验位(3 个)。
④ WD 预定标选择位(3 个)。

12.2.2 看门狗定时器的时钟

WD 定时器的时钟(WDCLK)是一个低频时钟,用于为 WD 定时器提供时钟。当 CPUCLK 为 40 MHz 时,WDCLK 为 78 125 Hz。WDCLK 是由 CPU 的输出时钟 CLKOUT 提供的,这可以确保当 CPU 处于 IDLE1 或 IDLE2 模式时,WD 仍继续计数。WDCLK 是在 WD 外设模块中产生的,它的值可以由下式计算而得

$$WDCLK = CLKOUT/512$$

当 WD 使能的时候,WDCLK 能从 CLKOUT 引脚得到,如果 WD 被使能,应该在 WD 定时器溢出前将该计数器复位,否则 DSP 将复位。

12.2.3 定时器的悬挂

当 CPU 的挂起信号有效时,WDCLK 停止。WDCLK 时钟是由 CLKOUT 分频产生的,所以当输入到分频器的时钟 CLKOUT 停止时,WDCLK 也停止。

需要注意的是,当实时监控器运行时 WD 定时器时钟不工作。

12.2.4 WD 的操作

WD 定时器是一个 8 位可复位递增计数器,由预定标输出提供时钟。如果 WDKEY 寄存器在 WD 溢出前未被写入正确的值,定时器会产生系统复位信号来保护系统以免软件失效和 CPU 被中断,这个复位将使 CPU 返回到一个可知起点,然后软件通过写入一个正确的数据模式到 WD 关键字逻辑来清除 WDCNTR 寄存器。

独立的内部时钟信号(WDCLK)由片内时钟模块产生,除暂停低功耗模式(HALT)模式外,在所有的操作模式下该信号都是有效的。除在 HALT 低功耗模式外,WDCLK 可以忽略

片内任何寄存器位的状态而令 WD 定时器工作,在工作的任何时刻 WDCNTR 的当前状态均可被读取。

1. WD 预定标选择

8 位 WDCNTR 可直接由 WDCLK 信号或通过自行计数器 6 拍中的一个提供时钟。6 位自行计数器以 WDCLK 提供的频率连续递增计数,只要有 WDCLK 提供到该模块,WD 功能就被使能,由 WD 预定标选择位(位 WDPS2~0)选择 6 拍中的任何一个(或者直接由 WDCLK 输入)作为 WDCNTR 的时间基准。对于 78 125 Hz 的 WDCLK 频率,预定标提供了 3.28~209.7 ms 可选择的 WD 溢出率。当片内处于正常操作模式时,除了系统复位外自行计数器不能被停止或复位,同时,清除 WDCNTR 也不能清除自行计数器。

2. WD 定时器

在 WDCNTR 溢出前,当有正确的序列值写入到 WDKEY 中时,WDCNTR 将被复位。当向 WDKEY 写入 55h 时,WDCNTR 被使能复位,当下一个 AAh 值被写入到 WDKEY 时,WDCNTR 进行复位。除了 55h 和 AAh 值以外的任何值写入到 WDKEY 都会引起系统复位,55h 和 AAh 两值以任何顺序写入到 WDKEY 都不会引起系统复位,只有 55h 值写入后紧随着 AAh 值也被写入 WDKEY 才能使 WDCNTR 复位。

表 12.1 是一个写入 WDKEY 的典型序列,其中的第 3 步是第一个令 WDCNTR 使能复位的动作,直到第 6 步 WDCNTR 才真正被复位,第 8 步又重新令 WDCNTR 使能复位,在第 9 步 WDCNTR 才真正被复位,第 10 步再次使 WDCNTR 复位成为可能,第 11 步写入错误的值到 WDKEY 引起了系统复位。

表 12.1 上电后写入到 WDKEY 的典型序列

步序	写入 WDKEY 的值	结果
1	AAh	不动作
2	AAh	不动作
3	55h	WDCNTR 使能复位
4	55h	WDCNTR 使能复位
5	55h	WDCNTR 使能复位
6	AAh	WDCNTR 复位
7	AAh	不动作
8	55h	WDCNTR 使能复位
9	AAh	WDCNTR 复位
10	55h	WDCNTR 使能复位
11	23h	系统复位

WDCNTR 溢出或向 WDKEY 写入不正确的值都会使 WD 标志位(WDFLAG)置位,复位后程序读取这个标志位以判断复位源,该标志位置位不影响 WD 复位。

3. WD 复位

当 WDCNTR 上溢时,WD 定时器产生系统复位信号,复位产生在一个 WDCNTR 时钟周期(无论是 WDCLK 还是由预定标 WDCLK 分频)之后。只要 WDCLK 存在,在正常操作中复位不能被禁止，但是 WD 定时器在振荡器节电模式下被禁止。在振荡器节电模式下，WDCLK无效。

为了软件开发或 Flash 编程的需要，WD 定时器可以通过设置 WD 控制寄存器中的 WDDIS(WDCR.6)位禁止。在 240x 器件中没有 WDDIS 引脚，SCSR2 寄存器中的看门狗覆盖位提供了 WDDIS 引脚的功能。

4. WD 校验逻辑

WD 校验位(WDCR.5~3)持续与一个常值(101_2)比较，若写入 WD 校验位的值与该常值不匹配，则产生系统复位信号。这个功能作为逻辑检验以防软件给 WDCR 写值错误，或外部激励(如电压尖峰、EMI 或其他干扰源)破坏了 WDCR 中的内容。向位 WDCR.5~3 写入除正确模式(101_2)以外的任何值都将产生系统复位。

无论向 WDCR.5~3 写入任何值，检验位的读出值总是 $0(000_2)$。

5. WD 设置

WD 定时器的工作独立于 CPU，并且永远使能，它不需要任何 CPU 初始化来启动。当系统复位发生时，WD 定时器默认选择最快的 WD 定时速率(对于 18 125 Hz 的 WDCLK 信号为 3.28 ms)，一旦复位内部解除，CPU 开始执行代码，同时 WD 定时器开始递增计数，这就意味着为了避免草率复位，WD 的设置应在上电的早期实现。

12.3 WD 控制寄存器

WD 模块控制寄存器见表 12.2，下面将给出详细的介绍。

表 12.2 WD 模块控制寄存器

地址	寄存器	位 域							
		7	6	5	4	3	2	1	0
7020h	—	保留							
7021h	—	保留							
7022h	—	保留							
7023h	WDCNTR	D7	D6	D5	D4	D3	D2	D1	D0
7024h	—	保留							
7025h	WDKEYD7	D7	D6	D5	D4	D3	D2	D1	D0
7026h	—	保留							
7027h	—	保留							
7028h	—	保留							
7029h	WDCR	WDFLAG	WDDIS	WDCHK2	WDCHK1	WDCHK0	WDPS2	WDPS1	WDPS0

12.3.1 WD 计数寄存器(WDCNTR)

8 位计数寄存器(WDCNTR)包含了 WD 计数器的当前值，该寄存器以 WD 控制寄存器选定的速率连续递增计数，该寄存器溢出后，在系统复位之前会产生一个附加的单周期(WD-

CLK 或 WDCLK 按预定标值分频)的延时,向 WD 复位关键字寄存器写入正确的序列可清除 WDCNTR 并且可阻止系统复位,但是并不会清除自行计数器。WD 计数寄存器格式如图 12.2 所示。

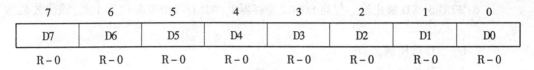

图 12.2 WD 计数寄存器(WDCNTR)—地址 7023h
R—读访问;-0—复位后的值

位 7 ~ 位 0:D7 ~ D0,数据值。这些只读位包含了 8 位 WD 计数器的值,向该计数器写无效。

12.3.2 WD 复位关键字寄存器(WDKEY)

当 55h 值后面紧随着一个 AAh 值被写入 WDKEY 时,WD 复位关键字寄存器将清除 WDCNTR 寄存器,AAh 和 55h 的任意组合均被允许,但仅有 55h 后紧随 AAh 被写入到 WDKEY 才能复位计数器,任何其他值都会引起系统复位。WD 复位关键字寄存器格式如图 12.3 所示。

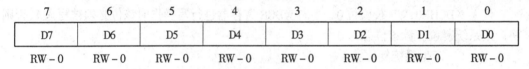

图 12.3 WD 复位关键字寄存器(WDKEY)—地址 7025h
R—读访问;W—写访问;-0—复位后的值

位 7 ~ 位 0:D7 ~ D0,数据值。这些只写数据位包含了 8 位 WD 复位关键字值。读操作时,WDKEY 寄存器不返回上次关键字的值,而是返回 WDCR 的内容。

12.3.3 WD 定时器控制寄存器(WDCR)

WDCR 包含了用于 WD 定时器配置的控制位,其中包括用于显示 WD 定时器是否启动系统复位的标志位。如果向 WDCR 寄存器写入不正确的值将产生系统复位的校验位以及用于选择 WD 计数器时钟的计数器溢出节拍的 WD 预定标选择位。WD 定时器控制寄存器格式如图 12.4 所示。

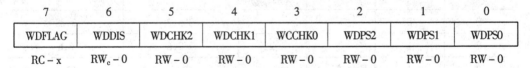

图 12.4 WD 定时器控制寄存器(WDCR)—地址 7029h
R—读访问;C—写 1 清楚;W—写访问;W_c—在 WD OVERRIDE 位为 1 时写访问;
-0—复位后的值,-x—复位后的值不确定

位 7:WDFLAG,WD 标志位。该位标识 WD 定时器是否产生了一个系统复位,WD 复位信号将该位置 1。

0—上次清除该位后,WD 定时器还没有产生复位。

1—上次清除该位后,WD 定时器已经产生了复位。

上电复位时 WDFLAG 位的状态没有定义。通常,WD 启动的复位和上电复位是区分不开的,如果用户希望区分开这两种复位状态,则需要在上电复位后用软件将 WDFLAG 位清 0,这样一旦 WDFLAG 位置位,说明产生了 WD 复位。

位 6:WDDIS,WD 禁止位。仅当 SCSR2 寄存器的 WD OVERRIDE 位为 1 时,该位才能被写。

0—WD 被使能。

1—WD 被禁止。

位 5:WDCHK2,WD 校验位 2。当向 WDCR 控制寄存器写时该位必须被写 1,否则将产生系统复位。读该位总为 0。

0—产生系统复位。

1—若所有校验位全被正确写入,继续正常操作。

位 4:WDCHK1,WD 校验位 1。当向 WDCR 寄存器写时该位必须被写 0,否则,将产生系统复位。读该位总为 0。

0—若所有校验位全被正确写入,继续正常操作。

1—产生系统复位。

位 3:WDCHK0,WD 校验位 0。当向 WDCR 寄存器进行写操作时该位必须被写入 1,否则将产生系统复位。读该位总为 0。

0—产生系统复位。

1—若所有校验位都被正确写入,继续正常操作。

位 2~位 0:WDPS2~WDPS0,WD 预定标选择位。这些位选择了用于 WD 计数器时钟的计数器溢出节拍。每种选择设置了在 WD 关键字寄存器(WDKEY)被服务之前的最大时间间隔。表 12.3 给出了当 WDCLK 运行在 78 125 Hz 时,每种预定标设置的溢出时间。WD 定时器在溢出之前已经计数了 257 个时钟,而给定的时间是最小的溢出(复位)时间,因此,最大耗费时间可能会比表 12.3 所列的时间长 1/256,这是由于没有清除预定标器所引起的额外不确定误差所引起的。

表 12.3 WD 溢出时间选择

WD 预定标选择位				78 125 Hz WDCLK	
WDPS2	WDPS1	WDPS0	WDCLK 分频系数	溢出频率/Hz	最小溢出时间/ms
0	0	X	1	305.2	3.28
0	1	0	2	152.6	6.6
0	1	1	4	76.3	13.1
1	0	0	8	38.1	26.2
1	0	1	16	19.1	52.4
1	1	0	32	9.5	104.9
1	1	1	64	4.8	209.7

注:1. X 表示任意值;

2. 78 125 Hz 由 40 MHz 的 CPU 时钟产生。

第13章 TMS320LF240x 的系统开发

13.1 DSP 应用系统的开发过程

TMS320LF240x 功能强大,内部包含了丰富的片内外设,是目前集成度最高的运动控制芯片,对于一些简单的控制应用只需要增加一些驱动和调理电路就可以达到目的,但在实际工程应用中,需求往往是复杂而且多样的,而 TMS320LF240x 片内资源毕竟有限,期望仅仅依靠 DSP 本身的能力就实现工程中的测试/控制目标通常是不现实的。例如:

(1) 对于一个数据采集设备,如果对采样速度或采样精度有比较高的要求,TMS320LF240x 中的 ADC 往往不能满足设备要求,需要外扩高速或高精度的 A/D 转换器。

(2) 在某些监测设备中,往往需要大量的数据保存和快速的数据传输,DSP 内部的数据存储器和通信单元往往难以满足要求,需要扩展数据存储器和合适的通信单元。

(3) 对于控制功能比较复杂的设备,往往需要大量的数字 I/O 引脚,而 TMS320LF240x 的数字 I/O 引脚多数是复用引脚,在使用引脚特殊功能的时候不能作为数字 I/O 来使用,这样就需要外扩数字 I/O 来满足设备要求。

(4) 某些设备可能需要可调的模拟输出信号来实现控制,通过外扩 D/A 转换器来实现。

这样,就需要在 DSP 外围扩展必要的外围元件,实现以 DSP 为核心的 DSP 系统,才能满足所有的功能需求。进行基于 DSP 核心的 DSP 系统开发的大致过程如图 13.1 所示。

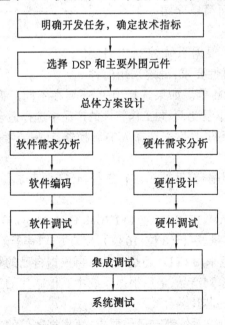

图 13.1 DSP 系统开发过程

DSP系统的开发主要包含以下几个步骤。

1. 明确开发任务,确定技术指标

进行系统开发必须首先明确开发目标,即明确任务功能和技术指标要求。这一步是系统开发的基础,要尽可能把开发目标整理清楚、细致,能够量化的技术指标要给出严格、准确的指标要求,如采样速率、精度、存储量、控制信号形式、实时性要求等。

2. 根据技术指标要求确定总体方案

总体方案是保证系统功能和性能指标的关键,总体方案要解决系统组成、算法设计、核心元件选择和软硬件分工等问题。系统组成通常由开发任务的复杂度决定,包括硬件和软件两部分。系统硬件部分大体上要包括输入信号采集单元、输出信号发生单元、数据存储单元、通信单元和核心控制单元,也可能包含显示控制单元等;系统软件部分主要包括算法、资源分配、实时性保障方法等。有了系统组成和核心控制算法,还要选择合适的关键元件保证方案的实现,如处理器/控制器、A/D 转换器、D/A 转换器、存储器等。在确定总体方案阶段要明确系统的软硬件分工,在保证功能、指标和实时性要求的基础上尽量压缩对外围元件的要求,减小系统规模,降低系统成本。

3. 硬件实现

硬件实现的过程要将总体方案设计中硬件部分的组成加以细化并实现,也要包含硬件需求分析、元件选择、原理图设计、PCB图设计、硬件调试等几个步骤,如图13.2所示。

这个过程中的元件选择是在已确定的核心元件基础上选配辅助元件,以保证核心元件的功能、性能并扩展其能力,包括电源处理、信号调理、电平转换、逻辑控制等。下面简单介绍一下各类元件的选择原则。

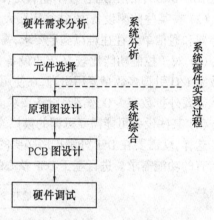

图13.2 硬件设计过程

(1) 处理器/控制器。根据系统控制能力要求、算法复杂度和系统实时性要求,确定采用何种处理器,如单片机、DSP、ARM 等。如果选择 DSP,还要在不同厂商、不同系列、不同工作频率、不同工作电压、不同工作温度、不同工作特性的产品中选择适合应用的具体产品。

(2) A/D。根据采样频率、精度来选择 A/D 转换器,还需要考虑片上是否自带采样保持器、多路器、参考电源等。

(3) D/A。根据信号频率、精度要求进行选择,还需要考虑是否有片上基准电源、多路器、输出运放等。

(4) 存储器。包括 SRAM、EPROM(或 EEPROM、Flash Memory)、SDRAM、FIFO 等,选择时主要考虑工作频率、存储容量、字长(8位/16位)、接口方式(串行/并行)、工作电压等。

(5) 逻辑控制。先确定采用 CPLD 还是 FPGA,再根据自己的特长和公司产品的特点决定采用哪一家公司的哪一系列产品,最后根据系统中其他芯片的工作速度确定逻辑控制芯片的工作频率以确定使用的芯片。

(6) 通信接口。一般 DSP 系统都有通信要求,要根据通信的速率和距离决定采用何种通信方式,并进一步选择通信接口芯片,也可以考虑通过总线来进行通信,这样通信速率和可靠性更高。

(7) 总线接口。常见的总线接口有 PCI、CPCI、CAN、VXI、PXI 等,采用哪一种总线要根据使用的场合、数传速率(总线宽度、频率高低、同步方式等)进行选择。

(8) 信号调理。主要包括运算放大器、比较器、多路器等,选择中要注意器件的带宽、输入信号范围、输出信号范围、响应速度(信号建立时间)等问题。

(9) 人机接口。有键盘、LED、数码管、液晶屏等,可以利用专用的控制器来控制,也可以利用硬件系统中的控制器直接控制,视情况而定。

(10) 电源。主要是电压的高低以及电流容量的大小,电压高低要匹配,电流容量要足够。

基于系统硬件方案和选择的元件,硬件设计的实现要经过原理图设计和 PCB 图设计两个步骤。原理图的设计非常关键,设计人员必须非常清楚地了解元件的使用和系统的开发,对于关键环节要做仿真,原理图的设计是否成功是系统能否正常工作的重要因素;PCB 图的设计中要充分考虑设备的结构特点,对系统结构设计和数模混合电路等布线工艺有清楚的了解,PCB 图设计不合理会降低系统性能指标,并可能严重影响系统可靠性。

在硬件研制过程中需要对研制的硬件进行调试,此时主要进行的是硬件基本功能的调试,保证硬件设备能够完成总体方案中设计的各种功能,并能够达到相应的指标要求。

4. 软件实现

软件实现要将系统控制算法利用程序实现,并且要利用控制程序将系统中的各种资源调度起来,共同实现功能要求。软件的实现也要经过需求分析、编码和调试几个阶段。对于软件中的重要算法,最好先利用高级语言进行仿真调试,确认算法有效后再将其移植到控制器/处理器中。软件的设计实现中必须要注意控制程序的效率,要充分考虑系统的实时性要求。TI 公司为 DSP 控制软件的开发提供了很多有力的工具,我们在后面将详细介绍。

5. 系统集成

完成系统软硬件设计之后,将进行系统集成,即将软硬件结合起来,组成样机,并使样机运行起来,进行系统功能的调试和测试。如果系统测试符合功能和性能指标要求,则样机设计完成,但由于软硬件的设计和调试都是在模拟的环境下进行的,因此在系统测试中往往会出现一些问题,如精度不够、驱动能力不够、稳定性不好等。出现问题时,一般采用修改软件的方法来调整,如果修改软件的方法无法解决问题,则必须调整硬件,系统开发将退回到硬件设计阶段甚至总体方案设计阶段,问题就很严重了,因此,在进行系统方案设计时要充分考虑到系统调试的需要,尽可能留下调整的余地,以免系统开发过程出现反复,影响开发进度。

13.2　DSP 系统的仿真调试工具

随着数字信号处理理论及技术的应用日益广泛,DSP 已经成为许多高级系统设计中不可缺少的组成部分。系统的需求使 DSP 厂商的研究集中于 DSP 体系结构、速度和功耗、智能化程度和优化效率更高的编译程序、更好的查错工具,以及更多的支持软件。TI 公司为其 DSP 产品的开发提供了以下开发调试工具:标准评估模块(EVM)、DSP 入门套件(DSK)、硬件仿真器(XDS)、软件仿真器(Simulator)和 DSP 软件开发平台(CC/CCS)。

13.2.1 标准评估模块

标准评估模块(EVM,Evaluation Module)是 TI 或 TI 的第三方为 TMS320 DSP 的使用者设计和生产的一种评估平台,它的运行环境和资源较为完善,可以用于某种型号 DSP 的器件评估、程序调试与检查以及系统的调试。EVM 提供了一套完整的 DSP 系统,包括 A/D、D/A、外部程序/数据存储器、外部 I/O 等,用户可以使用 EVM 来进行 DSP 的实验、编写和运行实时的源代码,对代码进行评估,并且可以用来调试用户自己的系统。

图 13.3 给出了一个典型的 TMS320LF2407 EVM 的电路组成示意图。

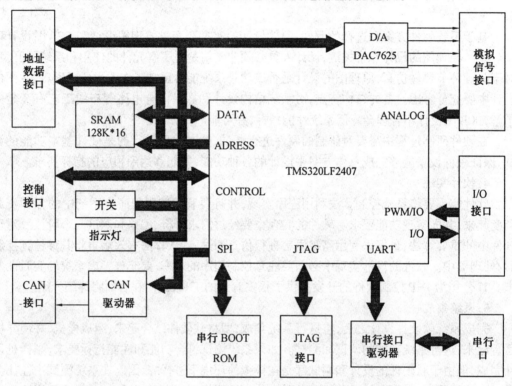

图 13.3 TMS320LF2407 EVM 示意图

由图 13.3 可以看出,TMS320LF2407 EVM 电路由 9 个主要部分组成。
(1) TMS320LF2407 控制器。
(2) 外部存储器。
(3) A/D,D/A 转换。
(4) 串行口。
(5) 指示灯和开关。
(6) 片上 CAN 总线。
(7) SPI 口。
(8) DSP 扩展引脚。
(9) JTAG 接口。

EVM 板使用了 TMS320LF2407 DSP 芯片,兼容所有 LF2407 的使用代码,它具有 2.5 K 字

节的片上数据存储器,128 K 字节板上存储器,片上 UART,DAC7625 数模转换器。EVM 板还提供了 DSP 的扩展引脚,方便了用户外搭所需电路。

此 TMS320LF2407 EVM 板的性能指标如下。

(1) TMS320LF2407 运行速度 30 MIPS。
(2) 128 K 字节存储空间,分别为 64 K 字节程序存储器和 64 K 字节数据存储器。
(3) 4 路的 DAC7625 数模转换。
(4) UART 接口,符合 RS232 标准。
(5) 32 K 字节片上 Flash。
(6) CAN 总线标准接口。
(7) 用户开关和测试指示灯。
(8) 数据、地址、I/O、控制扩展接口。
(9) 具有 IEEE1149.1 兼容的逻辑扫描电路,该电路用于测试和仿真。
(10) +5 V 电源输入,内部 3.3 V 电源管理。

可见,此 EVM 板已经实现了一个 DSP 基本系统。在这样的 EVM 基础上,用户既可以进行各种实验,深入研究 DSP 的开发方法,也可以调试和评估自己的应用程序,甚至可以直接利用 EVM 板的扩展接口实现自己的 DSP 应用系统。

13.2.2 DSP 入门套件

DSP 入门套件(DSK,DSP Starter Kit)是 TI 公司为 TMS320 DSP 的初学者设计和生产的一种评价 DSP 平台的廉价开发工具板。在 PC 机环境下,用户可以使用 DSK 来做系统实验;可以进行诸如自动控制系统、语音处理等应用;可以编写和运行实时的代码;可以用来建立和调试用户自己的系统。

DSK 套件包括一块 TMS320 DSP 芯片为基础的电路板、配套的电源和电缆、专用的 C 编译器、汇编器/链接器以及相应的调试软件和文档。DSK 电路板上除了 DSP 之外,一般还带有一定的存储器,并配有通信接口(并口或串口,用来和 PC 机通信)、电源插口、模拟信号 I/O 接口、扬声器接口等,可以很容易地实现一个简单的控制系统或语音系统,为初学者学习 DSP 开发提供了一个良好的平台。

13.2.3 硬件仿真器

TI 公司的 DSP 硬件仿真器也叫扩展开发系统(XDS,eXtended Development System),是基于边界扫描(Boundary Scan)的在线系统仿真技术,它用于系统集成阶段的原理样机软硬件联合调试。扫描式仿真是一种独特的、非插入式的系统仿真与系统调试方法,程序可以从片外或片内的目标存储器实时执行,在任何时钟速度下都不会引入额外的等待状态。硬件仿真器的主机是 PC 或工作站。主机通过仿真器与目标系统的 JTAG 接口相连,控制目标板上的 DSP 器件,目标板上的 DSP 本身带有仿真功能,硬件仿真器本身只是一个控制器,它通过 DSP 芯片内部的串行扫描路径对处理器进行控制,完成实时测试和调试。通过 JTAG 接口,硬件仿真器可以将命令和数据传递给处理器,也可以观察 DSP 器件内的所有存储器和寄存器。TI 公司的硬件仿真器具有标准调试器的所有功能,如单步执行、设置断点等。

硬件仿真器是 DSP 系统仿真调试时主机与目标系统交换命令和数据的桥梁,它与主机和目标系统都要有接口。仿真器与目标系统的接口是利用一个标准的 14 针接口来实现的，如图 13.4 所示。仿真器与主机的接口有以下多种形式。

(1) PCI 接口。仿真器作为一个插卡插在主机中，早期的 DSP 仿真器多采用这种接口方式，但这种仿真器使用不方便，现在已经很少见了。

(2) 并口。仿真器通过打印机接口与主机连接。由于计算机并口采用 39 针连接器进行连接，并口仿真器体积相对也较大。

(3) USB 接口。目前越来越多的计算机外设中采用 USB 作为总线接口，其高速数传和热插拔的特性使得外部设备可以方便地与计算机连接，并且具有很好的连通性能。DSP 硬件仿真器也出现了 USB 接口的产品，而且发展迅速，USB 接口仿真器已经成为目前最常见的 DSP 硬件仿真器。

TMS	1	2	TRST
TD1	3	4	GND
PD(V_{CC})	5	6	no pin(key)
TDO	7	8	GND
TCK	9	10	GND
TCK	11	12	GND
EMU0	13	14	EMU1

图 13.4　仿真器与目标系统接口

13.2.4　软件仿真器

软件仿真器(Simulator)是一个软件程序，使用主机的处理器和存储器来仿真 TMS320 DSP 的微处理器和微计算机模式，从而进行软件开发和非实时的程序验证。在 PC 机上，典型的软仿真速度是每秒几百条指令。

使用这种仿真器，可以在没有目标硬件的情况下作 DSP 软件的开发和调试，它使用由 TMS320 宏汇编器/链接器或 ANSI C 编译器所产生的目标代码，由 I/O 指令的端口地址所指定的输入和输出文件来仿真与处理器相连的 I/O 器件，可以按用户定义的时间间隔，周期性地设置中断标志，仿真中断信号。在程序执行之前作初始化，设置断点及跟踪模式。程序执行一旦停止，就可以对内部寄存器、程序和数据存储器作检查和修改，也可以显示跟踪寄存器。整个仿真的记录可以做成一个文件，下次再作仿真的时候，运行该文件就可以恢复同样的机器状态。

软件仿真器的主要功能和性能。
(1) 在主机上执行用户的 DSP 程序。
(2) 修改和检查寄存器。
(3) 显示和修改数据和程序存储器。在任何时候作整块修改，下载程序前初始化寄存器。
(4) 仿真外设、高速缓存和流水时序。
(5) 提取指令周期时序，用以分析器件的表现。

(6) 设置断点,添加指令,读写内存、数据总线或程序总线上的数据。
(7) 跟踪累加器、程序计数器、辅助寄存器等。
(8) 单步执行指令。
(9) 在用户指定的时间产生中断。
(10) 对非法操作码和无效数据输入等提供出错信息。
(11) 执行批处理文件中的命令。
(12) 用文件的方式快速存储和调用仿真参数。
(13) 反汇编能力,以便对语句作编辑和重汇编。
(14) 存储器的内容可以同时显示为十六进制的 16 位值和汇编后的源代码。
(15) 多种执行模式(单个/多个指令计数、单个/多个周期计数、until 条件、while 条件循环计数、无限制地运行键入的 halt 等)。
(16) 跟踪表达式的值、cache 和指令流水线,以便优化代码。
(17) 周期计数。
(18) 在单步执行或运行的模式下显示时钟周期数。
(19) 由等待状态来设置的外部产生模式,以便作准确的周期计数。

早期的软件仿真器软件与其他开发工具(如代码生成工具)是分离的,使用起来不太方便。现在软件仿真器已作为 CCS(Code Composer Studio)的一个标准插件,已经被广泛地应用于 DSP 的开发中。

13.2.5 软件开发平台

软件开发平台,也称为代码生成工具,是 DSP 系统软件开发中必不可少的工具,它对用户程序进行管理,经过编译链接后产生真正可以在 DSP 上运行的程序。目前常见的 DSP 软件开发平台主要有 CC(Code Composer)和 CCS(Code Composer Studio)。软件开发平台主要包含了 DSP 代码生成过程中所必需的 C 编译器、汇编器和链接器。

(1) C 编译器(C Compiler)。将 C 语言源代码程序自动地编译成 DSP 汇编语言源代码程序。

(2) 汇编器(assembler)。将汇编语言源代码文件汇编成机器语言 COFF 目标文件,在源文件中包含了汇编指令、宏命令及指令等。

(3) 链接器(linker)。把汇编生成的可重定位的 COFF 目标模块组合成一个可执行的 COFF 目标模块,它能调整并解决外部符号参考。链接器的输入是可重定位的 COFF 目标文件和目标库文件,它也可以接收来自文档管理器中的目标文件以及链接以前运行时所产生的输出模块。

关于 DSP 软件开发平台 CCS,我们将在下一节进行详细介绍。

13.3 DSP 系统开发环境

在 DSP 技术发展的早期和中期,DSP 系统开发工具相对计算机等其他较成熟系统的开发而言,比较简单和分散,这种状况一直持续了很多年。随着 DSP 技术的发展和应用日益广泛,DSP 系统的软硬件开发和系统开发工具的集成成为推广 DSP 技术的一个热点,因此,各 DSP 生产厂商及第三方开发公司做了大量的工作,为 DSP 系统开发及应用提供了大量适用的工具及范例,尤其是数字信号处理技术在理论上的成熟及在实际应用中的推广,更加促使 DSP 系统开发工具和环境的不断改善,直到 20 世纪末 DSP 的开发工具和环境才得到较大的提升。C 语言的高效编译、DSP 开发调试工具的集成、方便调试检测 DSP 的人机界面及许多新功能的增加、DSP 实时操作系统的使用等,进一步使 DSP 技术得到更大的推广和使用。

现在 TI 公司的 DSP 开发系统软件工具由早期的汇编语言编程、汇编、链接、软件仿真及在线调试仿真发展到采用 C 高级语言编程(或 C 和汇编的混合编程)、C 优化编译和集成的软硬件开发环境。最初的集成开发环境(IDE)为 Code Composer,简称 CC,它将前述分散的软件开发工具集成于一个可视化的 Windows 窗口开发环境下,并增加了一些可视化的调试手段,使得 DSP 系统的开发更加方便和快捷。CC 发布几年后,1999 年 TI 公司又在 CC 的基础上推出了 Code Composer Studio 集成开发环境,简称 CCS。CCS 进一步强化和增加了许多 CC 中的功能,如 DSP 运行数据的图形、图像动态显示、实时分析工具等,使 DSP 的运行状态和效率一目了然。不久 TI 公司为适应 DSP 技术开发的标准化和多任务实时处理,又发布了以 CCS 为核心的 eXpressDSP 实时软件开发技术工具。在这一工具中,TI 提供了 DSP/BIOS 软件层及 DSP 算法标准和算法库,为 DSP 技术由概念到实现提供了一个方便快捷的开发环境,使 DSP 的开发效率得以大大提高。

13.3.1 CCS 的主要特性

CCS(Code Composer Studio)代码调试器是一种针对 TMS320 调试接口的集成开发环境。CCS 包含源代码编辑工具、代码调试工具、可执行代码生成工具和实时分析工具,并支持设计和开发的整个流程。除了一般调试器共有的特性外,CCS 还包括以下特性。

(1) 完全集成的开发环境。CCS 将 TI 公司的汇编器、编译器、链接器和调试器等都集成到它的开发环境中,用户可以从菜单栏中选择 TI 公司的各种工具,并且可以直接观察到流水线输出到窗口的编译结果,同时,出错信息加亮显示,只要双击出错信息就可以打开源文件,光标停留在出错的地方。在 Windows 环境中,用户可以很方便地同时编辑、编译和调试源程序。代码编译器可以跟踪一个项目中的所有文件及相关内容。用户可以选择编译单个的文件,或者将所有文件包括在一个项目中,或者逐步建立项目。在编辑器、编译器、链接器和调试器选项中有方便的对话框。

(2) 高度集成的源代码编辑器。高度集成的源代码编辑器能动态提示 C 语言和 DSP 汇编语言源代码,能很容易地阅读和理解源代码,及时发现和定位语法错误。CCS 是一个完全集成的包含 TI 编译器的开发环境。CCS 目标管理系统、内建编辑器和所有的调试分析能力都集成在 Windows 环境中。

(3) 支持编辑和调试的后台编辑。用户在编译和调试程序时,不必退出系统而回到 DOS 系统中,CCS 会自动将这些工具交互式地装载到它的环境中。在代码调试窗口中,只要双击错误,就可以直接显示源代码的出错处。

(4) 对 C 语言源文件和 DSP 汇编语言文件的目标管理。编辑器能跟踪所有文件及相关内容,这样,编译器只对最近一次编译后改变过的文件进行编译,节省了编译时间。CCS 支持多线程处理,并行管理调试器,允许将命令传播给所有的或所选择的处理器。

(5) 支持探针在算法中通过文件提取或加入信号和数据。CCS 允许用户从 PC 机中的文件直接读取或写入信号流,而不是实时地读取输入信号,这样,用户可以使用已有的文件来仿真算法。

(6) 可以在后台执行 DOS 程序。可以在后台执行 DOS 程序,并将其输出通过流水线的方式输出,允许用户将应用集成到 CCS。

(7) 图形分析功能。具有强大的图形分析功能。

(8) 方便的代数分解窗口。可以选择查看 C 语言格式的代数表达式,以便容易读懂操作码。

(9) 有在任何算法点观察信号的图形窗口探针。图形显示窗口使用户能够观察时域或者频域内的信号。对于频域图,FFT 在 PC 机上执行,以便观察所感兴趣的部分而不需要改变它的 DSP 代码。图形显示也可以同探针相连接,当前显示窗口被更新时,探针被确定,当代码执行到这一点时,可以迅速观察到信号。

(10) 有状态观察窗口。CCS 的可视窗口允许用户直接进入 C 表达式及相关变量,结构、数组和指针等都能很简单地进行增加和减少,以便进入复杂结构。

13.3.2　CCS 开发 DSP 软件的流程

TI DSP 软件开发的一般流程如图 13.5 所示。

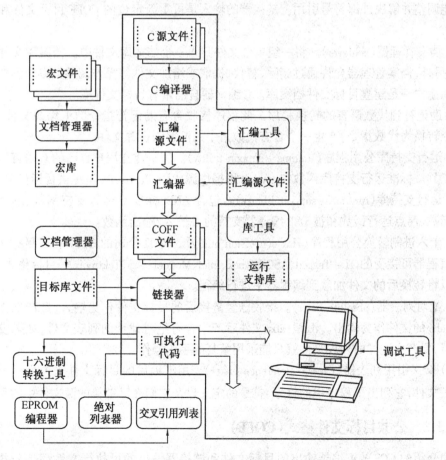

图 13.5　CCS 开发 DSP 软件的一般流程

在图 13.5 中,中间一路是软件开发的主要路径。开发人员首先编写 C 源文件,由 CCS

的C编译器将其编译成汇编语言源文件,再经过汇编器编译,得到COFF格式的目标文件,最后此目标文件经过链接器的链接处理,生成DSP的可执行文件(COFF格式)。编译链接得到的可执行文件可以在计算机上使用DSP调试工具进行软件程序调试和硬件测试,也可以通过硬件仿真接口(JTAG)直接下载到目标DSP中运行。如果是脱机的嵌入式DSP应用系统,还需要将程序写入非易失性存储器中(如EPROM、FLASH等),供DSP使用,但这需要先经过十六进制转换工具完成格式转换,再用编程器编程非易失性存储器后才能实现。下面对流程图中各种DSP开发工具进行简单介绍。

(1) C编译器(C Compiler)。将C语言代码自动编译成汇编语言源代码程序。C编译软件中包含一个外壳程序(shell program)、一个优化编译器(optimizer)和一个内部列表公用程序(interlist utility)。外壳程序能自动编译、汇编、链接源程序模块;优化器能改进代码,提高C程序的效率;内部列表公用程序能将C源程序同对应的汇编语言结合输出。

(2) 汇编器(assembler)。将汇编语言源文件转变为机器语言目标文件。机器语言目标文件格式是TI公司的公用目标文件格式COFF。

(3) 链接器(linker)。将可重定位的目标文件链接起来产生一个可执行的目标文件模块。它能调整并解决外部符号引用。链接器的输入是可重新定位的COFF目标文件和目标库文件。

(4) 档案管理器(achiever)。将一组单个文件归入一个档案库文件中。档案库文件也叫归档库,另外,档案管理器允许通过删除、替代、提取或增加文件等操作调整档案库。档案管理器的用途之一是建立目标文件档案库。C编译器自己带有目标文件库。

(5) 助记符到代数语言的转换程序。此程序接收含有助记符指令的汇编源文件,将助记符指令转换为代数指令,产生一个含有代数指令的汇编语言源文件。

(6) 运行支持库公用程序(runtime - support utility)。用来建立用户自己的C语言运行支持库的工具。标准运行支持库函数在rts.src里提供源代码,在rts.lib里提供目标代码。

(7) 运行支持库(runtime - support library)。包含ANSI标准C运行支持函数、编译器公用程序函数、浮点运行函数和被DSP编译器支持的C输入/输出函数。

(8) 十六进制转换公用程序(Hex conversion utility)。将TI公司的COFF格式目标文件转化成为编程器可接受的TI - Tagged、ASCII - hex、Intel、Motorola - S、Tektronix等目标格式之一,从而可以将转换后的文件加载到编程器中进行编程。

(9) 绝对列表器(absolute lister)。接收已经链接后的目标文件作为输入,并产生文件扩展名为.abs的文件作为输出。汇编.abs文件后产生含有绝对地址的列表文件,如果没有绝对列表器,要产生这样的列表文件就只能采用繁复的手工操作。

(10) 交叉引用列表器(Cross - Reference Lister)。用汇编后的目标文件来产生一个交叉引用列表文件,它列出了程序中的符号、符号的定义以及它们在已链接的源文件中的引用。

13.3.3 公共目标文件格式(COFF)

前面介绍的CCS的汇编器输出的目标文件和链接器输出的可执行文件都是公共目标文件格式(Common Object File Format, COFF)。由于COFF在编写程序时采用代码和数据块的形式,因此有利于模块化编程,这些代码和数据块称为段。汇编器和链接器都提供有伪指令来产生和管理段。

所谓段(sections)是指连续地占有存储空间的一个数据或代码块。在编写程序时,程序按段组织。段是目标文件中可重新定位的最小单元,一个目标程序中的每个段通常是分开的和不同的。COFF 目标文件至少包含以下 3 个默认的段。

(1) .text 文本段,通常包含可执行代码。

(2) .data 数据段,通常包含初始化的数据。

(3) .bss 保留空间段,通常为没有初始化的变量保留空间。

此外,还有命名段。汇编器和链接器可用来产生、命名和链接命名段,这些段的使用和 .text、.data 和 .bss 段相同。

段有两种基本类型:初始化段和未初始化段。初始化段包含数据或代码,包括 .text 段、.data 段以及由汇编器伪指令 .sect 产生的命名段;未初始化段为没有初始化的数据保留存储空间,包括 .bss 段和由汇编器伪指令 .sect 产生的命名段。

有几个汇编器伪指令可用来将数据和代码的各个部分与相应的段相联系,汇编器在汇编过程中建立这些段。

链接器的功能之一是将段重新定位到目标系统的存储器空间中,该功能称为定位或分配(allocate)。因为大多数系统中包含有几种存储器,所以使用段可以使目标存储器的使用更为有效。所有的段都是独立可重新定位的,可将任何段放入目标存储器的任何位置。例如,可以定义一个包含有初始化程序的段,然后将它分配到包含 ROM 的存储器空间中去。

图 13.6 说明了在目标文件和虚拟的目标存储器中段之间的关系。

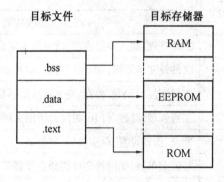

图 13.6 逻辑段到存储器映射

13.3.4 CCS 软件界面

图 13.7 是一个典型的 CCS 集成开发环境窗口示例。整个窗口主要由主菜单、工具条、工程窗口、源程序编辑调试窗口以及输出窗口等组成。

工程窗口用来组织用户的若干程序构成一个项目,用户可以从工程列表中选中需要编辑和调试的特定程序,可以向工程中添加文件。在源程序编辑调试窗口中,用户既可以编辑程序,又可以设置断点、探针调试程序,输出窗口显示编译信息、程序执行结果等。

CCS 完整的功能都可以通过主菜单来实现,主菜单中各菜单项功能的简单说明见

表13.1,具体菜单项功能请参阅 CCS 帮助文件。需要特别指出的是 CCS 的帮助菜单,里面不仅包括 CCS 本身的使用帮助,更包含了关于 DSP 片内控制寄存器的描述,详细到寄存器中的位定义,为用户进行开发提供了极大的便利。

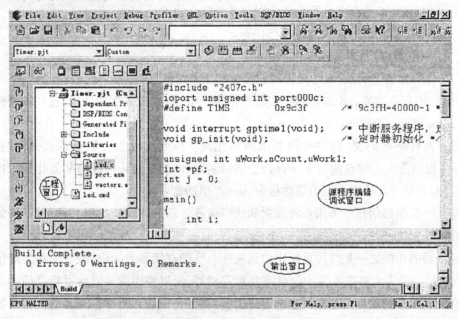

图 13.7 CCS 用户界面

表 13.1 CCS 主菜单中各菜单项功能

菜单项	完成功能
File(文件)	文件管理,载入执行程序、符号及数据,文件输入输出等
Edit(编辑)	文件及变量编辑,如剪贴、撤消、字符串查找等
View(查看)	工具条显示设置,内存、寄存器和图形显示等
Project(工程)	工程管理(新建、打开、关闭及添加文件等)、编译、构建工程等
Debug(调试)	断点、探针设置,单步执行、复位等
Profiler(性能)	性能菜单,包括时钟和性能断点设置等
GEL(扩展功能)	利用通用扩展语言设置扩展功能
Option(选项)	选项设置,设置字体、颜色、键盘属性、动画速度、内存映射等
Tools(工具)	包括管脚连接、端口连接、命令窗口、连接设置等
DSP/BIOS(实时分析工具)	用来辅助 CCS 环境实现程序实时调试
Windows(窗口)	窗口管理,包括窗口排列、窗口列表等
Help(帮助)	CCS 在线帮助菜单,包括用户手册、入门指南等

13.3.5 CCS 工程组成

基于 CCS 进行 DSP 程序开发,与基于 Visual C++ 或其他软件开发平台进行软件开发类似,开发者编写一些源代码文件,并将源代码文件组织成一个工程,利用开发平台提供的编译器和链接器形成可执行文件(COFF 格式),再利用开发平台提供的调试工具进行调试。

CCS 开发平台的工程文件由以下文件组成。

(1) .pjt 文件。CCS 工程文件。在 CC 中,工程文件的扩展名为 .mak。

(2) .lib 文件。CCS 运行支持库。提供 ANSI 标准 C 运行支持函数、编译器公用程序函数、浮点运行函数和被 DSP 编译器支持的 C 输入/输出函数。

(3) .h 文件。头文件。同其他基于 C 语言的软件开发平台中头文件的功能相似,定义常量和数据结构。在实际应用中,通常将 DSP 片内控制寄存器的定义编写成一个 .h 文件,基于同样型号 DSP 进行的开发可以共享此文件。

(4) .c 文件。C 源文件。包含 C 语言编写的程序源代码。

(5) .asm 文件。汇编语言源文件。包含汇编语言编写的程序源代码。特殊的,所有中断向量的定义必须编写为一个 .asm 文件。

(6) .cmd 文件。链接命令文件。包含链接器选项、目标系统存储器分配和代码/数据段到目标系统存储器的映射。

(7) .obj 文件。目标文件,COFF 格式。由 CCS 汇编器产生。

(8) .out 文件。可执行文件,COFF 格式。由 CCS 链接器产生。

在这些文件中,开发人员要自己编写 .h、.c、.asm 和 .cmd 文件,其中 .h 文件和 .c 文件与其他基于 C 语言的开发环境中基本相同,但是 .h 文件中通常要包含 DSP 片内控制寄存器的定义。.asm 文件和 .cmd 文件分别定义了 DSP 的中断向量和存储器分配,对应应用相同 DSP 型号的不同的应用系统,可以在该 DSP 型号已有可用的实例文件基础上按照应用系统的要求改写。后面几个小节我们将介绍这几种文件的编写。

13.3.6 头文件的编写

CCS 工程中的头文件和其他基于 C 语言的开发环境中的头文件基本相同,主要是用来定义工程中的常量和数据结构。在实际工程应用中,为了提高 DSP 系统的开发效率,开发人员往往会将 DSP 片内的控制寄存器定义写成一个头文件,这样在各个基于相同型号 DSP 的开发中,可以共享这个定义控制寄存器的头文件。

图 13.8 给出了一个典型的头文件的定义,文件定义了 TMS320LF2407 的片内控制寄存器。从图中可以看出,头文件的写法与其他基于 C 语言的开发环境中的头文件相比并无特别之处,文件通过指针方式定义 TMS320LF2407 的片内控制寄存器,这样包含了这个头文件的 C 文件要访问已经定义好的控制寄存器时就可以通过指针很方便地实现。从图中也可以看出用 C 语言编写的 DSP 控制程序中要访问 DSP 片内控制寄存器通常是利用指针方式来实现的,实际上 DSP C 语言访问 DSP 数据空间都是通过指针来实现的。关于 DSP C 语言编程与标准 C 语言的异同之处我们将在第 15 章讨论。

```
/*********************************************
              头文件(.h)示例
**********************************************/
/* 文件名:2407c.h */
/* 描述:2407 寄存器定义 */
/*********************************************/
/* 2707 CPU core registers */
unsigned int * IMR = (unsigned int *)0x0004;    /* Interrupt Mask Register */
unsigned int * IFR = (unsigned int *)0X0006;    /* Interrupt Flag Register */
/* System configuration and interrupt registers */
unsigned int * SCSR1 = (unsigned int *)0x7018;  /* System Control & Status register 1 */
unsigned int * SCSR2 = (unsigned int *)0x7019;  /* System Control & Status register 2 */
unsigned int * DINR = (unsigned int *)0x701C;   /* Device Identification Number register */
unsigned int * PIVR = (unsigned int *)0x701E;   /* Peripheral Interrupt Vector register */
unsigned int * PIRQR0 = (unsigned int *)0x7010; /* Peripheral Interrupt Request register 0 */
unsigned int * PIRQR1 = (unsigned int *)0x7011; /* Peripheral Interrupt Request register 1 */
unsigned int * PIRQR2 = (unsigned int *)0x7012; /* Peripheral Interrupt Request register 2 */
unsigned int * PIACKR0 = (unsigned int *)0x7014;/* Peripheral Interrupt Acknowledge register 0 */
unsigned int * PIACKR1 = (unsigned int *)0x7015;/* Peripheral Interrupt Acknowledge register 1 */
unsigned int * PIACKR2 = (unsigned int *)0x7016;/* Peripheral Interrupt Acknowledge register 2 */
...
```

图 13.8 头文件示例

13.3.7 中断向量定义

TMS320LF2407 的中断系统我们已经在第 4 章进行了介绍。与传统的单片机类似,DSP 的中断也可以采用查询和回调两种方式来处理。如果采用回调方式处理,其实现方式是在中断向量地址处放置一个跳转语句,跳转到相应的中断处理函数。在传统的单片机汇编语言中,这是通过 ORG 命令和跳转语句来实现的,而在 CCS 中,需要编写一个 .asm 文件,定义所有的中断向量。

图 13.9 给出了一个典型的定义中断向量的 .asm 文件实例。文件首先利用 .ref 伪指令定义了文件中将引用的中断处理函数_gptime1 和_c_int0,这两个函数在 C 语言中定义时是没有第一个"_"的,这是 CCS C 编译器在编译 C 程序时做的一项工作。编译中 C 编译器将对每一个 C 语言对象(包括变量和函数等)的对象名前面增加一个"_",这样如果进行 C 语言和汇编语言的混合编程就可以很容易地区分 C 语言对象和汇编语言对象。但在汇编语言中引用 C 语言对象必须在前面增加"_",如在 C 语言中定义的函数 gptime1,在汇编语言中引用的时候就要写做_gptime1。定义好引用的函数后,文件利用 .sect 定义了一个段:.vectors,表示开始定义中断向量段。再接下来则开始定义各个中断向量,文本中的每一行对应程序存储器中的两个地址,从 0h 开始,则第一行对应程序地址 0h(复位向量),第二行对应程序地址 2h(INT1),第三行对应程序地址 4h(INT2),依此类推。每一行的起始(如"RSVECT")仅仅是一个标志,重要的是在"B"后面,要写明发生此中断时要跳转的地址,就是要将中断服务函数(GISR)的入口地址写在此处。具体 DSP 汇编语言编写的语法并不是这里要讨论的

重点,请参阅有关资料,而关于 DSP 中断处理的具体方法和定义中断函数的具体语法,我们将在第 15 章详细讨论。

```
.ref _gptime1, _c_int0
     .sect  ".vectors"
RSVECT              B _ c _ int0    ;Reset Vector
INT1                B PHANTOM       ;Interrupt Level 1
INT2                B _ gptime1     ;Interrupt Level 2
INT3                B GISR3         ;Interrupt Level 3
INT4                B GISR4         ;Interrupt Level 4
INT5                B GISR5         ;Interrupt Level 5
INT6                B GISR6         ;Interrupt Level 6
RESERVED            B PHANTOM       ;Reserved
SW _ INT8           B PHANTOM       ;Software Interrupt
SW _ INT9           B PHANTOM       ;Software Interrupt
SW _ INT10          B PHANTOM       ;Software Interrupt
SW _ INT11          B PHANTOM       ;Software Interrupt
SW _ INT12          B PHANTOM       ;Software Interrupt
SW _ INT13          B PHANTOM       ;Software Interrupt
SW _ INT14          B PHANTOM       ;Software Interrupt
SW _ INT15          B PHANTOM       ;Software Interrupt
SW _ INT16          B PHANTOM       ;Software Interrupt
TRAP                B PHANTOM       ;Trap vector
NMI                 B NMI           ;Nonmaskable Interrupt
……
```

图 13.9 中断向量定义示例

13.3.8 链接命令文件的编写

与其他软件开发环境的链接器类似,CCS 的链接器也可以有很多选项,如 – l(包含库文件)、– stack(定义软件堆栈)、– o(定义输出文件)等,另外在链接器选项中还应该将开发中的逻辑段与目标系统存储器物理地址的对应关系定义清楚。详细的链接器选项说明请参阅 TI 公司相关文档。这些链接器选项的实现有以下三种方式。

(1)利用命令行实现。即在命令行中 link 命令后面将所有的链接选项写明,使链接器按照选项设定去工作。这种方式需要在命令行方式下进行,而且每次链接都要重新输入所有的选项,在 CCS 这样的集成开发环境中使用很不方便。

(2)利用工程选项菜单实现。在 CCS 菜单 Project ≫ Build Options ≫ Linker 页面中可以对链接器选项进行设置,这样 CCS 会自动记忆工程的链接选项,不用每次链接时重新输入。但是这种方式无法清楚地定义逻辑段与目标系统存储器的对应关系。

(3)利用链接命令文件实现。即编写一个链接命令文件,将所有链接选项写在文件中,并将此文件加入工程,这样 CCS 在进行工程编译链接的时候会自动按照链接命令文件中的选项进行。链接命令文件实际上就是一个 ASCII 码文件,扩展名是 .cmd。在链接命令文件中可以定义所有的链接选项,重复编译链接时不需要重新输入,使用方便,功能完整。

推荐使用工程选项菜单和链接命令文件的方式来实现链接器选项的设置。链接器对命令文件名的大小写是敏感的,空格和空行是没有意义的,但可以用做定界符。图 13.10 给出了一个链接器命令文件的实例。

```
a.obj b.obj
-stack 200
-l rts2xx.lib

MEMORY   /*定义存储器空间*/
{
  PAGE 0: VECS: origin = 0h, length = 040h  /*中断向量表*/
          PROG: origin = 40h, length = 0FFC0h  /*程序存储器空间*/
  PAGE 1: MMRS: origin = 0h, length = 060h  /*存储器映射寄存器空间*/
          B2: origin = 0060h, length = 020h  /* DARAM B2 */
          B1: origin = 0200h, length = 0200h  /* DARAM B1 */
          DATA: origin = 8000h, length = 8000h  /*外部数据存储器空间*/
}

SECTIONS /*确定输出各段位置*/
{
  .vectors : {} > VECS   PAGE 0 /*中断向量表*/
  .text    : {} > PROG   PAGE 0 /*代码       */
  .data    : {} > PROG   PAGE 0 /*初始化数据 */
  .mmrs    : {} > MMRS   PAGE 1 /*存储器映射寄存器*/
  .bbs     : {} > DATA   PAGE 1 /* B2 块      */
}
```

图 13.10 链接器命令文件示例

对应图 13.10 的内容,我们来看一下链接器命令文件的编写方法。链接器命令文件主要包含以下三部分内容。

(1) 输入文件名。就是链接的目标文件和文档库文件或者是其他的命令文件,如图 13.10 中的"a.obj b.obj",可以没有。

(2) 链接器选项。如图 13.10 中的"-stack 200"和"-l rts2xx.lib",这些选项可以用在链接命令行,也可以用在命令文件中。

(3) MEMORY 和 SECTIONS 都是链接命令,MEMORY 命令定义目标存储器的配置,SECTIONS命令定义逻辑段与目标存储器的对应关系,这两条命令的用法将在后面详细介绍。

1. MEMORY 命令

链接器应当确定输出各段在存储器的什么位置,要达到这个目的,首先应当有一个目标存储器模型,MEMORY 就是用来定义目标存储器模型。通过这个命令,可以定义系统中所含的各种存储器,以及它们占据的地址范围。

DSP 芯片型号不同或者所构成系统的用处不同,其存储器配置可能是不同的。通过 MEMORY 命令,可以进行各种各样的存储器配置,在此基础上再用 SECTIONS 命令将输出各段定位到所定义的存储器。

图 13.10 中所定义的系统存储器配置如下。

(1) 程序存储器。分为两个区间：起始地址为 0h，长度为 40h 的一个区间，命名为 VECS；起始地址为 40h，长度为 FFC0h 的一个区间，命名为 PROG。

(2) 数据存储器。分为四个区间：起始地址为 0h，长度为 60h 的一个区间，命名为 MMRS；起始地址为 60h，长度为 20h 的一个区间，命名为 B2；起始地址为 200h，长度为 200h 的一个区间，命名为 B1；起始地址为 8000h，长度为 8000h 的一个区间，命名为 DATA。

MEMORY 命令的一般语法如下。

MEMORY
{
PAGE0：name1[(attr)]：origin = constant, length = constant
……
PAGEn：namen[(attr)]：origin = constant, length = constant
}

在链接器命令中，MEMORY 用大写字母，紧随其后并用大括号括起来的是一个定义存储器范围的清单，如下所示。

PAGE——对一个存储空间加以标记，每一个 PAGE 代表一个完全独立的地址空间。页号 n 最多可以规定为 255，取决于目标存储器的配置。通常 PAGE0 定义为程序存储器，PAGE1 定义为数据存储器。如果没有规定 PAGE，则链接器默认 PAGE0。

name——对一个存储区间命名。一个存储器名字可以包含 8 个字符，A－Z、a－z、$、.、_ 均可。对链接器来说，这个名字并没有特殊含义，它们只不过是用来标记存储器的区间而已，这些区间的名字都是内部记号，不需要保存在输出文件或符号表中。不同 PAGE 上的存储区间可以取相同的名字，但在同一 PAGE 内各区间的名字不能相同，而且不允许重叠配置。

attr——这是一个任选项，为命名区间规定 1～4 个属性。如果有选项，应当写在括号内，当输出段定位到存储器时，可以利用属性加以限制。

共有以下 4 种属性。

R——规定可以对存储器执行读操作。

W——规定可以对存储器执行写操作。

X——规定存储器可以装入可执行的程序代码。

I——规定可以对存储器进行初始化。

如果一项属性也没有选，就可以将输出段不受限制地定位到任何一个存储位置。任何一个没有规定属性的存储器（包括默认方式的存储器）都有全部 4 种属性。

origin——规定一个存储区间的起始地址，输入"origin"、"org"或"o"都可以。这个值是一个 16 位二进制常数，也可以用十进制、八进制或十六进制数表示。

length——规定一个存储区间的长度，输入"length"、"len"或"l"都可以。这个值是一个 16 位二进制常数，也可以用十进制、八进制或十六进制数表示。

fill——这是一个任选项（不常用，在语法中未列出），为没有定位输出段的存储器空单元填充一个数，键入"fill"或"f"均可。这个值是一个 2 字节的整型常数，可以是十进制、八进制或十六进制数，如"fill = 0FFFFh"。

2. SECTIONS 命令

SECTIONS 命令的任务如下。
(1) 说明如何将输入段组合成输出段。
(2) 在可执行程序中定义输出段。
(3) 规定输出段在存储器中的存放位置。
(4) 允许重新命名输出段。

SECTIONS 的一般语法如下。

SECTIONS
{
name：[property, property, property, ……]
name：[property, property, property, ……]
……
name：[property, property, property, ……]
}

在链接器命令文件中，SECTIONS 命令用大写字母，紧随其后并用大括号括起来的是关于输出段的详细说明。每个输出段的说明都从段名开始，段名后面是一行说明段的内容和如何给段分配存储单元的性能参数。一个段可能的性能参数有以下几个。

(1) load allocation，由它定义输出段加载到存储器什么位置。

语法：load = allocation。或者用">"代替"load = "，写做"> allocation"，或者省掉"load = "，直接写"allocatoin"，其中 allocation 是关于段输出的地址说明，即给段分配的存储单元。

(2) run allocatoin，由它定义输出段在存储器什么位置上开始运行。

语法：run = allocation。或者用">"代替等号，写作"> allocation"。链接器为每个输出段在目标存储器中分配两个地址：一个是加载的地址，另一个是执行程序的地址。通常，这两个地址是相同的，可以认为每个输出段只有一个地址。有时想要把程序的加载区和运行区分开，比如先将程序加载到 ROM，然后在 RAM 中以较快的速度运行，这是只要用 SECTIONS 命令让链接器对这个段定位两次就可以了，一次是设置加载地址，另一次是设置运行地址。例如：

.fir: load = ROM, run = RAM

(3) input sections，用它定义由哪些输入段组成输出段。

语法：{input_sections}

大多数情况下，在 SECTIONS 命令中是不列出每个输入文件的输入段的段名的，这样，链接器在链接时就将所有输入文件的.text 段连接成.text 输出段（其他段也是一样），图 13.10 中就是这样。当然也可以用明确的文件名和段名规定输入段，如图 13.11 所示。

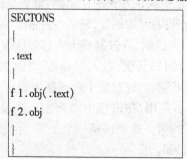

图 13.11　将多个输入段合并成一个输出段

(4) Sections type,用它为输出段定义特殊形式的标记,这些参数将对程序的处理产生影响。

语法:type = COPY

(5) Fill Value,对未初始化的空单元定义一个数值。

语法:fill = value。或者:

name:...{...} = value

在实际编写链接命令文件时,MEMORY 命令和 SECTIONS 命令中的许多参数不一定是要用的,因此,可以大大简化链接命令文件的编写。

如果没有利用 MEMORY 命令和 SECTIONS 命令,链接器将按照默认算法来定位输出段,将各文件中相同的输入段合并成一个输出段,并将代码和已初始化段分配在程序存储空间,将.bss 和未初始化段分配在数据存储空间。

在实际 DSP 系统开发应用中,链接命令文件是非常重要的,尤其是逻辑段到目标系统存储器的映射关系定义,必须保证以下几点。

(1) 所有定义的存储器区间必须是目标系统中存在可用的物理存储器,而且各区间之间不能存在重叠。

(2) 合理地将输入段合并成输出段,不可以将不能合并的输入段强行合并在一起。

(3) 各逻辑段到目标存储区间的映射要合理,保证各逻辑段功能的正常实现。

(4) 分配给逻辑段的物理存储区间容量要足够,避免发生存储器溢出的情况。

13.4 控制程序开发语言的选择

在上一节已经提到过,DSP 控制程序的开发可以采用三种开发语言:汇编语言编程、C 语言编程和 C 语言与汇编语言混合编程。本节将对控制程序开发语言详细讨论。

1. 汇编语言编程

强大的汇编指令系统是 TI 公司 DSP 的一个特色,也是 TI 公司 DSP 能够进行高速信号处理运算的一个重要原因。TMS320C2000 系列 DSP 芯片的汇编语言指令集支持大量的信号处理和一般运算,并提供了多种高效的指令,可以大大提高程序的运行效率。

利用汇编语言编写 DSP 控制程序主要有以下优势。

(1) TI 的 DSP 汇编语言包含大量的高效指令,用于进行信号处理和一般运算可以实现很高的代码效率和实时性。

(2) TI 的 DSP 汇编语言具有灵活的寻址方式,可以实现位寻址等操作,底层控制灵活性好。

(3) TI 的 DSP 汇编语言执行效率高,指令周期明确,为保证系统的实时性提供了有力的支持。

利用汇编语言编写 DSP 控制程序有以下不足之处。

(1) TI 的 DSP 汇编指令集庞大,掌握困难。初学者面对 DSP 汇编指令集往往会觉得非常头疼,而要充分利用 TI 公司 DSP 的强大功能,必须对汇编指令集充分了解,并可以灵活应用 DSP 所提供的各种高效指令和资源,这需要长期的实践积累。

(2) 流程控制不便。编写一个小的功能程序模块往往也要编写比较长的程序代码,这造成利用汇编语言开发 DSP 程序需要很长的开发周期。

(3) 程序可读性差,修改升级困难。

(4) 不同系列 DSP 间的汇编指令不尽相同,开发程序的可移植性差。

总结起来,利用汇编语言开发 DSP 控制程序主要适用于一些运算量大、时序要求严格或实时性要求高的场合。

2. C 语言编程

CCS 等软件开发环境提供了优化的 C 编译器,使利用高级语言进行 DSP 控制程序的开发成为可能。

利用 C 语言编写 DSP 控制程序主要有以下优势。

(1) 开发者熟悉程度好,不用花费精力对开发语言进行深入学习,上手快。

(2) 不要求对 DSP 底层有非常深入的了解,C 编译器会解决诸如辅助寄存器、现场保护等底层工作。

(3) 流程控制灵活,开发周期短。

(4) DSP 开发厂商和第三方在不断优化 C 编译器,目前在某些应用中 C 语言优化编译的结果可以达到手工编写的汇编语言效率的 90% 以上。

(5) 程序可移植性好,不同应用可以共享相同的程序代码。

(6) 程序可读性好,修改升级容易。

用 C 语言编写 DSP 控制程序有以下不足之处。

(1) 某些底层硬件控制能力不如汇编语言灵活。

(2) 程序运行时间难以掌握,实时性不好。

总结起来,利用 C 语言开发 DSP 控制程序主要适用于一些运算量不大、实时性要求不高或流程控制非常复杂的场合。

3. 混合语言编程

汇编语言编程和 C 语言编程各有优势和不足,总体来讲,汇编语言编程效率高、实时性好、底层控制灵活;而 C 语言编程流程控制方便、程序具有较好的可读性和可移植性。可见二者的特点有很多互补之处,因此可以考虑混合应用两种编程语言实现 DSP 控制程序的开发,这样可以充分地利用两种编程语言的优势,更好地实现 DSP 应用系统的开发。

利用两种语言进行混合编程时,通常利用 C 语言开发方法成熟、流程控制容易、程序可读性好的优点,用 C 语言实现程序总体流程的控制;而在 C 语言难以满足要求的高速数据处理、大数据量运算、严格时序要求、高实时性要求的核心程序部分,则可以利用汇编语言来实现。这样在 DSP 控制程序的开发中大部分程序用 C 语言来实现,而要求较高的核心程序用汇编语言来实现,汇编语言占有程序比重不大,仍然可以保证比较短的开发周期。

利用两种语言进行混合编程主要有以下四种方式。

(1) C 程序调用汇编函数。

(2) 内嵌汇编语句。

(3) C 程序访问汇编程序变量。

(4) 修改 C 编译器输出。

事实上,目前基于 DSP 进行的开发很多都是利用 C 语言和汇编语言混合编程来实现的。关于 C 语言和汇编语言混合编程的具体实现方法和实现细节,我们将在第 15 章深入讨论。

第 14 章　TMS320LF240x 硬件系统设计

LF240x/240xA DSP 所具有的哈佛总线结构、高速并行处理能力、低功耗以及丰富的片内资源使得它在智能化仪器仪表、网络电话、DVD 播放、机器人工业自动化控制以及电机自动控制等领域得到了广泛应用。本章介绍 LF240x/240xA DSP 硬件系统设计方法及一些常用的外围器件，并给出相应的电路图。

14.1　DSP 硬件系统设计的一般步骤

DSP 硬件系统设计一般包括以下几个步骤。

1. 根据系统要求选择合适的 DSP 芯片

选择 DSP 芯片一般需要从 DSP 芯片的运算速度、运算精度、DSP 芯片所提供的片内资源、芯片的开发工具及开发难易程度、芯片的功耗、芯片的封装、质量标准、供货情况、生命周期等几个方面考虑。

2. 根据系统要求选择外围芯片

为了设计 DSP 应用系统，必须有相应的外围芯片，如复位芯片、电源转换芯片、存储器、时钟芯片等。用户在选择 DSP 外围芯片时，应尽量选择市场上的主流和常用芯片，这样主要是为了供货和使用上的方便，而且在设计和调试过程中，可供参考的资料相对较多，可以大大加快设计和调试进度。

3. 电平问题

LF240x/240xA DSP 的 I/O 工作电压是 3.3 V，因此，I/O 电平也是 3.3 V 逻辑电平。在设计 DSP 系统时，如果外围芯片的电压也是 3.3 V，那么就可以直接连接，但是很多外围芯片的工作电压是 5 V，如 SRAM、A/D、EPROM 等，因此就存在一个如何将 3.3 V DSP 芯片与这些 5 V 供电芯片可靠接口的问题。我们将在 14.2 节详细讨论该问题。

4. 电原理图设计

选好 DSP 芯片和外围芯片以后，就可以进行电原理图设计。电原理图设计必须通过相关的专用软件才能完成。目前能够同时进行电原理图和电路板图设计的软件工具很多，比较盛行的有 Protel 公司、Cadence 公司、Mentor 公司等的设计工具。本章的电原理图设计采用 Protel99 SE 软件。

5. 设计印制电路板图（PCB）

当完成原理图的绘制并经过审核以后，就可以进行 PCB 的设计。对于复杂的硬件设计，一般在设计电原理图时，还有一个原理图仿真过程，尤其对于模拟器件和高频器件等的设计，这个过程通常是必需的。在完成 PCB 的设计进行制板以前，还要对 PCB 设计进行仿真，用以完成对信号完整性、电磁干扰、热仿真等的功能检验。

14.2 3.3 V和5 V混合逻辑系统设计

本节介绍3.3 V和5 V混合逻辑系统设计方法,为此,首先给出各种电平转换标准,接着对3.3 V器件与5 V器件接口的四种情况进行了介绍。

1. 各种电平转换标准

图14.1所示为5 V CMOS、5 V TTL和3.3 V TTL电平的转换标准。其中V_{OH}表示输出高电平的最低电压;V_{IH}表示输入高电平的最低电压;V_{IL}表示输入低电平的最高电压;V_{OL}表示输出低电平的最高电压。从该图可以看出,5 V TTL和3.3 V TTL的逻辑电平是相同的,而5 V CMOS逻辑电平与前两者是不同的,因此,将3.3 V系统与5 V系统接口时必须考虑两者的不同。

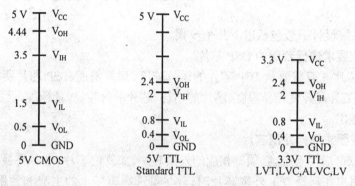

图14.1 5 V CMOS、5 V TTL和3.3 V TTL开关电平标准

2. 3.3 V器件与5 V器件接口的四种情况

根据实际应用场合,下面考虑3.3 V器件与5 V器件接口的四种不同情况,如图14.2所示。

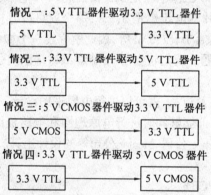

图14.2 3.3 V器件与5 V器件接口的4种情况

(1) 5 V TTL器件驱动3.3 V TTL器件。由于5 V TTL和3.3 V TTL的逻辑电平是相同的,因此,如果3.3 V器件能够承受5 V电压,从电平上来说两者可以直接相连,而不需要额外的元件。TI的CBT(crossbar technology)开关可以用来从5 V TTL向3.3 V TTL且不能承受5 V的器件传送信号。

(2) 3.3 V TTL 器件驱动 5 V TTL 器件。由于两者逻辑电平是相同的,因此不需要额外器件就可以将两者直接相连。

(3) 5 V COMS 器件驱动 3.3 V TTL 器件。显然两者的逻辑电平是不一样的。进一步分析 5 V COMS 的 V_{OH} 和 V_{OL} 与 3.3 V TTL 的 V_{IH} 和 V_{IL} 电平,虽然存在一定差别,但是能够承受 5 V 电压的 3.3 V 器件能够识别 5 V CMOS 器件送来的电平值,也就是说,如果采用能够承受 5 V 电压的 3.3 V 器件,5 V CMOS 驱动 3.3 V TTL 是可能的。

(4) 3.3 V TTL 器件驱动 5 V CMOS 器件。从图 14.1 可以看出,3.3 V TTL 输出的高电平最低电压是 2.4 V(可达 3.3 V),而 5 V CMOS 要求输入高电平的最低电压值是 3.5 V,因此,3.3 V TTL 的输出不能直接与 5 V CMOS 器件输入相连。在这种情况下,可以采用双电压(一边是 3.3 V 供电,一边是 5 V 供电)芯片,如 TI 的 SN74LVC164245、SN74LVC4245 等,这些芯片可以将 3.3 V 逻辑转换成 5 V CMOS 逻辑。

14.3 电源转换电路设计

TMS320LF240x/240xA 系列 DSP 为低功耗系列,所有引脚中除 VCCP 引脚在对 Flash 编程时接 5 V 电压外,其他供电电源引脚供电电压均为 3.3 V。这些供电电源引脚分成三部分:PLL 供电电压 $PLLV_{CCA}$,ADC 模块模拟供电电压 V_{CCA},数字逻辑和 I/O 缓冲器电源电压 V_{DD}/V_{DDO}。其中 ADC 模块模拟供电电压 V_{CCA} 应与数字供电电压分开供电(模拟地 V_{SSA} 与数字地同样也需要分开,以保证 ADC 的精度并且提高 ADC 的抗干扰能力)。如有必要,3.3 V 电源电压经过一个 T 型低通滤波器(截止频率 10 MHz,滤波器详细接法见本书 3.2 节"PLL 时钟模块和低功耗模式")后再连到 $PLLV_{CCA}$ 引脚,这个 10 MHz 的滤波器虽然不是很重要,但有利于改善抖动和减少地磁干扰。

3.3 V 电源一般需要通过对 5 V 电源进行变换得到。常用的电源芯片见表 14.1 所示。对于电源芯片的选择,需要从以下几个方面考虑。

表 14.1 常用电源芯片

型号	规格	温度范围/℃	备注
TPS767D318PWP	1.8 V 3.3 V 1 A	−40 ~ +125	双电压输出 3.3 V 和 1.8 V
TPS767D301PWP	Adj(1.5 ~ 5.5 V) 3.3 V 1A	−40 ~ +125	双电压输出 3.3 V 和可调
TPS7133Q	3.3 V 0.5 A	−40 ~ +125	单电压输出 3.3 V
TPS7233Q	3.3 V 0.25 A	−40 ~ +125	单电压输出 3.3 V
TPS7333	3.3 V 0.5 A	−40 ~ +125	单电压输出 3.3 V

(1) 输入电压和输出电压。也就是说外部提供给系统的电压是多少?系统需要多大的电压?一般来说,外围提供给系统的电压是 5 V,而系统所需的是 3.3 V 电压。

(2) 输出电流,也就是输出功率。这就需要考察每个器件的最坏情况(同时消耗各自的最大电流),然后看看所选的芯片能否提供这么大的输出电流。

(3) 转换效率。对于功率要求严格的地方(如手持设备),转换效率有时候是至关重要的。

(4) 成本和空间。成本是所有选型都必须考虑的,空间则是系统布板所要求的。

此处以 TPS7333 为例给出电源转换设计电路,如图 14.3 所示。其输入电压 5 V,输出电压 3.3 V,输出最大电流 500 mA。

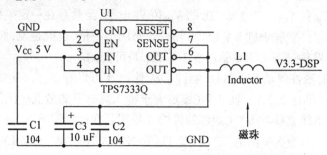

图 14.3　5 V—3.3 V 转换电路

为了提高系统的稳定性和抗干扰性,一般在信号地和电源地
之间使用磁珠,电源输出点也通常使用磁珠

在连接 DSP 的电源引脚时,应该遵循下面的原则。

(1) 在电源引脚和相应的电源地之间采用容值大小不同的电容并联进行电源滤波,一般容值相差 100 倍左右,比如分别取 10 uF 和 0.1 uF 的电容。

(2) 通常 DSP 系统可使用多层板技术来降低电源干扰,即设置专门的一个内层作为电源层,另设置一个内层作为专门的地层,并通过内层分割,将数字地和模拟地分开,最终通过一个磁珠在一点连在一起。

14.4　时钟及复位电路设计

1. 时钟电路设计

在进行时钟电路设计时,需要考虑以下问题。

(1) 频率。即系统工作的时钟频率。

(2) 信号电平。是 5 V 还是 3.3 V,是 TTL 电平还是 CMOS 电平等。

(3) 时钟的沿特性。上升沿和下降沿的时间。

(4) 驱动能力。考虑整个系统中需要时钟的器件数目。

(5) 采用有源晶振还是无源晶体。有源晶振驱动能力比较强,频率范围也很宽,在 1 Hz～400 MHz 之间。使用无源晶体的优点是价格便宜,但是它的驱动能力比较差,一般不能提供多个器件共享,而且它可以提供的频率范围也比较小(一般在 20 kHz～60 MHz)。

由第 3 章的叙述可知,TMS320LF240x/240xA 系列 DSP 的时钟可以有两种连接方式,外部振荡器方式和谐振器方式。这里给出外部振荡器方式的时钟输入电路图,如图 14.4 所示。由图 14.4 可知,此处外部有源晶体振荡器时钟频率为 10 MHz,且为低电压型号(供电电源为 3.3 V),因此,其时钟输出端可以直接与 DSP 的时钟输入端 XTAL1 相连。使用有源晶振要注意时钟信号的电平,一般市场的晶振输出信号的电平为 5 V 或者 3.3 V,如果采用 5 V 供电的有源晶振,那么它的输出需要经过电平转换后才能与 TMS320LF240x/240xA 系列 DSP 的时钟输入端相连。TMS320LF240x/240xA 系列 DSP 的时钟也可以采用无源晶体(或谐振器)来连接。

LF2407A 具有内部锁相环,用来从一个较低频率的外部时钟通过锁相环倍频电路实现内部倍频。锁相环的倍频系数可以通过编程实现,读者可以参考第 3 章的讲解。对于 10 MHz 的外部时钟,最大可以获得 10 MHz × 4 = 40 MHz 的 CPU 时钟。这对于整个电路板的电磁兼容性是很有好处的,因为外部只需要使用较低频率的晶振,避免外部电路干扰时钟,同时也避免了高频时钟干扰板上其他电路。

LF2407A 的 PLL 模块使用外部滤波器回路来抑制信号抖动和电磁干扰,使信号抖动和干扰影响最小。图 14.4 中滤波器回路的元件为 C123、C124、R114,电容 C123 和 C124 必须是无极性的。不同振荡器频率下的 C123、C124、R114 的参考值参见相关芯片的资料,并结合实验确定。

用户布线时,应确保由时钟走线、芯片以及旁路电容组成的回路区域尽可能地小,时钟走线尽可能地短且直,以减少电磁干扰,同时避免高频噪声的干扰。

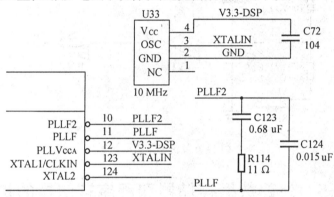

图 14.4 外部振荡器时钟输入电路

2. 复位电路设计

一个可靠的复位电路对于 DSP 应用系统来说是必不可少的。TMS320LF240x/240xA 系列 DSP 为低电平复位。TMS320LF2407A 内部带有复位电路,因此可以直接在 RS 复位引脚外面接一个 10 kΩ 上拉电阻即可,这对于简化外围电路、减少电路板尺寸是很有用处的。一般来说,有两种复位电路的设计方法:专用芯片和 RC 电路法。图 14.5 和图 14.6 分别给出了利用专用芯片 MAX811 和 RC 电路设计的复位电路图,这两种电路均具备上电复位和手动复位的功能。

MAX811 主要用于处理器电源电压监视,在上电和电源电压超限(MAX811 − EUS − T 芯片的门限为 3.08 V)时产生复位信号,并具有手动复位功能,且功耗低,适合应用在手持设备和电池供电的设备中。其电路接法如图 14.5 所示。其中 2 脚 $\overline{RST}$ 为低有效复位信号输出脚,在上电和电源电压超限时均可以产生复位信号,复位信号一直有效,直到电源电压处于正常范围 140 ms 后才变成高电平。3 脚 $\overline{MR}$ 为手动复位输入,当该脚被拉低时,会在 2 脚产生一个复位输出,复位输出信号一直有效,直到 $\overline{MR}$ 变为高电平 180 ms 后才变为高电平。

图 14.6 中的电容 C47 在上电初期为低电平,电源电压通过电阻 R28 对其进行充电,经过一段时间电容上的电压会变成高电平并保持,从而完成了上电复位的过程。两个 74LVT14 非门起到抗干扰的作用。该复位电路也具备手动复位的功能。

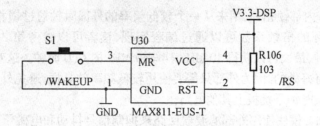

图 14.5 复位电路图示例 1

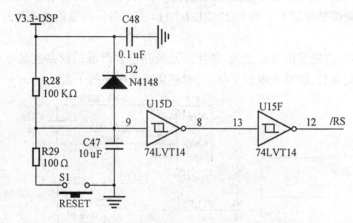

图 14.6 复位电路图示例 2

14.5 外部数据存储器和程序存储器的扩展

存储器是 DSP 系统中最重要的部件之一,它的存取时间和容量直接影响着 DSP 系统的操作性能。半导体存储器主要有随机读写存储器 RAM 和只读存储器 ROM。随机读写存储器 RAM 常用于暂存数据,只读存储器常用于存放程序和需长期保存的数据。此外,还有一种特殊的存储器 NVSRAM(Non-volatile SRAM)将 RAM 与 E^2PROM 相结合,既克服了 E^2PROM 写入速度较慢的缺点,具有 SRAM 的读写速度,又具有 EPROM 的非易失性功能。这种器件以高容量长寿命的锂电池作为后备电源,在低功耗 SRAM 芯片上加上数据保护电路,成为非易失性 NVSRAM,其性能和用法都与 SRAM 一样,但在断电情况下其中的信息可保存 10 年。NVSRAM 的缺点是价格较贵,当封装在片内的锂电池失效后,就没有断电数据保护功能了,电池无法再生使用。

LF240xA DSP 具有 16 位地址线,可以独立访问三个空间:64 K 字的程序空间、64 K 字的数据空间、64 K 字的 I/O 空间。虽然 LF240xA DSP 内含有 544 字的片内 DARAM,某些 240xA DSP 还含有 2 K 字的 SARAM,此外,还具有至多 32 K 字的内部程序存储器,但对一些应用场合这样的存储容量仍然不能满足要求,必须进行外部数据存储器和程序存储器的扩展。

14.5.1 常用数据存储器芯片

随机存储器 RAM 常用于暂存数据,根据其工作原理和条件的不同,又分静态 SRAM、动态 DRAM 和非易失性静态 NVRAM(Non-volatile RAM)。其中,前两种 RAM 掉电后数据即丢失,而 NVRAM 掉电后数据不丢失,DRAM 虽然价格低,但它需要不断刷新,要使用 DRAM 就要增设刷新电路,这样就使电路复杂化且使系统总价格升高,因此,在 DSP 应用系统中一般使用 SRAM。

240xA DSP 的单周期指令执行时间为 25 ns、33 ns、50 ns 等,为了不影响系统访问外部存储器的速度,通常选用高速存取时间的 SRAM 芯片,以使系统工作于全速运行方式(即零等待状态)。应用在零等待状态的高速 SRAM 存取时间至少应不大于 25 ns,表 14.2 列出了一些高速 SRAM 芯片供读者参考。如果不考虑速度问题,则可采用较慢速的 SRAM 芯片,并使用片内等待状态发生器及 READY 信号来产生等待状态即可。

表 14.2 部分高速 SRAM 芯片索引

器件型号	存储容量	引脚	封装	速度/ns	公司	说明
TC55V1664	64 K 字	44	SOJ	15~17	Toshiba	3.3 V 工作电压
IS61LV6416	64 K 字	44	TSSOP	8~12	ISSI	3.3 V 工作电压
CY7C1021V33	64 K 字	44	SOJ/TSOP	10~15	Cypress	3.3 V 工作电压
IS61C6416	64 K 字	44	SOJ/TSOP	10~20	ISSI	5 V 工作电压
CY7C1021	64 K 字	44	SOJ/TSOP	10~20	Cypress	5 V 工作电压
IDT71016	64 K 字	44	SOJ/TSOP	12~20	IDT	5 V 工作电压

14.5.2 常用程序存储器芯片

只读存储器常用于存放程序和需长期保存的数据,根据其结构及写入方法的不同可分为以下几类。

(1) 掩膜只读存储器 MROM。这种芯片是在制造过程中编程,内部信息不可改变,一般用于开发后的大批量产品生产。

(2) 双极性熔丝式 PROM。这种芯片只能被编程一次,要修改程序只能将原来的 PROM 报废。

(3) OTPROM。采用 EPROM 技术生产的一次性编程芯片,所有芯片在生产过程中都通过编程检验,并对其性能进行测试,在封装前擦除,可以保证每个芯片的性能都合格。

(4) EPROM。可用紫外线多次擦除并编程的 ROM,品种齐全,使用广泛。EPROM 分为 NMOS 型和 CMOS 型,两者的输入输出均与 TTL 兼容,区别主要是 CMOS 型 EPROM 的读取时间更短,消耗功率更小。EPROM 虽然可重新改写程序,但通常要把 EPROM 芯片从系统中拆下来,放到紫外线下照射才能擦除,现场是无法改写的。常用 EPROM 芯片有 Intel 公司的 8 位系列 EPROM 芯片 27C16、27C32、27C64、27C128、27C256、27C512。

(5) 可在线擦写的非易失性存储器。主要有可多次电擦除及编程的 E^2PROM 及万次快擦写存储器 Flash Memory 等。

在以上五类器件中,目前用的最多的是第五类,即 E^2PROM 和 Flash Memory。

E^2PROM 是一种可在线电擦除和再编程的只读存储器。它既有 RAM 可读可写的特性,又具有 ROM 的非易失性功能,其内部有擦除和写入专用电路,一般其擦除/写入次数为一万次,写入数据在常温下至少可以保存十年,在断电情况下,E^2PROM 中的信息保持不变。E^2PROM 芯片可分为并行 E^2RPOM 和串行 E^2RPOM 两种。并行 E^2PROM 相对容量大、速度高、读写方法简单,其读出时间与 SRAM 相当,但它的功耗大、价格贵,写入速度较慢。表 14.3 列出一些常用并行 E^2PROM 芯片的主要特性。串行 E^2PROM 芯片根据不同的串行规约又有二线、三线、四线和 SPI 总线 E^2PROM 之分,它们的特点是体积小、价格低、功耗小,但读写方法较复杂,工作速度较慢,通常串行 E^2PROM 芯片使用于所需要字节数和写入的次数不多,且对写入速度也要求不高的场合。

表 14.3 常用并行 E^2PROM 芯片主要特性

器件型号	存储容量	引脚	读访问时间/ns	字节写入时间	说明
28C64A	8 K 字节	44	150~250		
EE64K8	8 K 字节	28	45~55		
AT28HC64B	8 K 字节	28/32	55~120	页写 3/10 ms	页面写入,数据保护
28HC256	32 K 字节	28	100~120		
AT28C256	32 K 字节	28/32	150~350	页写 3/10 ms	页面写入,数据保护
AT28HC256	32 K 字节	28/32	70~120	页写 3/10 ms	页面写入,数据保护
AM28F512	64 K 字节	32	100		
X28C512	64 K 字节	28	200~250		

Flash Memory 快擦写存储器是一种集成度高,制造成本低的存储芯片。由于它既具有 SRAM 读写的灵活性和较快的访问速度,又具有非易失性特点,因此使用起来非常灵活方便。

Flash Memory 可以重复擦除 100 万次以上,具有很强的生命力,已开始越来越多的取代 EPROM,并得到了迅速发展。

Flash Memory 根据工艺不同而具有不同的体系结构,目前主要有以下五种:"或非"NOR型、"与非"NAND 型、"与"AND 型、DINOR 型及 Triple—Poly 结构。它们的主要不同点是采用了不同的擦除和写入方法以及单元排列的差异。无论采用何种结构形式,供电电压都可以分成两类:一类需要用高压 +12 V 编程,型号序列为 28FXXX;另一类只需要单电源 +5 V 供电,型号序列通常为 29C(/N)XXX,但是芯片的型号代码并不完全统一,使用时需要查手册确定。表 14.4 列出了常用 Flash Memory 芯片的主要参数。

表 14.4 常用 Flash Memory 芯片主要特性

器件型号	存储容量	引脚	访问时间/ns	封装	说明
28F256A	32 K 字节	32	90~200	DIP	
AT29LV256	32 K 字节	28/32	200~250	DIP/PLCC	3.3 V 工作电压
TMS29F258	32 K 字节	32	170~200	DIP	
28F512	64 K 字节	32	120~200	DIP/PLCC	
TMS29F512	64 K 字节	32	100~200	DIP/PLCC	
AT29C512	64 K 字节	32	70~200	DIP/PLCC	
AT29LV1024	64 K 字	44/48	70~200	TSOP/PLCC	3.3 V 工作电压
AT29C1024	64 K 字	44/48	70~200	TSOP/PLCC	
Am29F010B	128 K 字节	32	45~120	DIP/PLCC/TSOP	
Am29F040B	512 K 字节	32	55~150	DIP/PLCC/TSOP	

14.5.3 数据存储器和程序存储器扩展技术

下面列出 LF240x/240xA 与外部存储器及外部 I/O 接口时的有关引脚功能。

(1) A0～A15。16 条地址线，用于从 DSP 向其他芯片传送地址。

(2) D0～D15。16 条双向数据线，用于 DSP 与外部存储器或 I/O 空间传送数据。

(3) $\overline{\text{DS}}$。数据存储器选择引脚，当 DSP 访问外部数据存储器时，该引脚低电平有效。

(4) $\overline{\text{PS}}$。程序存储器选择引脚，当 DSP 访问外部程序存储器时，该引脚低电平有效。

(5) $\overline{\text{IS}}$。I/O 空间选择引脚，当 DSP 访问外部 I/O 空间时，该引脚低电平有效。

(6) $\overline{\text{STRB}}$。外部存储器访问选通。

(7) $\overline{\text{RD}}$。读选择引脚，低电平有效，DSP 使用 $\overline{\text{RD}}$ 请求从外部程序、数据或 I/O 空间读数据。

(8) $\overline{\text{WE}}$。写使能引脚，低电平有效，DSP 使用 $\overline{\text{WE}}$ 请求向外部程序、数据或 I/O 空间写数据。

(9) R/$\overline{\text{W}}$。读/写引脚，该引脚指明 DSP 和外部程序、数据或 I/O 空间之间的数据传输方向。

(10) READY。为输入引脚，用于 DSP 访问外部存储器时插入等待状态，如不需要等待，上拉即可。

(11) MP/$\overline{\text{MC}}$。微处理器/微计算机(控制器)方式选择。

(12) ENA_144。外部数据存储器使能信号，高有效，即当 ENA_144 为高电平时，可访问外部数据存储器，如没有外部数据存储器，将 ENA_144 接低电平。

(13) $\overline{\text{VIS\_OE}}$。可视输出可能，一般该引脚接高电平，即禁止可视输出。

DSP 与外部存储器接口时，只需将存储器的地址线、数据线与 DSP 的地址线、数据线相连接，并辅以片选线和控制线选中该芯片即可。如果使用的是 8 位存储器，则需要两片才能构成 16 位数据的应用系统。建议选用 16 位且工作电压为 3.3 V 的存储器与 LF240x/240xA DSP 接口。

图 14.7 给出了 240x/240xA 与外部程序存储器的接口电路图，在该图中 DSP 的地址线、数据线与程序存储器的地址线、数据线直接相连，利用 $\overline{\text{PS}}$ 信号选通外部程序存储器，并用 $\overline{\text{RD}}$ 信号请求从外部程序存储器读数据。

图 14.8 给出了 240x/240xA 与外部数据存储器的接口电路图，在该图中 DSP 的地址线、数据线与程序存储器的地址线、数据线直接相连，利用 $\overline{\text{DS}}$ 信号选通外部数据存储器，用 $\overline{\text{RD}}$ 信号请求从外部数据存储器读数据，用 $\overline{\text{WE}}$ 信号向外部数据存储器写数据。

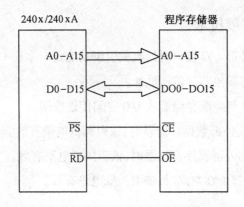
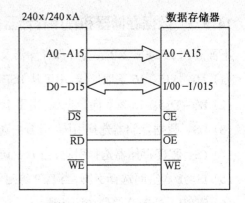

图 14.7　240x/240xA 与外部程序存储器接口电路　　图 14.8　240x/240xA 与外部数据存储器接口电路

14.5.4　仿真 RAM 电路设计

DSP 一般有两种工作方式:微处理器方式和微控制器方式,通过 MP/$\overline{\text{MC}}$引脚进行选择。若复位时 MP/$\overline{\text{MC}}$引脚为低电平,则工作在微控制器方式下,并从内部程序存储器的 0000h 开始执行程序;若在复位时 MP/$\overline{\text{MC}}$引脚为高电平,则工作在微处理器方式下,并从外部程序存储器的 0000h 开始执行程序。在实际应用中,仿真调试阶段一般使 DSP 工作在微处理器方式,并用一片仿真 RAM 作为临时的程序存储器,仿真前利用仿真器将程序载入仿真 RAM 中,然后就可以进行单步执行、设置断点、全速执行等调试操作。仿真调试完成后,用户可以生成 DSP 的可执行文件并烧写到内部的程序存储器,然后将 DSP 设为微控制器方式,复位后从内部程序存储器的 0000h 开始执行程序。

仿真 RAM 一般选用 SRAM 芯片,常用的 SRAM 芯片有 Cypress 公司的 CY7C1021,ISSI 公司的 IS61C6416,IDT 公司的 IDT71016 等,详见表 14.2。选择芯片时主要考虑 SRAM 的工作速度应能满足 DSP 的读写速度。图 14.9 给出了仿真 RAM 电路图示例。

图 14.9 中的 DSP_A00～DSP_A15 直接与 DSP 的 16 根地址线相连,DSP_D00～DSP_D15 直接与 DSP 的 16 根数据线相连,/RD 直接与 DSP 的读选择引脚$\overline{\text{RD}}$相连,/WE 直接与 DSP 的写使能引脚$\overline{\text{WE}}$相连,/PS 直接与 DSP 的程序存储器选择引脚$\overline{\text{PS}}$相连,/DS 直接与 DSP 的数据存储器选择引脚$\overline{\text{DS}}$相连,MP/$\overline{\text{MC}}$直接与 DSP 的微处理器/微控制器方式选择引脚相连。仿真调试时,MP/$\overline{\text{MC}}$引脚应为高电平,JP5 跳线应将 1 脚和 2 脚相连,即将 DSP 的程序存储器选择引脚$\overline{\text{PS}}$连到 SRAM 芯片的/CE 引脚,相当于 DSP 访问外部程序空间时 SRAM 芯片有效。注意,为了使 SRAM 的逻辑电平与 DSP 的逻辑电平兼容,此处选择了 3.3 V 供电的 SRAM 芯片,仿真调试结束后,可以将 JP5 的跳线端子挪到 2 脚和 3 脚,使其相连,这样该 SRAM 芯片就可用做外部数据存储器,一举两得。

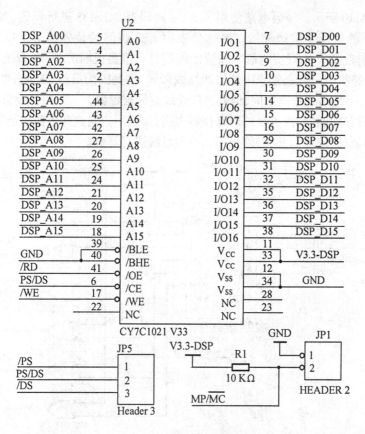

图 14.9 仿真 RAM 电路

14.6 实现片选的基本方法

DSP 对外部存储器和外部功能器件的片选方法有两种:线选法和译码选通法。

1. 线选法

线选法适用于扩展芯片不多的系统。例如,在某 DSP 应用系统中,要同时外扩程序存储器和数据存储器,按照 14.5 节的描述,可以利用 $\overline{PS}$ 信号选通外部程序存储器,用 $\overline{DS}$ 信号选通外部数据存储器,这就是最简单的线选法。线选法的优点是电路简单,使用方便,但可扩展的芯片数量有限,地址空间可能也不连续。

2. 译码选通法

译码选通法适用于扩展更多芯片,以组成较大应用系统。其做法是把 DSP 的一些地址线和控制线作为地址译码器的输入,通过译码产生更多的片选信号去选通外部数据存储器、程序存储器和 I/O 口。最常用的译码方法有门电路译码和通用译码器译码,不少系统还采用 GAL 或 PAL 器件甚至 CPLD 或 FPGA 进行译码。常用的通用译码器有 3—8 线译码器 74LS138、双 2—4 线译码器 74LS139 和 4—16 线译码器 74LS154 等。

例如,在某系统中,需要实现的控制操作包括向某 DAC 芯片写入数据,向 DDS 电路频率控制字寄存器发送频率控制字,实现 DDFS 时钟切换,启动 ADC 转换,从 ADC 回读转换结果,向 DDS 电路幅度控制寄存器发送幅度控制字,实现继电器控制。相应的 I/O 译码电路原理图如图 14.10 所示。译码电路使用了 3-8 译码器 74LS138 进行译码,其中 AD0~AD2 信号来自 DSP 的最低 3 位地址线,/IS 信号表明 DSP 访问的是外部 I/O 口,低电平有效,/WE、/RD 分别是 DSP 的写使能信号和读使能信号。需要说明的是,在 DSP 应用系统中进行 I/O 接口电路扩展设计必须采用低位地址线译码,这是因为虽然 LF240x/240xA 系列 DSP 器件支持 64 K 字的 I/O 地址空间,但其高位地址空间被保留,一部分用于测试目的,另一部分则被其他保留空间和片内 I/O 映射寄存器占用,如果用户向这些保留地址写数据,会引起处理器不可预测的操作,因此,必须采用低位地址线进行译码。

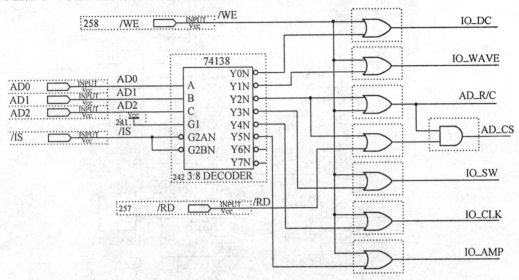

图 14.10 I/O 口空间的译码电路图

在本例中,各个 I/O 口的地址和对应功能如表 14.5 所示。

表 14.5 各个 I/O 口的地址和功能

标号	I/O 地址	功能	读/写状态
IO_DC	0000h	向 DAC 芯片写入数据	写
IO_WAVE	0001h	输出频率控制字	写
AD_R/C	0002h	启动 ADC 转换	写
AD_CS	0002h	读 ADC 转换结果	读
IO_SW	0003h	实现继电器控制	写
IO_CLK	0004h	实现 DDFS 时钟切换	写
IO_AMP	0005h	输出幅度控制字	写

14.7 JTAG 仿真接口设计

对 DSP 的仿真调试需要通过 DSP 仿真器进行,DSP 仿真器通过 DSP 芯片上提供的扫描仿真引脚实现仿真功能,这种扫描仿真方法为 TI 公司所开发,用来解决高速 DSP 芯片的仿真。扫描仿真消除了传统的电路仿真存在的仿真电缆过长会引起信号失真,仿真插头的可靠性差的问题。采用扫描仿真,使得在线仿真成为可能,给调试带来极大的方便。

DSP 仿真头采用 14 根信号线,并符合 JTAG IEEE1149.1 标准。图 14.11 给出了 LF240x/240xA 的 JTAG 仿真接口电路。在该图中,JP15 是用于与 DSP 仿真器相连的仿真头。其中第 5 脚所接 V_{CC} 为 5 V,该信号用于点亮仿真器上的 Target Power 灯,必须接,否则 Target Power 灯不亮。仿真头上的第 6 脚在目标板上请不要焊插针,因为该引脚在 ICETEK – 5100 的仿真头上已封上,以确保仿真头的方向正确。在画目标板 PCB 图时,应使仿真头靠近 DSP 芯片,以使仿真调试可靠进行。TDI、TCK、TMS、EMU0、EMU1 引脚最好接上拉电阻,TRST引脚最好接下拉电阻。

仿真头相邻两个引脚间的距离为 100 mil(英制)。

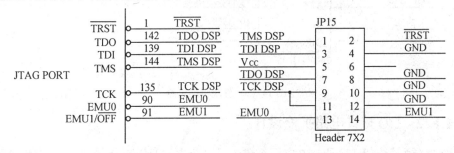

图 14.11　JTAG 仿真接口设计

14.8　总线驱动及 I/O 接口电路扩充设计

14.8.1　总线驱动电路

LF240x/240xA DSP 数据总线 D0 ~ D15 的驱动能力为 4 mA,地址总线 A0 ~ A15 的驱动能力为 2 mA。在总线负载较重的情况,应使用总线缓冲器增强驱动能力。图 14.12 给出了由 74LVTH245 组成的总线驱动电路。74LVTH245 采用 3.3 V 供电,其输入输出电平不仅能满足 3.3 V TTL 标准,也能与 5 V TTL 器件直接相连,且驱动能力可达 32 mA。在图 14.12 中,DSP_D00 ~ DSP_D15 直接与 DSP 的 16 根数据线相连,/RD 直接与 DSP 的读选择引脚RD相连,/WE直接与 DSP 的写使能引脚WE相连,74LVTH245 的使能信号由/RD 和/WE 相与得到,表示只有当 DSP 要通过数据总线与外部器件进行数据交换时 74LVTH245 才有效,其他时候该芯片处于高阻态。/RD 信号用于控制 74LVTH245 的传输方向,当 DSP 从外部器件读数据时,/RD 信号低有效,数据从 B 到 A。当 DSP 向外部器件写数据时,/RD 信号为高,数据从 A 到 B。74LVTH16245 也是 240x/240xA DSP 常用的总线缓冲芯片,它与 74LVTH245 的区别主要是位数的区别,74LVTH16245 是 16 位的,而 74LVTH245 是 8 位的。

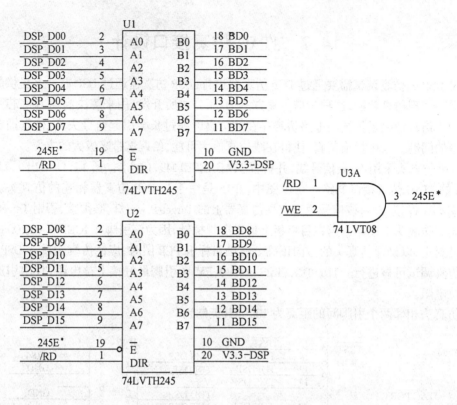

图 14.12 总线驱动电路

14.8.2 I/O 接口电路扩充设计

I/O 口(输入/输出口)是 DSP 应用系统中不可缺少的组成部分,虽然 240x/240xA 有多达 41 个数字 I/O 脚,但它们多数为复用引脚,因此,在设计应用系统时,有时需要设计外部 I/O 接口。设计的方法主要有两种:一种是采用 TTL 电路或 CMOS 电路的三态缓冲器、触发器和锁存器等构成简单 I/O 口;另一种是采用通用 I/O 集成芯片或可编程逻辑器件构成外部 I/O 口。

在进行简单 I/O 接口电路的设计时,一般应遵循"输入三态、输出锁存"与总线相连的设计原则,即输入口可使用三态缓冲器或带有三态输出的锁存器,而输出口只能使用锁存器,否则将无法保留所送信号。

1. 常用三态缓冲器

常用的三态缓冲器有 74LS240、74LS241、74LS244、74LS245 等,它们常用来扩展数据的并行输入口。74LS240、74LS241 和 74LS244 的引脚排列相同,但 74LS241 和 74LS244 都是同相三态缓冲器,而 74LS240 是八反相三态缓冲器,74LS245 则是一个八同相三态收发器,这几个芯片的引脚定义不多作介绍,读者可查阅相关手册。

2. 常用 D 型锁存器和触发器

常用的 D 型触发器和 D 型锁存器有 74LS273、74LS373、74LS374、74LS377 等,它们可用来扩展并行输出口。触发器和锁存器的主要区别是,触发器采用边沿触发送数,而锁存器则采用电平触发送数。表 14.6 列出了 74LS273、74LS373、74LS374、74LS377 的区别。

表 14.6 74LS273、74LS373、74LS374、74LS377 的功能表

型号	名称	触发方式	输入特点	输出结构	相位关系	典型传输速率
74LS273	8D 触发器	上升沿		图腾柱	同相	一般为 20 ns
74LS373	8D 锁存器	高电平	回环施密特	三态	同相	高速为 6.5 ns
74LS374	8D 触发器	上升沿	回环施密特	三态	同相	8.5 ns
74LS377	8D 触发器	上升沿		图腾柱	同相	10 ns

14.9 DSP 的串行通信接口技术

LF240x/240xA DSP 内部的 SCI 异步串行接口,大大扩展了 DSP 的应用范围。利用 SCI 异步串行口可以实现 DSP 与 DSP 之间点对点的串行通信、多机通信以及 DSP 与 PC 机间的单机或多机通信。

LF240x/240xA DSP 内部 SCI 串行口的输入、输出均为 3.3V TTL 电平。这种以 TTL 电平串行传输数据的方式抗干扰性差,传输距离短。为了提高串行通信的可靠性,增大串行通信的距离,一般都采用标准串行接口,如 RS - 232C、RS - 422A、RS - 485 等标准来实现串行通信。

14.9.1 各种标准串行通信接口

1. RS - 232C 接口

美国电子工业协会(EIA)公布的 RS - 232C 是用的最多的一种串行通信标准,它定义了数据终端设备(DTE)和数据通信设备(DCE)之间的串行接口标准,该标准包括按位串行传输的电气和机械方面的规定。

RS - 232C 的机械指标规定:RS - 232C 接口通向外部的连接器(插针插座)是一种"D"型 25 针插头。由于 25 芯中有许多是不常用的,IBM - PC 对其进行了简化,取了其中常用的 9 芯,构成了 9 芯 RS - 232C 串行接口,使其成为一种事实上的串行接口标准配置。RS - 232C 的"D"型 9 针插头引脚定义如图 14.13 所示。

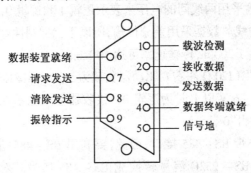

图 14.13 "D"型 9 针插头引脚定义图

RS - 232C 标准接口中的主要信号是"发送数据"和"接收数据",它们用来在两个系统或设备之间传送串行信息。对于异步通信,传输的串行位数据信息的单位是字符。

在电性能方面,这一标准使用负逻辑。逻辑 1 电平是在 - 15 ~ - 5 V 范围内,逻辑 0 电

平则在+5~+15 V范围内。它要求RS-232C接收器必须能识别低至+3 V的信号作为逻辑0,而识别高至-3 V的信号作为逻辑1,这意味着有2 V的噪声容限。RS-232C进行数据传输的最高速率为20 kbit/s,通信距离最长为15 m。

2. RS-422A 接口

RS-232C虽然应用很广泛,但其推出较早,在现代网络通讯中已暴露出明显的缺点:传输速率低、通信距离短、接口处信号容易产生串扰等,鉴于此,EIA又制定了RS-422A标准。RS-232C既是一种电气标准,又是一种物理接口功能标准,而RS-422A仅仅是一种电气标准。PC机不带RS-422A接口,因此,要利用RS-422A进行通信时,需用RS-232/RS-422A转换器把RS-232C信号转换成RS-422A信号。对于DSP可以通过芯片MAX491来完成TTL/RS-422A的电平转换。

RS-422A与RS-232C的主要区别是,收发双方的信号地不再共地,RS-422A标准规定平衡驱动和差分接收的方法,每个方向用于数据传输的是两条平衡导线,这相当于两个单端驱动器。输入同一个信号时,其中一个驱动器的输出永远是另一个驱动器的反相信号,于是两条线上传输的信号电平,当一个表示逻辑1时,另一条一定为逻辑0。若传输过程中,信号中混入了干扰和噪声(以共模形式出现),由于差分接收器的作用,就能识别有用信号并正确接收传输的信息,并使干扰和噪声相互抵消,因此,RS-422A能在长距离、高速率下传输数据,它的最大传输率为10 Mbit/s,如果采用较低传输速率时,最大传输距离可达1 200 m。

RS-422A电路由发送器、平衡连接电缆、电缆终端负载、接收器四部分组成。在电路中规定只许有一个发送器,可以有多个接收器,因此,通常采用点对点通讯方式。该标准规定逻辑"0"电平为2~6 V,逻辑"1"电平为-6~-2 V,差分接收器可以检测的输入信号电平可低到200 mV。

3. RS-485 接口

RS-485是RS-422A的变型,它与RS-422A的区别在于,RS-422A为全双工,采用两对平衡差分信号线;而RS-485为半双工,采用一对平衡差分信号线。RS-485对于多站互连是十分方便的。RS-485标准允许最多并联32台驱动器和32台接收器。

RS-485的信号传输采用两线间的电压来表示逻辑1和逻辑0,由于发方需要两根传输线,收方也需要两根传输线。数据采用差分传输,所以干扰抑制性好,又因为阻抗低,无接地问题,所以传输距离可达1 200 m,传输速率可达10 Mbit/s。

总线两端接匹配电阻(120 Ω左右),驱动器负载为54 Ω。驱动器输出电平在-6~1.5 V以下时为逻辑1,在1.5~6 V以上时为逻辑0。接收器输入电平在-0.2 V以下时为逻辑"1",在+0.2 V以上为逻辑"0"。

普通的PC机一般不带RS-485接口,因此,要利用RS-485进行通信时应使用RS-232/RS-485转换器把RS-232C信号转换成RS-485信号。对于DSP可以通过芯片MAX485来完成TTL/RS-485的电平转换。

4. 各种串行接口性能比较

现将RS-232C、RS-422A、RS-485各串行接口性能列在表14.7中,以便比较。

表 14.7 各种串行接口性能比较

接口 性能	RS-232C	RS-422A	RS-485
功能	双向、全双工	双向、全双工	双向、半双工
传输方式	单端	差分	差分
逻辑"0"电平	3~15 V	2~6 V	1.5~6 V
逻辑"1"电平	-15~-3 V	-6~-2 V	-6~-1.5 V
最大速率	20 kbit/s	10 Mbit/s	10 Mbit/s
最大距离	15 m	1 200 m	1 200 m
驱动器加载输出电压	5~15 V -15~-5 V	2~6 V -6~-2 V	1.5~6 V -6~-1.5 V
接收器输入敏感度	±3 V	±0.2 V	±0.2 V
接收器输入阻抗	3~7 kΩ	>4 kΩ	>7 kΩ
组态方式	点对点	1台驱动器 10台接收器	32台驱动器 32台接收器
抗干扰能力	弱	强	强
传输介质	扁平或多 芯电缆	2对双绞线	1对双绞线
常用驱动器芯片	MAX232 MC1488 MAX3232	SN75174 MC3487 MAX491	MC3487 SN75176 MAX485
常用接收芯片	MAX232 MC1489 MAX3232	SN75175 MC3486 MAX491	MC3486 SN75176 MAX485

14.9.2 PC机与DSP的点对点的串行通信接口

由于LF240x/240xA DSP中SCI接口的TTL电平和PC机的RS-232C电平互不兼容,所以两者对接时,必须进行电平转换。RS-232C与TTL电平转换最常用的芯片是MC1488、MC1489、MAX232、MAX3232等,各厂商生产的此类芯片虽然不同,但原理相似。以美国MAXIM公司的产品MAX3232为例,它是RS-232C双工发送器/接收器接口芯片,由于芯片内部有自升压的电平倍增电路,工作时仅需要单一的+3.3 V或+5 V电源。其片内有2个发送器,2个接收器,有TTL信号输入/RS-232C输出的功能,也有RS-232C输入/TTL输出的功能,该芯片与TTL/CMOS电平兼容,使用比较方便。使用MAX3232实现TTL/RS-232C之间的电平转换电路如图14.14所示。

在图14.14中,SCITXD、SCIRXD分别与LF2407中25脚SCITXD(串行数据发送)和26脚SCTRXD(串行数据接收)相连,连接器DB9则通过RS-232电缆与PC机相连,DSP的发送数据信号SCITXD经过电平转换后变成RS-232C信号并与PC机的数据接收端相连,PC机的发送数据信号232TXD经过电平转换后变成TTL信号并与DSP的数据接收端相连,从而实现PC机与DSP的点对点串行通信。

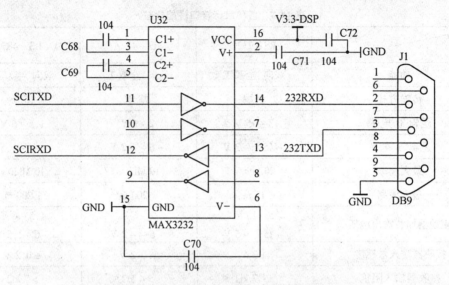

图 14.14 TTL/RS-232C 电平转换电路

为了提高串行通信的可靠性,增大串行通信的距离,可采用 RS-422A、RS-485 等标准来实现 PC 机与 DSP 之间的串行通讯。基于 RS-422A 的串行通信连接框图如图 14.15 所示,基于 RS-485 的串行通信连接框图则如图 14.16 所示,详细的电路设计请参考相关手册。

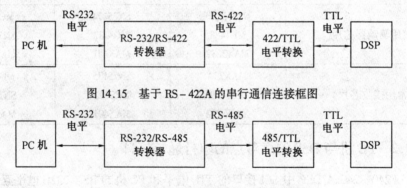

图 14.15 基于 RS-422A 的串行通信连接框图

图 14.16 基于 RS-485 的串行通信连接框图

14.10 DSP 与 A/D、D/A 的接口

在 DSP 的实时控制应用系统中,控制或测量对象的有关变量,往往是一些连续变化的模拟量,如温度、压力、流量、速度等物理量,这些模拟量必须转换为数字量后才能输入到 DSP 中进行处理。DSP 处理的结果,也常常需要转换为模拟信号,若输入的是非电模拟信号,还需要经过传感器转换成模拟电信号。实现模拟量转换成数字量的器件称为模数转换器(ADC),数字量转换成模拟量的器件称为数模转换器(DAC)。

ADC 和 DAC 的种类繁多,特性各异,从中选择适当的 ADC 和 DAC 时,最重要的是明确使用目的,这样,就能选择性能合适、性能价格比高的 ADC 和 DAC。

ADC 的主要性能指标是:①分辨率;②转换时间;③精度;④输入电压范围;⑤输入电

阻;⑥供电电源;⑦数字输出特性;⑧工作环境;⑨保存环境等。

DAC 的主要性能指标是:①分辨率;②建立时间;③精度;④输出范围;⑤供电电源;⑥数字输入特性;⑦工作环境;⑧保存环境。

14.10.1　DSP 与 A/D 的接口

LF240x/240xA DSP 内部具有 10 位 A/D 转换模块,其输入范围为 0～3.3 V,转换速度也较快(比如 LF2407A 为 375 ns),这对于一般的应用场合已经可以满足要求,但对于需要高精度或高速模数转换的场合,就需要外扩 A/D。A/D 分并行 A/D 和串行 A/D 两种。这里只介绍 DSP 与并行 A/D 的接口。不同的 A/D 芯片管脚定义各不相同,工作时序也会有所区别,但与 DSP 之间的接口大同小异。本节先介绍 Analog Device 公司生产的 12 位四通道模数转换芯片 AD7864AS－1,接着以 AD7864AS－1 为例介绍 DSP 与并行 A/D 的接口设计。

AD7864AS－1 的输入范围为可达 －10～＋10 V,四输入通道,转换速度可达 1.65 us,12 位分辨率。图 14.17 为 AD7864 的一个实际应用电路图,其中 BD0～BD11 通过总线驱动器与 DSP 的相关数据线相连,SL1—SL4 可以利用 DSP 的数字 I/O 口控制,也可以利用相应的触发器或锁存器进行控制。译码电路、总线驱动及 I/O 接口电路相关设计方法已分别在 14.6 节和 14.8 进行了介绍。以下只对 AD7864 的主要引脚功能和工作时序进行简要说明,关于芯片的详细介绍请参考相关资料。

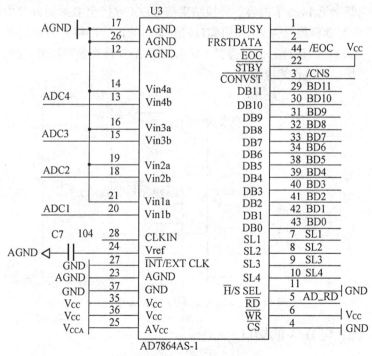

图 14.17　AD7864 应用电路图

AD7864 中的 13～16、18～21 脚为模拟信号输入引脚;7～10 脚 SL1～SL4 用于输入通道选择;11 脚 $\overline{H}$/S SEL 为输入通道选择方式,低电平时为硬件选择方式,高电平时为软件选择方式;3 脚 $\overline{CONVST}$ 用于启动模数转换,当该引脚上有一个上升沿输入时模数转换即被启动;44 脚 $\overline{EOC}$ 用于输出模数转换结束信号,如果模数转换完成,该引脚上会输出一个负脉冲;

5脚$\overline{RD}$用于读转换结果使能,DB0~DB11为12位数据输出引脚。AD7864的一个典型工作时序如图14.18所示。从该时序可以看出AD7864的基本工作过程:需要转换时先在$\overline{CONVST}$引脚给一个启动转换信号,A/D每完成一次转换就通过EOC引脚给出转换结束信号,等所有转换结束后,就可以通过使能$\overline{RD}$和$\overline{CS}$信号读取转换结果。

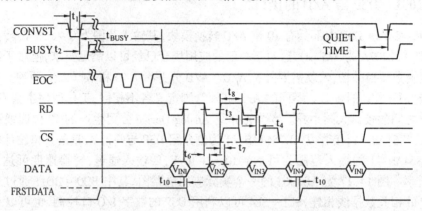

图14.18 AD7864的一种典型转换时序

通过以上介绍,不难给出240x/240xA与AD7864的接口框图,如图14.19所示。由图14.19可以看出,A/D的启动转换信号和读使能信号通过对DSP的地址线和$\overline{IS}$信号进行译码得到,相关译码电路参见14.6节内容。转换结束信号$\overline{EOC}$被接至DSP的外部中断输入引脚XINT1上,这样,当A/D转换结束以后,引脚$\overline{EOC}$上输出的负脉冲将使DSP的外部中断1的中断标志位置1,通过判断该标志位是否置1即可知道A/D转换是否结束,根据具体应用场合的不同要求,该接口可以作相应调整。

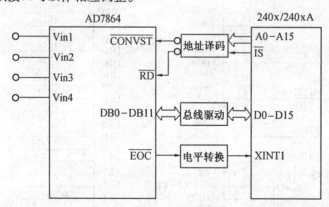

图14.19 240x/240xA与AD7864接口

14.10.2 DSP与D/A的接口

LF240x/240xA DSP内部没有D/A转换模块,如果需要将数字量转换成模拟量就应外接数模转换器(DAC),本节以DAC7625为例,介绍DSP与D/A的接口设计。

1. DAC7625芯片简介

DAC7625为4通道12位双缓冲的DAC芯片,单+5 V或双±5 V供电。双缓冲寄存器使得4路DAC数据可以分别写入,但同时转换。图14.20给出了DAC7625的芯片框图。电压输出的最大值和最小值由外加的电压参考源设置(V_{REFL}和V_{REFH})。数字量输入是12位并行数据,输入寄存器提供回读功能。

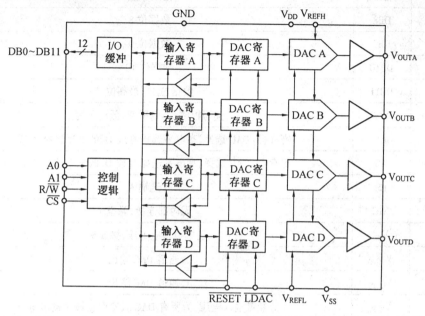

图 14.20　DAC7625 芯片框图

DAC7625 芯片的引脚描述如表 14.8 所示。

表 14.8　DAC7625 芯片的引脚描述

引脚号	引脚名	描　述
1	V_{REFH}	高参考输入电压,为所有 DAC 通道设置最大输出电压
2	V_{OUTB}	B 通道 DAC 输出
3	V_{OUTA}	A 通道 DAC 输出
4	V_{SS}	负模拟供电电压,接 0 V 或 -5 V
5	GND	接数字地
6	$\overline{RESET}$	异步复位输入,此脚为低时,DAC 和输入寄存器清零
7	$\overline{LDAC}$	载入 DAC 输入数据,此脚为低时,所有 DAC 寄存器透明
8	DB0	数据位 0,最低位
9	DB1	数据位 1
10	DB2	数据位 2
11	DB3	数据位 3
12	DB4	数据位 4
13	DB5	数据位 5
14	DB6	数据位 6
15	DB7	数据位 7

续表 14.8

引脚号	引脚名	描述
16	DB8	数据位 8
17	DB9	数据位 9
18	DB10	数据位 10
19	DB11	数据位 11,最高位
20	R/$\overline{\text{W}}$	读写控制,高电平读,低电平写
21	A1	寄存器/DAC 选择,高电平选择 C 或 D,低电平选择 A 或 B
22	A0	寄存器/DAC 选择,高电平选择 B 或 D,低电平选择 A 或 C
23	$\overline{\text{CS}}$	片选输入
24	NIC	无内部连接,悬空
25	V_{DD}	正模拟供电电压,接 5 V
26	V_{OUTD}	D 通道 DAC 输出
27	V_{OUTC}	C 通道 DAC 输出
28	V_{REFL}	低参考输入电压,为所有 DAC 通道设置最小输出电压

图 14.21 描述了 DAC7625 的数据输入时序。从该图可以看出,往 DAC7625 输入寄存器写数据时 $\overline{\text{CS}}$ 和 R/$\overline{\text{W}}$ 应为低电平,如 $\overline{\text{LDAC}}$ 同时为低,则写入的数据同时送入 DAC 寄存器并转换成模拟电压输出。用户也可以先将 $\overline{\text{LDAC}}$ 置高,等所有数据写入四个输入寄存器后,再将 $\overline{\text{LDAC}}$ 置低以使四路 DAC 同时更新电压输出。

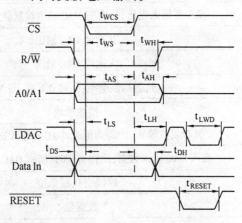

图 14.21 DAC7625 的数据输入时序

2. DSP 与 DAC7625 接口设计

DAC 与 DAC7625 的一个实际接口电路如图 14.22 所示。其中 BD0~BD11 通过总线驱动器与 DSP 的相关数据线相连,DAC7625 读写选择信号 R/$\overline{\text{W}}$ 与 DSP 的 92 脚 R/$\overline{\text{W}}$ 直接相连,片选信号 DA_CS、DAC 输入数据载入信号/LDAC、复位信号/RESET 可以由译码电路给出。A1、A0 可以由 DSP 的通用数字 I/O 引脚进行控制,也可以利用相应的触发器或锁存器进行控制。译码电路、总线驱动及 I/O 接口电路相关设计方法已分别在 14.6 节和 14.8 进行了介绍。

精密电压参考源 AD580 提供稳定的 2.5 V 参考电压,直接接到 DAC7625 高参考电压输入端,低参考电压则接地,V_{CCA}表示模拟 +5 V 电源电压。则实际的输出电压为

$$DACOUT_X = V_{REFL} + \frac{V_{REFH} - V_{REFL}}{4096} \times n = 2.5 \times \frac{n}{4096}$$

式中,n 表示数模转换的数字量。

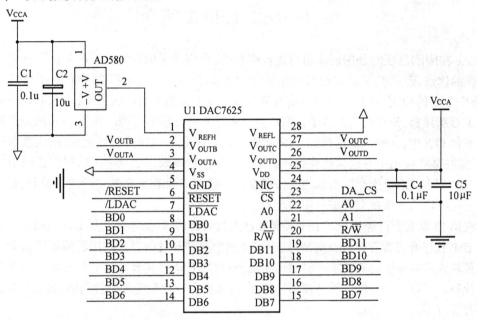

图 14.22 DSP 与 DAC7625 的接口电路

第15章 DSP 的 C 语言编程

15.1 DSP C 语言简介

　　DSP 在刚刚出现时是用汇编语言进行编程的，采用手工编写的汇编语言程序具有执行速度快的优点，但用汇编语言编写程序是非常费时费力的。为了提高 DSP 程序开发的效率，推广 DSP 的应用，各 DSP 生产厂商及第三方开发公司做了大量的工作，为 DSP 软件开发提供了 C 编译器，使得利用高级语言实现 DSP 程序的开发成为可能。在 TI 公司的 DSP 软件开发平台 CCS 中，又提供了优化的 C 编译器，可以对 C 语言程序进行优化编译，提高程序效率，目前在某些应用中 C 语言优化编译的结果可以使程序效率达到手工编写的汇编语言效率的 90% 以上。DSP 生产厂商和相关公司也在不断对 C 优化编译器进行改进设计，C 语言程序优化编译的效果将会有进一步的改善。

　　在第 13 章我们已经讨论过 DSP 控制程序开发语言的选择，单纯利用 C 语言或汇编语言进行 DSP 程序开发都存在各自的缺点，应综合利用两种开发语言。利用汇编语言编写一些运算量较大或对运算时间要求严格的程序代码；利用 C 语言实现总体流程控制和一般性的程序代码。可以充分发挥两种开发语言的优势，从而保证比较短的开发周期，是更为合适的软件开发方案。

　　TMS320C2000 系列提供有优化的 C 编译器，它支持 ANSI(American National Standards Institute, 美国国家标准委员会)开发的 C 语言标准。该 C 语言标准是使用最广泛的 C 语言标准，ANSI 标准具有一些受目标处理器、运行期环境或主机环境影响的 C 语言特性，从有效性或实现上的考虑，这些特征在各种标准的 C 编译器之间可能有不同。本章将详细介绍这些特性在 TMS320C2000 的 C 编译器中的实现。

15.2 DSP C 语言特性

15.2.1 TMS320C2000 C 语言的特征

TMS320C2000 C 语言有以下一些不同于标准 C 语言的特征。

1. 标识符和常数

(1) 所有标识符的前 100 个字符有意义，区分大小写。这些特性适用于内部和外部的标识符。

(2) 源(主机)和执行(目标)字符集为 ASCII 码，不存在多字节字符。

(3) 具有多个字符的字符常数按序列中最后一个字符来编码，例如：

'abc' == 'c'

2. 数据转换

(1) 浮点到整数的转换取整数部分。

(2) 指针和整数可以自由转换。

3. 表达式

(1) 当两个有符号整数相除时,若其中一个为负,则其商为负,余数的符号与分子的符号相同。斜杠(/)用来求商,百分号(%)用来求余数。例如:

10 / -3 = -3, -10 / 3 = -3, 10 % -3 = 1, -10 % 3 = -1

(2) 有符号数的右移为算术移位,即保留符号。

4. 声明

(1) 寄存器变量对所有 char、short、int 和指针类型有效。

(2) 结构成员不能被打包成字(位域除外),每个成员以 16 位字的边界对齐。

(3) 整数类型的位域带有符号,位域被打包成字从高位开始,不越过字的边界。

(4) interrupt 关键字仅可用于没有参量的 void 函数。

5. 预处理

预处理器忽略任何不支持的 #pragma 伪指令。预处理器支持的伪指令包括以下几个:

(1) CODE _ SECTOIN。

(2) DATA _ SECTION。

(3) FUNC _ EXT _ CALLED。

这三条指令将在 15.2.5 小节详细介绍。

15.2.2　TMS320C2000 C 语言的数据类型

表 15.1 列出了 TMS320C2000 编译器中各种标量数据类型、位数、表示方式和取值范围,许多范围值可以作为头文件 limits.h 中的标准宏使用。

表 15.1　TMS320C2000 编译器中各种数据类型

类型	位数	表示方式	取值范围	
			最小值	最大值
有符号字符型(char、signed char)	16	ASCII	-32 768	32 767
无符号字符型(unsigned char)	16	ASCII	0	65 535
短整型(short)	16	二进制补码	-32 768	32 767
无符号短整型(unsigned short)	16	二进制	0	65 535
有符号整型(int、signed int)	16	二进制补码	-32 768	32 767
无符号整型(unsigned int)	16	二进制	0	65 535
有符号长整型(long、signed long)	32	二进制补码	-2 147 483 648	2 147 483 647
无符号长整型(unsigned long)	32	二进制	0	4 294 967 295
枚举型(enum)	16	二进制补码	-32 768	32 767
浮点型(float)	32	32 位 IEEE	1.19 209 290e-38	3.4 028 235e+38
双精度型(double)	32	32 位 IEEE	1.19 209 290e-38	3.4 028 235e+38
长双精度型(long double)	32	32 位 IEEE	1.19 209 290e-38	3.4 028 235e+38
指针	16	二进制	0	FFFFh

在表 15.1 的数据类型列表中,需要注意以下几点。

(1) 所有整数类型(char、short、int 以及对应的无符号类型)都是相同的,都是由 16 位的二进制数来表示。

(2) 长整型(long)和无符号长整型(unsinged long)都是由 32 位二进制数来表示。

(3) 字符型是有符号数,等同于整型。

(4) 枚举(enum)类型的对象用 16 位数来表示,在表达上与整型相似。

(5) 所有浮点型(float、double 和 long double)相似,在 TMS320C2x/C2xx/C5x 中都是用 32 位浮点格式来表示。

(6) long 和 float 类型以低有效字存储在低端的存储地址。

按照 ANSI 定义,sizeof 产生存储目标要求的字节数,ANSI 进一步规定 sizeof 应用到字符时结果为 1。因为 TMS320C2000 字符为 16 位,1 个字节也是 16 位,也就是说,TMS320C2000 的字节和字是相同的(16 位)。例如:

sizeof (int) = 1 (不等于 2)

15.2.3 TMS320C2000 C 语言的关键字

TMS320C2000 C 编译器支持标准的 const(常数)和 volatile(可变的)关键字,另外还扩展了标准 C 语言,支持 interrupt(中断)、ioport(I/O 端口)、near(近)和 far(远)关键字。

1. const 关键字

TMS320C2000 C 编译器支持标准 ANSI 的关键字 const,该关键字可以用来较好地控制某些数据对象的存储分配,可用 const 对任何变量或数组进行限定,保证它们的值不被改变。若将某一对象定义为 const,const 段就为该对象分配存储器。const 数据存储器分配原则有以下两个例外。

(1) 在对象的定义中还指定了关键字 volatile(例如,volatile const int x),则按 volatile 关键字规定应被分配到 RAM 中(程序不修改 const volatile 对象,但程序外部的内容可能会修改它)。

(2) 对象是自动变量(auto,指函数范围内)。

在这两种情况下,对对象的存储就和没有 const 关键字时一样。

const 关键字可用来定义大的常数表并将它们分配进系统 ROM。例如,要定义一个 ROM 表,可使用下面的语句:

const int digits[ ] = {0, 1, 2, 3, 4, 5, 6, 7, 8, 9};

2. ioport 关键字

关键字 ioport(I/O 端口)允许访问 DSP 器件的 I/O 空间,该关键字的用法为:

ioport type port*hexnum*;

ioport 指示这是定义一个端口变量的关键字。

type(类型)必须是 char(字符)、short(短整型)、int(整型)或对应的无符号类型。

port*hexnum* 为定义的端口变量,其格式必须是 "port" 后面跟一个十六进制数,如 "port000A" 是定义访问 I/O 空间地址 0Ah 的变量。

此关键字的具体使用方法将在 15.2.7 小节详细讨论

3. interrupt 关键字

TMS320C2000 C 编译器将 C 语言进行了扩展,加入了 interrupt(中断)关键字,用来指定函数作为中断服务函数,中断服务函数要求采用特殊的寄存器保存规则和特殊的返回序列。当 C 代码被中断时,中断程序必须保存所有寄存器的内容,包括程序使用的或由程序调用的任何函数使用的寄存器的内容。当将 intterupt 关键字和函数定义一起使用时,编译将基于中断函数的规则保存寄存器,并为中断产生特殊的返回序列,可以利用 interrupt 关键字定义返回 void 的并且没有任何参数的函数。中断函数的主体可以有局部变量并可以自由使用堆栈。例如:

```
interrupt void isr (void)
{
    ......
    unsigned int temp;
    ......
}
```

4. near 和 far 关键字

near 和 far 关键字也是 TMS320C2000 C 编译器对标准 C 语言的扩展,用来指定函数调用的方式。从语法上来说,near 和 far 关键字被认为是存储类修饰语,它们可出现在存储类说明和数据类型的前面、后面或中间,这两个存储类修饰语不能在单个声明中一起使用。下面是正确使用的例子:

far int foo ();
static far int foo ();
near foo ();

当使用 near 关键字时,编译器将使用 CALL 指令产生调用;当使用 far 关键字时,编译器将使用 FCALL 指令产生调用。在默认情况下,当使用编译器的 -mf shell 选项时,编译器将全部产生 far 调用,否则编译器将全部产生 near 调用。

注意,near 和 far 关键字仅影响用在函数中的调用指令,对函数的指针没有影响。在默认情况下,所有的指针为 16 位。当使用 -mf 选项时,指针为 24 位并且能指到扩展存储器。

5. volatile 关键字

C 编译器的优化器对数据流进行分析,尽可能避免访问存储器。如果在程序中与访问存储器有关的代码和下面例子中的 C 代码类似,那么必须用 volatile 关键字来标明这些访问。编译器不能优化任何对 volatile 变量的引用。

在下面的例子中,需要对存储器位置的值循环等待,直到其变为 0xFF。

unsigned int *ctrl;
while (*ctrl ! = 0xFF);

但在这个例子中,ctrl 是一个不随循环变化的表达式,使得循环被优化成了单次存储器读取。为了纠正这种情况,应按下面的方法声明 ctrl。

volatile unsigned int *ctrl。

15.2.4 寄存器变量

TMS320C2000 C 编译器在一个函数中最多可以使用两个寄存器变量。寄存器变量的声明必须在变量列表或函数的最前面进行,在嵌套块中声明的寄存器变量被处理为一般的变量。编译器使用 AR6 和 AR7 作为寄存器变量。

(1) AR6 被赋给第一个寄存器变量。

(2) AR7 被赋给第二个寄存器变量。

寄存器变量的地址会被放入分配的寄存器中,这样变量的访问速度会更快。16 位类型的变量(char、short、int 和指针)都可以被定义为寄存器变量,但在运行时,设置一个寄存器变量大约需要 4 条指令,为了更有效地使用这个功能,仅当变量被访问超过 2 次时,才使用寄存器变量。程序优化编译器也会定义寄存器变量,但使用方式不同。优化编译器会自己决定哪些变量作为寄存器变量,程序中声明的寄存器变量会全部被忽略。

TMS320C2000 C 编译器扩展了 C 语言,给寄存器变量增加了一个特殊的约定,允许使用全局寄存器变量,声明的格式为:

register type reg

其中的 type 必须是 16 位的数据类型,reg 可以是 AR6 或 AR7,AR6 或 AR7 通常是入口保存(save – on – entry)寄存器(见图 15.3.1)。当在文件级使用分配声明时,寄存器被永久保留,不能在文件中做其他用途,也不能给该寄存器赋初值,但可以用 #define 给该寄存器赋一个有意义的变量名称。

在下面两种情况下可能会需要使用全局寄存器变量。

(1) 把在整个程序中使用的全局变量永久地赋给一个寄存器,将显著地减少代码的大小和提高程序的执行速度。

(2) 程序中使用了十分频繁的中断服务子程序,使用全局寄存器变量保存子程序每次被调用时都要保存和恢复的变量,将显著地提高程序的执行速度。

在使用全局寄存器变量的时候要仔细考虑其含义,寄存器对编译器而言是非常宝贵的资源,使用不当可能会造成编译结果代码效率低下。

15.2.5 pragma 伪指令

pragma 伪指令通知编译器的预处理器如何处理函数。TMS320C2000 C 编译器支持下列 pragma。

① CODE_SECTION

② DATA_SECTION

③ FUNC_EXT_CALLED

pragma 的参数 func 和 symbol 不能在函数体内定义或声明,必须在函数体外指定 pragma,而且它必须出现在任何对 func 和 symbol 参数的声明、定义或引用之前。如果不遵循这些规则,编译器将给出警告。

1. CODE_SECTION

这个伪指令在名称为 section name 的命名段中为 symbol 分配空间。其语法为:

#pragma CODE_SECTION (symbol, "section name");

如果用户希望将一个代码目标分配在与 .text 段不同的存储器区域时,可以使用这个伪指令。

2. DATA_SECTION

这个伪指令在名称为 section name 的命名段中为 symbol 分配空间。其语法为:

#pragma DATA_SECTION (symbol, "section name");

如果用户希望将一个数据目标分配在与 .bss 段不同的存储器区域时,可以使用这个伪指令。

3.FUNC_EXT_CALLED

当使用 -pm 选项时,编译器将使用程序级的优化。在这个优化层次中,编译器将删除所有未被 main 函数直接或间接调用的函数,而用户程序里可能包含要被手工编写的汇编语言程序调用而没有被 main 函数调用的函数,这时就应该用 FUNC_EXT_CALLED 来通知编译器保留此函数和被此函数调用到的函数,这些函数将作为 C 程序的入口点。

这个伪指令必须出现在对要保留的函数的任何声明或引用之前,其语法为:

#pragma FUNC_EXT_CALLED (func);

15.2.6　asm 语句

TMS320C2000 C 编译器可以在编译器输出的汇编语言程序中直接输出汇编指令或语句,这种能力是 C 语言的扩展——asm 语句。利用 asm 语句嵌入汇编语言程序,可以实现一些 C 语言难以实现或实现起来比较麻烦的硬件控制功能。

asm 语句在语法上就像是调用一个函数名为 asm 的函数,函数参数是一个字符串:

asm (" assembler text");

编译器会直接将参数字符串复制到输出的汇编语言程序中,因此,必须保证参数双引号之间的字符串是一个有效的汇编语言指令。双引号之间的汇编指令必须以空格、制表符(TAB)、标记符(LABEL)或注释开头,这和汇编语言编程的要求是一致的。编译器不会检查此汇编语句是否合法,如果语句中有错误,在汇编的过程中会被汇编器指出。

使用 asm 指令的时候应小心不要破坏 C 语言的环境。如果 C 代码中插入跳转指令和标识符可能会引起不可预料的操作结果,能够改变段或其他影响 C 语言环境的指令也可能引起麻烦。

对 asm 语句使用优化器时要特别小心。尽管优化器不能删除 asm 指令,但它可以重新安排 asm 指令附近的代码顺序,这样就可能会引起不期望的结果。

15.2.7　访问 I/O 空间

研制一个基于 DSP 的应用系统时,习惯上通常将外围设备映射在 DSP 的 I/O 空间中,对这些设备的控制和访问要通过对 I/O 空间的读写来实现。

读写 I/O 空间的功能也是 TMS320C2000 C 编译器对标准 C 的扩展,是利用 15.2.3 小节介绍的关键字 ioport(I/O 端口)来实现的。该关键字的用法为:

ioport type port*hexnum*;

ioport 指示这是定义一个端口变量的关键字。

type(类型)必须是 char(字符)、short(短整型)、int(整型)或对应的无符号类型。

port*hexnum* 为定义的端口变量,其格式必须是"port"后面跟一个 16 进制数,如"port000A"是定义访问 I/O 空间地址 0Ah 的变量。

所有 I/O 端口的定义必须在文件级完成,不支持在函数级声明的 I/O 端口变量。

下面的示例代码声明了一个无符号的 I/O 端口变量 10h,将 a 写到端口 10h,再从端口

10h 读入 b。
```
ioport unsinged port10;        /*访问 I/O 空间 10h 的变量*/
{
  ...
  port10 = a;                  /*将 a 写到端口 10h*/
  ...
  b = port10;                  /*从端口 10h 读入 b*/
  ...
}
```

端口变量的使用不仅限于赋值操作,事实上,用 ioport 关键字定义的 I/O 端口变量可以像其他变量一样用在表达式中。例如:

```
a = port10 + b;         /*读端口 10h,加上 b,结果赋给 a*/
port10 += a;            /*读端口 10h,加上 a,结果写回到端口 10h*/
```

在进行函数调用的时候,可以做 I/O 端口变量的值传递,而不是引用,例如:

```
call (port10);          /*读端口 10h,将其值传递给函数调用*/
call (&port10);         /*引用传递无效! */
```

15.2.8　访问数据空间

DSP 控制程序中会有大量的对数据空间进行读写操作的程序,这是因为数字信号处理的基础是大量的数据采集,对采集数据的保存和读取分析都是通过访问数据空间来实现的。不仅如此,TMS320LF2407 片内的控制寄存器基本上都映射在数据空间(等待状态发生器控制寄存器除外),对 TMS320LF2407 片内各种资源的控制也需要通过数据空间访问来实现,因此,访问数据空间的程序将在 DSP 控制程序中占有很大比例。

正如 13.3.6 小节介绍的,访问 DSP 数据空间是利用指针来实现的。例如:

```
*(unsigned int *)0x1000 = a;      /*将 a 的值写入数据空间 1000h 地址*/
b = *(unsigned int *)0x1000;      /*读出数据空间 1000h 地址的值,赋给 b*/
```

可见访问 DSP 数据空间地址不需要对要访问的单元预先定义,利用指针直接访问就可以了,这样,访问数据空间很容易实现循环结构,如图 15.1 所示。

```
unsigned int org, cnt, offset, tmp, i;
org = *(unsigned int *)0x8000;
cnt = *(unsigned int *)0x8001;
offset = *(unsigned int *)0x8002;
for(i = 0; i < cnt; i++)
{
  tmp = *(unsigned int *)(org + i);
  *(unsigned int *)(org + offset + i) = tmp;
}
```

图 15.1　访问数据空间的循环结构

不难理解图 15.1 中的程序是将从 org 开始的一段数据复制到偏移量为 offset 的数据空

间中,复制的总数据量为 cnt,而 org、cnt、offset 三个值分别从 8000h、8001h 和 8002h 读出。

由此也可以看出访问数据空间和访问 I/O 空间是有不同之处的。实际应用中,在 DSP 外围扩展的设备可以由用户映射在 I/O 空间,也可以映射在数据空间。当数据空间和 I/O 空间都有可用的地址区域,要将一些外围设备映射在其中一种空间中时,要考虑对这些外围设备是不是会有循环访问操作,如果有这样的操作,则将其映射在数据空间更为合适。

15.2.9 中断服务函数

TMS320LF2407 的中断系统将中断分为两级,实现了对众多中断源的中断信息管理。当有中断发生时,硬件系统会响应中断请求,设置相应的中断标志,并可能按照系统设置将 PC 指针指向该中断源的中断向量处。同传统的单片机中断处理方式类似,DSP 中断的处理也有以下两种方式。

(1) 查询法。控制程序利用循环反复地检查中断标志,当发现中断标志被置位时,意味着有相应的中断事件发生,则调用处理程序处理该中断。

(2) 回调法。控制程序中包含中断服务函数,并利用中断向量定义(在 13.3.7 小节中介绍)设置在中断向量处直接跳转到中断服务函数入口地址。当有中断发生时,DSP 的 PC 指针指向该中断源的中断向量处,执行该处代码后将直接跳转到中断服务函数执行,由中断服务函数进行中断处理。

在这两种方法中,采用回调法处理时,控制程序结构更为清晰,而且当有中断发生的时候会暂停当前正在执行的程序,中断实时性可以得到保证,但如果中断处理函数实现不当容易造成中断丢失或中断嵌套问题,影响系统的正常运行。采用查询法时,可以更好地对程序进程进行控制,对中断的处理可以完全按照程序预定的方式进行,一般不会出现中断丢失或中断嵌套的问题,但由于中断发生时不会暂停当前正在执行的程序,而程序可能正处于复杂的处理或运算状态,只有结束当前处理才会去检查中断标志,因此,中断实时性不容易保证。

采用回调法处理 DSP 中断需要定义中断服务函数,有以下两种方法。

(1) 这是用 15.2.3 小节介绍的关键字 interrupt(中断)来实现的,其用法是:
  interrupt void isr (void);

(2) 任何具有名为 c_int*d* 的函数(d 为 0~9 的数),都被假定为一个中断程序。如:
  void c_int1 (void);

无论用哪种方法定义中断服务函数,都必须注意以下问题。

(1) 中断处理函数必须是 void 类型,而且不能有任何输入参数。

(2) 进入中断服务程序,编译器只保护与运行上下文相关的寄存器,而不是保护所有的寄存器。中断服务程序可以任意修改不被保护的寄存器,如外设控制寄存器等。

(3) 要注意 IMR、INTM 等中断控制量的设置。通常进入中断服务程序时要设置相应寄存器将中断屏蔽,退出中断服务程序时再打开,避免中断嵌套。

(4) 中断处理函数可以被其他 C 程序调用,但是效率较差。

(5) 多个中断可以共用一个中断服务函数,除了 c_int0。c_int0 函数是 DSP 软件开发平台 CCS 提供的一个保留的复位中断处理函数,不会被调用,也不需要保护任何寄存器,我们将在 15.2.11 小节具体讨论。

(6) 使用中断处理函数和一些编译选项冲突,注意避免对包含中断处理函数的 C 程序采用这些编译选项。

(7) 中断服务函数可以和一般函数一样访问全局变量、分配局部变量和调用其他函数等。

(8) 进入中断服务函数,编译器将自动产生程序保护所有必要的寄存器,并在中断服务函数结束时恢复运行环境。

(9) 要利用中断向量定义将中断服务函数入口地址放在中断向量处以使中断服务函数可以被正确调用。

(10) 中断服务函数要尽量短小,避免中断丢失、中断嵌套等问题。

15.2.10 动态分配内存

TMS320C2000 C 语言程序中可以调用 malloc、calloc 或 realloc 函数来动态分配内存。例如:

unsigned int * data;

data = (unsigned int *) malloc (100 * sizeof (unsigned int));

动态分配的内存将分配在 .system 段,只能通过指针进行访问,将大数组通过这种方式来分配可以节省 .bss 段的空间。

通过链接器的 -heap 选项可以定义 .system 段的大小。

15.2.11 系统初始化

C 程序开始运行时,必须首先初始化 C 运行环境,这是通过 c_int0 函数完成的。我们在 15.2.9 小节介绍过,c_int0 函数是复位中断的中断处理函数,这个函数在运行支持库(rts,runtime-support library)中提供,链接器会将这个函数的入口地址放置在复位中断向量处,使其可以在初始化时被调用。

c_int0 函数进行以下工作以建立 C 运行环境。

(1) 为系统堆栈产生 .stack 段,并初始化堆栈指针。

(2) 从 .cinit 段将初始化数据复制到 .bss 段中相应的变量。

(3) 调用 main 函数,开始运行 C 程序。

用户的应用程序可以不用考虑上述问题,同利用其他开发平台开发 C 语言程序类似,认为程序从 main 函数开始执行就可以。用户可以对 c_int0 函数进行修改,但修改后的函数必须完成以上任务。

15.3 DSP C 语言与汇编语言混合编程

我们在 13.4 节介绍过,DSP 控制程序开发语言有 C 语言、汇编语言和两种语言混合编程三种选择。用 C 语言开发 DSP 程序可读性和可移植性强,同时使用 C 编译器的优化功能可以提高编程的效率。而汇编程序运行效率高,实时性容易控制,例如,手工编写的 FFT 汇编程序比 C 语言程序优化编译得到的汇编程序效率高得多,但是汇编程序开发周期长,维护困难。将 C 语言和汇编语言结合起来,会达到非常好的效果。在访问 DSP 硬件时,C 语言不能深入访问底层硬件控制寄存器时,可以调用汇编语句来实现这些硬件访问,因此,为了达到 DSP 资源的充分利用,通常要在 C 程序中调用汇编语言程序以获得更高的效率。

利用两种语言进行混合编程主要有以下四种方式。

(1) C 程序调用汇编函数。

(2) 内嵌汇编语句。

(3) C 程序访问汇编程序变量。

(4) 修改 C 编译器输出。

本节我们将重点对这四种混合编程的实现进行介绍。

15.3.1 程序运行环境

在 C 语言和汇编语言混合编程中,必须保证 C 程序运行环境不会被汇编程序破坏,所有代码必须维护该环境,否则将难以保证 C 程序的正常执行,因此,在讨论 C 语言与汇编语言混合编程之前,有必要对 C 程序运行环境作以简单介绍。

1. 存储器模型

TMS320C2000 的 C 编译器将存储器作为程序存储器和数据存储器两个线性区来处理。

(1) 程序存储器。包含可执行的代码和常量、变量初值数据。

(2) 数据存储器。包含外部变量、静态变量和系统堆栈。

由 C 程序产生的每个代码段和数据段被放入相应的存储空间中连续的区域内,链接器完成将定义存储器映射并且分配代码和数据到目标存储器的工作。编译器假定不知道可访问的存储器类型、代码和数据不能存放的单元以及为 I/O 口保存的存储单元等,它将产生可重新定位的代码,并允许链接器将代码和数据分配到相应的存储空间中。

(1) 段。编译器产生可重新定位的代码段和数据段,这些段包括以下几种。

1) 已初始化的段。包含数据和可执行代码。C 编译器建立以下的已初始化段。

① .text 段,包含所有的可执行代码。

② .cinit 段,包含初始化的变量和常量表。

③ .const 段,包含字符串常量以及被明确初始化的全局和静态变量(有 const 限定词)的声明。

④ .switch 段,包含 switch 语句的列表。

2) 未初始化的段。在存储器(通常是 RAM)中占用空间,程序运行时可以使用这些空间来产生或存储变量。C 编译器建立以下的未初始化段。

① .bss 段,为全局和静态变量保留空间。指定了 -c 选项后,程序启动时,C 的引导子程序会复制 .cinit 段中的数据并存储到 .bss 段中。

② .stack 段,为 C 的系统堆栈分配内存。该存储器向函数传递参数并给局部变量分配寄存器。

③ .system 段,为动态分配内存保留空间,见 15.2.10 小节的介绍。如果 C 语言不使用动态分配内存的函数,编译器将不会建立 .system 段。

汇编器将创建默认的段 .text、.bss 和 .data,用户也可以用 CODE_SECTION 和 DATA_SECTION 来创建另外的段。

链接器将从不同的模块中提取这些独立的段,并将相同名字的段组合在一起以创建输出段。完整的程序是由这些输出段组成的,可以将这些输出段映射到地址空间的任何位置以满足系统要求。.text 段、.cinit 段和.switch 段可以映射在 ROM 或 RAM 中,但必须位于程序存储器中(page 0);.const 段也可以映射在 ROM 或 RAM 中,但必须位于数据存储器中(page 1);.bss 段、.stack 段和.system 段必须映射在 RAM 中,而且必须位于数据存储器中(page 1)。表 15.2 表示了每种段的存储类型和页的分配。

表 15.2　段的存储分配和页的指定

段	存储器类型	页
.text	ROM 或 RAM	0
.cinit	ROM 或 RAM	0
.switch	ROM 或 RAM	0
.const	ROM 或 RAM	1
.bss	RAM	1
.stack	RAM	1
.system	RAM	1

(2) 系统堆栈。C 编译器使用软件堆栈进行以下工作。

① 分配局部变量。

② 向函数传递参数。

③ 保存处理器状态。

④ 保存函数的返回地址。

⑤ 保存暂时的结果。

⑥ 保存寄存器。

堆栈从较低地址向较高地址生长,编译器使用以下两个寄存器管理堆栈。

① AR1。堆栈指针(SP, Stack Pointer),指向当前堆栈顶。

② AR2。帧指针(FP, Frame Pointer),指向当前帧的起始点。每一个函数都会在堆栈顶部建立一个新的帧,用来保存局部的或临时的变量。

C 环境自动操作这些寄存器,如果编写汇编语言程序时使用了堆栈,要注意正确使用这些寄存器。默认的堆栈大小是 1 千字节,在链接时可以使用 -stack 选项来改变堆栈的大小。

系统初始化时 SP 被设置为栈底的指定地址,它是.stack 段的第一个单元。由于堆栈的位置依赖于.stack 段被分配的区域,因此,堆栈的实际地址取决于链接时堆栈的位置。

编译器在编译时或运行时没有提供检查堆栈溢出的方法。堆栈溢出会破坏运行环境,导致程序失败,因此,要确保有足够大的空间用于堆栈的扩展。

(3) 变量的初始化。C 编译器产生的代码适合于在基于 ROM 的系统中作为固化程序使用。在该系统中,.cinit 段中的初始化表(用于初始化全局和静态变量)存储在 ROM 中。在系统初始化时,C 的 boot 子程序从这些表中(ROM 中)将数据复制到.bss 段的初始化变量中(RAM 中)。

在一个程序直接从目标文件被装载到存储器并运行的情况下,可以避免.cinit 段占用存储器中的空间。装载程序可以直接从目标文件中读取初始化表,并在装载时直接执行初始化。

(4) 为静态和全局变量分配存储器。有一个唯一的、连续的空间将被分配给 C 程序中声明的每个全局或静态变量,链接器决定该空间的分配地址。C 编译器希望通过在 .bss 段中为全局变量或静态变量保留空间,以将它们分配到数据存储器中。在同一模块中声明的变量被分配到单独的、连续的存储块中。

2. 寄存器规则

C 程序运行环境对一些特殊寄存器是有严格的使用规则的,如果汇编语言程序要与 C 程序进行连接,则必须了解并遵守这些寄存器规则。

寄存器规则规定了编译器如何使用寄存器,以及在进行函数调用的时候如何保护寄存器。寄存器按照保护方式分为以下两种。

(1) 调用保存(save on call)。调用其他函数的函数负责保存这些寄存器的内容。

(2) 入口保存(save on entry)。被调用的函数负责保存这些寄存器的内容。

根据是否选择使用优化器(-o 选项)的情况,编译器对寄存器的使用也会有不同,优化器为寄存器变量使用了另外的寄存器,但无论是否使用优化器,寄存器的使用规则都是一样的。

表 15.3 总结了编译器如何使用寄存器并表明寄存器在函数调用的过程中如何进行保护。

表 15.3 寄存器的使用和保护规则

寄存器	用途	是否由调用保存
AR0	帧指针	是
AR1	堆栈指针	是
AR2	局部变量指针	否
AR2 ~ AR5	表达式分析	否
AR6、AR7	寄存器变量	是
累加器	表达式分析/返回值	否
P	表达式分析	否
T	表达式分析	否

(1) 寄存器状态位域。表 15.4 列出了所有的寄存器状态位域,假定值是编译器所期望的该域进入一个函数或从一个函数返回时的值,被修改栏表明编译器是否会修改该域。

表 15.4 寄存器状态位域

位域	名称	假定值	被修改
ARP	辅助寄存器指针	1	是
C	进位位		是
DP	数据页指针		是
OV	溢出标志		是
OVM	溢出模式	0	否
PM	乘积移位模式	0	否
SXM	符号扩展模式		是
TC	测试控制位		是

(2) 堆栈指针、帧指针和局部变量指针。编译器创建并使用自己的软件堆栈以存储函数返回地址、分配局部变量(自动)以及向函数传递参数。内部的硬件堆栈区一般不用于存

储函数返回地址,当一个函数要求局部存储时,它将从堆栈中建立自己的操作空间(局部帧),该局部帧在函数进入时被分配,在返回时被释放。

三个寄存器——堆栈指针(SP)、帧指针(FP)和局部变量指针(LVP)被用于管理堆栈和局部帧。

寄存器 AR1 被指定作为堆栈指针。编译器按照规定的方式使用 SP,即堆栈从低地址向高地址生长,且 SP 指针指向堆栈的下一个可以访问的字。

寄存器 AR0 被指定作为帧指针。FP 指向当前函数的局部结构的开始处,由 FP 指向的局部帧的第一个字被用做暂时存储器单元,以允许寄存器之间的数据传输,且对于重新进入 C 函数是必须的。

寄存器 AR2 被指定为局部变量指针。所有存储在局部帧中的对象,包括参数在内,都通过 LVP 进行间接引用。

(3) 寄存器变量。寄存器变量是局部变量或者是位于寄存器中(而不是存储器中)的编译器的临时变量。编译器使用这些寄存器的方式要取决于是否使用优化器。

① 不使用优化器时的寄存器变量。在不使用优化器时,编译器将为用 register 关键字声明的变量分配寄存器,用户必须在参数列表或函数的第一个块中声明该变量。在嵌套块中声明的寄存器变量被作为普通变量来处理。

编译器使用 AR6 和 AR7 作为寄存器变量的寄存器。AR6 被分配给第一个变量,AR7 分配给第二个变量。只有 16 位的数据类型(字符型、短整型、整型和指针型)才能用做寄存器变量。

② 使用优化器时的寄存器变量。当使用了优化器时,用户所有的寄存器变量声明都被忽略,优化器将决定如何使用寄存器变量。

由于寄存器变量的使用要取决于是否使用优化器,用户编写程序时应当避免一定要将特定变量分配在特定寄存器中的情况。

(4) 表达式寄存器。编译器使用不用于寄存器变量的寄存器来计算表达式的值并保存临时结果。表达式寄存器的内容在函数调用过程中不被保留,任何用于临时存储的寄存器在函数调用前被保存到局部帧中。

(5) 返回值。当函数的返回值是一个标量类型(整型、指针或浮点型)时,该值在函数返回时被放入累加器中。

16 位的数据类型(字符型、短整型、整型或指针型)连同正确的符号扩展被装载到累加器中。

3. 函数结构和调用规则

C 编译器对函数的调用有一系列严格的规定。除了特殊的运行支持函数外,任何调用者函数和被调用函数都要遵守这些规则,否则可能会破坏 C 环境并导致程序失败。

图 15.2 表示了一个典型的函数调用。该例中,有多个参数传递给函数,函数使用了局部变量,而且为被调用函数分配了一个局部帧。无参数且无局部变量的函数将不被分配局部帧。

(1) 函数如何产生调用。一个函数(调用者函数)在调用其他函数(子函数)时执行以下任务。注意,ARP 必须设置为 1。

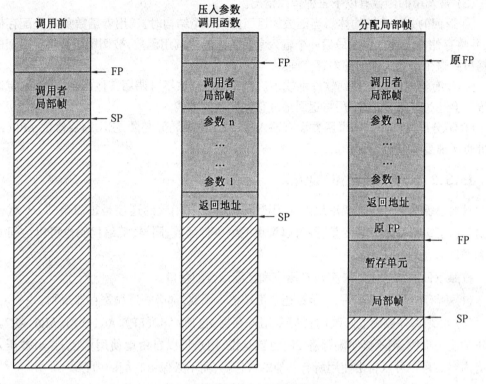

图 15.2 函数调用中的堆栈使用

① 调用者函数将参数以颠倒的顺序压入堆栈(最右边声明的参数第一个压入堆栈,最左边声明的参数最后一个压入堆栈),即函数调用时,最左边的参数放在栈顶单元。

② 调用者函数调用子函数。

③ 调用者函数假定当子函数执行完成返回时,ARP 将被置为 1。

④ 完成调用后,调用者函数将参数弹出堆栈。

(2) 被调用函数如何响应。被调用函数(子函数)需要完成以下内容,在函数入口,ARP 假定已经被设置为 1。

① 将返回地址从硬件堆栈中弹出,压入软件堆栈。

② 将 FP 压入软件堆栈。

③ 分配局部帧。

④ 如果函数修改了 AR6 和 AR7,则将它们压入堆栈,其他的任何寄存器可以不用保存,任意修改。

⑤ 实现函数功能。

⑥ 如果函数返回标量数据,将它放入累加器。

⑦ 将 ARP 设定为 AR1。

⑧ 如果保护了 AR6、AR7,恢复这两个寄存器。

⑨ 删除局部帧。

⑩ 恢复 FP。

⑪ 从软件堆栈中弹出返回地址并压入硬件堆栈。

⑫ 返回。

(3) 被调用的函数有以下三种特殊情况。

① 返回的是一个结构体。当函数的返回值为一个结构时,调用者函数负责分配存储空间,并将存储空间地址作为最后一个输入参数传递给被调用函数,被调用函数将要返回的结构拷贝到这个参数所指向的内存空间。

② 没有将返回地址移到软件堆栈中。当被调用函数不再调用其他函数,或者确定调用深度不会超过 8 级,可以不用将返回地址移动到软件堆栈。

③ 不分配局部帧。如果函数没有输入参数,不使用局部变量,就不需要修改 AR0(FP),因此也不需要对其进行保护。

15.3.2 C 程序调用汇编函数

只要遵循前面介绍的调用规则,C 函数与汇编语言函数的连接是很简单的。C 代码可以访问由汇编语言定义的变量,并可以调用汇编语言函数;同样,汇编代码也可以访问 C 变量和调用 C 函数。

按照下面的指导原则来实现 C 语言和汇编语言的接口。

(1) 所有的函数,无论是 C 函数还是汇编语言函数,都必须遵循寄存器规则。

(2) 必须保存被函数修改的任何专用寄存器,包括:AR0(FP)、AR1(SP)、AR6、AR7。如果正常使用堆栈,则不必明确保存 SP,也就是说,用户可以自由地使用堆栈,弹出被压入的所有内容。用户可以自由使用所有其他的寄存器,而不必保留它们的内容。

(3) 如果改变了表 15.4 所示的任何一个寄存器位域状态的假定值,就必须确保恢复其假定值,尤其注意 ARP 应该被指定为 AR1。

(4) 中断子程序必须保存所有使用的寄存器。

(5) 在从汇编语言中调用 C 函数时,将参数以倒序压入堆栈,函数调用后弹出堆栈。

(6) 调用 C 函数时,只有专用的寄存器内容被保留,C 函数可以改变其他任何寄存器的内容。

(7) 长整型和浮点型数据在存储器中,最低有效字存在较低的地址。

(8) 函数必须返回累加器中的值。

(9) 汇编模块使用.cinit 段只能用于全局变量的初始化。boot.c 中的启动子程序假定.cinit段完全是由初始化表组成,在.cinit 段中放入其他的信息会破坏初始化表而导致无法预知的后果。

(10) 编译器将在所有的 C 语言对象标识符的开头添加下划线"_"。在 C 语言中和汇编语言都要访问的对象必须在汇编语言中以下划线"_"作为前缀。例如,C 语言中名为 x 的对象在汇编语言中为_x。仅在汇编语言模块中使用的对象可以使用不加下划线的标识符,不会和 C 语言中的标识符发生冲突。

(11) 在 C 语言中被访问的任何汇编语言对象或在 C 语言中被调用的任何汇编语言函数必须在汇编代码中使用.global 伪指令声明,这将声明该符号是外部的,允许链接器解决对它的引用。

同样,在汇编语言中访问 C 对象或 C 函数时,用.global 声明该对象,这将会产生一个链接器解析的未声明的外部引用。

图 15.3 给出了一个 main 函数调用汇编函数 asmfunc 的例子。asmfunc 函数只有一个参数,该参数与 C 代码中的全局变量 gvar 相加,返回该结果。

```
(a)汇编语言程序
_asmfunc:
    POPD * +                ;将返回地址转移到软件堆栈
    SAR AR0, * +            ;保存 FP
    SAR AR1, *              ;保存 SP
    LARK AR0,1              ;帧大小
    LAR AR0, * 0 + ,AR2     ;设置 FP 和 SP

    LDPK _gvar              ;指向 gvar
    SSXM                    ;设置符号扩展
    LAC _gvar               ;加载 gvar
    LARK AR2, - 3           ;参数偏移量
    MAR  * 0 +              ;指向参数
    ADD * , AR0             ;将参数加到 gvar
    SACL _gvar              ;保存 gvar 内容

    LARP AR1                ;弹出 frame
    SBRK2
    LAR AR0, *              ;再次存储帧指针
    PSHD *                  ;将返回地址转移到硬件堆栈
    RET
(b)C 语言程序
extern int asmfunc();       /*声明外部汇编函数*/
int gvar;                   /*定义全局变量*/
main( )
{
    int i = 1;
    i = asmfunc(i);         /*正常调用函数*/
}
```

图 15.3 C 代码调用汇编函数实例

在图 15.3 的 C 程序中,不必将返回地址从硬件堆栈转移到软件堆栈中,因为 asmfunc 函数没有进行任何别的调用。

15.3.3 C 程序内嵌汇编语句

在 TMS320C2000 C 语言中,可以使用 asm 语句在编译器产生的汇编语言文件中嵌入单行的汇编语句。一系列的 asm 语句可以将顺序的汇编语句插入到编译器的输出代码中。

asm语句的用法在15.2.6小节中已经介绍，在这里还要强调使用中的几点注意事项。

(1) asm语句使用户可以访问某些用C语句无法访问的硬件特性。

(2) 在使用asm语句的时候，要防止破坏C环境。编译器不会对嵌入代码进行检查和分析。

(3) 在asm语句中使用跳转语句或标记符(LABEL)可能会产生无法预知的结果。

(4) 不要改变C变量的值，但可以安全地读取任何变量的当前值。

(5) 不要使用asm语句嵌入汇编伪指令，这会破坏汇编语言环境。

(6) 在编译器的输出代码中嵌入注释时，asm语句是很有用的。可以用星号(*)作为汇编代码的开头，例如：

   asm（"******* this is an assembly language comment."）；

15.3.4　C程序访问汇编程序变量

在C程序中访问汇编语言变量有时是很有用的。从.bss段或命名段中可以简单直接地访问汇编语言变量，步骤如下。

(1) 使用.bss和.usect指令定义变量。

(2) 使用.global指令使其为外部定义。

(3) 在汇编语言中用下划线"_"作为变量名字的前缀。

(4) 在C语言中声明该变量为外部变量，然后进行正常的访问。

图15.4给出了一个C语言访问.bss中定义的汇编变量的实例。

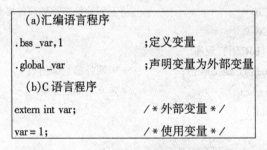

图15.4　C语言访问.bss段汇编变量实例

然而，用户可能并不希望变量全在.bss段中，例如，在汇编语言中定义的查找表，一般不希望将它放在.bss段。在这种情况下，必须定义一个指向该对象的指针，并从C程序间接访问它。

用户需要首先定义该对象，可以将它放在自己的初始化段中，这样做是有好处的，但不是必须的。声明一个全局的指向该对象的标记符，然后可以将该对象链接到存储器空间的任何区域。为了在C代码中访问该对象，必须将该对象声明为extern，而且不能用下划线作为前缀，然后就可以正常地访问该对象了。

图15.5给出了一个C语言访问非.bss中定义的汇编变量的实例。

```
(a)汇编语言程序
.global _sine              ;声明为外部变量
.sect "sine _ tab"         ;建立一个独立的段
_sine:
.float 0.0
.float 0.015978
.float 0.022145
    (b)C语言程序
extern float sine[ ];      /* 声明对象 */
f = sine[2];               /* 作为普通数组访问 sine */
```

图 15.5　C 语言访问非 .bss 段汇编变量实例

15.3.5　修改 C 编译器输出

用户可以编译源程序,然后在汇编前对编译输出的汇编语言代码进行手动检查和修改。这种情况下,在 C 代码中利用 asm 语句插入适当的注释对理解 C 编译器输出的汇编语言代码是非常有帮助的。

15.4　运行支持函数

一个 C 程序所执行的一些任务(如输入/输出、动态存储器配置、字符串操作以及三角函数等)并不是 C 语言本身的一部分,然而,美国国家标准委员会(ANSI)的 C 标准定义了一套运行期支持函数来执行这些任务。TMS320C2000 C 编译器可以提供全部 ANSI 的标准库的内容,除了那些用于处理意外情况和地域相关问题(如基于当地的语言、民族或文化的程序)的工具之外。使用 ANSI 的标准库可以确保有一套统一的函数,以实现程序广泛的可移植性。除了 ANSI 指定的函数,TMS320C2000 运行期支持库还包含一些关于特定处理器指令和 C 语言直接输入/输出请求的函数。

15.4.1　库

针对 TMS320LF2407 的控制程序开发,可能用到以下 TI 提供的运行期支持库。

(1) rts2xx.lib。运行期支持目标库,包含 ANSI C 标准库、系统启动程序_c_int0 和允许 C 访问特殊指令的函数和宏。

(2) rts.src。运行期支持资源库。包含运行期支持目标库的 C 语言和汇编语言程序源代码。

15.4.2　头文件

每一个运行期支持函数都在头文件中被说明,每一个头文件声明了以下内容。

(1) 一套相关的函数(或宏)。

(2) 用户要使用函数所需要的数据类型。

(3) 用户要使用函数所需要的宏定义。

要使用运行期支持函数,必须首先使用 #include 预处理指令来包含声明函数的头文件。例如,isdigit 函数在 ctype.h 头文件中被声明,在使用 isdigit 函数之前,必须先包含 ctype.h 头文件,必须在使用头文件中声明的任何函数之前包含头文件。

声明运行期支持函数的头文件分为以下几类:

(1) 诊断信息(assert.h)。定义了维护宏,它在程序运行时在其中插入诊断错误信息。

(2) 字符输入及转换(ctype.h)。声明了用来检测和转换字符的函数。

(3) 错误报告(error.h)。定义了检查数学函数输入参数和返回值是否超出范围的变量和方法。

(4) 限制范围(float.h 和 limits.h)。定义了对应 TMS320C2000 数据类型的有关参数和极限值的宏。

(5) 输入/输出端口宏(ioports.h)。定义了用于访问 DSP 的 I/O 端口的宏和相关函数。

(6) 数学(math.h)。定义了一些三角函数、指数函数和双曲线函数。

(7) 非本地转移(setjmp.h)。定义了一个类和一个宏,并声明了一个用于绕过普通函数调用和返回规则的函数。

(8) 可变参数(stdrarg.h)。定义了一个宏和一个类,可以帮助用户使用参数类型可变的函数。

(9) 标准化定义(stddef.h)。定义了一些在运行期支持函数中使用的类和宏。

(10) 基本应用函数(stdlib.h)。定义了一些常用的宏和类,并声明了几个函数。

(11) 字符串函数(string.h)。声明了一些与字符串操作相关的标准函数。

(12) 时间函数(time.h)。定义了与时间相关的一个宏和几个类,并声明了操作时间和日期的函数。

15.4.3 运行期支持函数及宏

运行期支持库中共提供了 90 多个运行期支持函数和宏,其中大部分函数符合美国国家标准委员会的标准,并且按照描述的标准运行。

各运行期支持函数和宏的定义和基本描述见附录 A。

15.5 常用数字信号处理程序设计

15.5.1 快速傅里叶变换

快速傅里叶变换(FFT)是离散傅里叶变换的快速实现方法,是数字信号处理中最重要的处理方法之一。

1. FFT 的基本原理

序列 $x(n)$ 的离散傅里叶变换为

$$X(k) = \sum_{n=0}^{N-1} x(n) W_N^{nk}, \quad k = 0, 1, \cdots, N-1$$

将序列 $x(n)$ 按序号 n 的奇偶分成两组,即

$$\left.\begin{array}{l} x_1(n) = x(2n) \\ x_2(n) = x(2n+1) \end{array}\right\} n = 0, 1, \cdots, \frac{N}{2} - 1$$

因此,$x(n)$ 的傅里叶变换可写为

$$X(k) = \sum_{n=0}^{\frac{N}{2}-1} x(2n) W_N^{2kn} + \sum_{n=0}^{\frac{N}{2}-1} x(2n+1) W_N^{(2n+1)k} =$$

$$\sum_{n=0}^{\frac{N}{2}-1} x_1(n) W_{N/2}^{nk} + W_N^k \sum_{n=0}^{\frac{N}{2}-1} x_2(n) W_{N/2}^{nk}$$

由此可得 $X(k) = X_1(k) + W_N^k X_2(k), \quad k = 0, 1, \cdots, \frac{N}{2} - 1$

式中

$$X_1(k) = \sum_{n=0}^{\frac{N}{2}-1} x(2n) W_{N/2}^{nk}$$

$$X_2(k) = \sum_{n=0}^{\frac{N}{2}-1} x(2n+1) W_{N/2}^{nk}$$

$X_1(k)$ 和 $X_2(k)$ 分别是 $x_1(n)$ 和 $x_2(n)$ 的 $N/2$ 点 DFT。上面的推导表明,一个 N 点的 DFT 可以被分解为两个 $N/2$ 点的 DFT,而这两个 $N/2$ 点的 DFT 又可以合成一个 N 点的 DFT,但上面给出的公式仅能得到 $X(k)$ 的前 $N/2$ 点的值,要用 $X_1(k)$ 和 $X_2(k)$ 来表示 $X(k)$ 的后半部分,还必须运用权系数 W_N 的周期性与对称性,即

$$W_{N/2}^{n(k+\frac{N}{2})} = W_{N/2}^{nk}, \quad W_N^{(k+\frac{N}{2})} = -W_N^k$$

因此,$X(k)$ 的后 $N/2$ 点可以表示为

$$X\left(k + \frac{N}{2}\right) = X_1\left(k + \frac{N}{2}\right) + W_N^{k+\frac{N}{2}} X_2\left(k + \frac{N}{2}\right) =$$

$$X_1(k) - W_N^k X_2(k), \quad k = 0, 1, \cdots, \frac{N}{2} - 1$$

由此可以看出,N 点的 DFT 可以分解为两个 $N/2$ 点的 DFT,每个 $N/2$ 点的 DFT 又可以分解为两个 $N/4$ 点的 DFT。依此类推,当 N 为 2 的整数次幂时($N = 2^M$),由于每分解一次降低一次幂阶,所以通过 M 次分解,最后全部成为一系列 2 点 DFT 运算。以上就是按时间抽取的快速傅里叶变换(FFT)算法。

2. FFT 的实现

这里以时域抽取的 FFT 为例给出基于 DSP C 语言的 FFT 实现方法。FFT 运算子函数如图 15.6 所示。

```
//时域抽取法基二FFT程序,要求序列长度N为2的整幂次方
//Xr[ ],Xi[ ]分别为输入序列的实部和虚部
void Myfft (int N,double * Xr,double * Xi)
{
    int Mum,S,B,m,J,k;
    double X,Y;
    //Mum,蝶形运算的级数;B,蝶形运算输入数据的距离,也即各级旋转因子的个数;
    //S,旋转因子的幂数

    Mum = (int)(0.5 + log(N)/log(2));
    f(N,Xr,Xi);                //倒序运算
    for(m = 1;m < = Mum;m ++ )
    {
        B = (int)(pow(2,m - 1) + 0.5);
        for(J = 0;J < B;J ++ )       //每级需要进行B种蝶形运算
        {
            S = J * ((int)(pow(2,Mum - m) + 0.5));
            for(k = J;k < = N - 1;k + = (int)(pow(2,m) + 0.5))
                        //每种蝶形运算在某一级中需要进行N/pow(2,m)次
            {
                //蝶形运算展开,结果的实部和虚部分别存储在原实部和虚部位置
                X = Xr[k + B] * cos(S * 2 * Pi/N) + Xi[k + B] * sin(S * 2 * Pi/N);
                Y = Yi[k + B] * cos(S * 2 * Pi/N) - Xr[k + B] * sin(S * 2 * Pi/N);
                Xr[k + B] = Xr[k] - X;
                Xi[k + B] = Xi[k] - Y;
                Xr[k] = Xr[k] + X;
                Xi[k] = Xi[k] + Y;
            }
        }
    }
}
```

图 15.6 FFT 运算子函数

由于图 15.6 所示的代码中调用了 pow 函数,该函数所在 C 文件必须包含头文件 math.h。另外,Myfft 函数中包含 f(N, Xr, Xi)函数,该函数为倒序运算,其定义如图 15.7 所示。

如此完全实现了 FFT 运算的子程序,调用时将时域序列的实部、虚部和 FFT 运算点数作为参数输入 Myfft 函数即可。

```
//功能:对输入序列倒序
//N1,序列长度;xr[],xi[]分别为输入序列的实部和虚部
//倒序原理:
//倒序数的加1是在最高位加1,满2向次高位进1,最高位变0,依次往下
//从当前倒序值可求下一倒序值
void f(int N1,double * xr,double * xi)        倒序
{
    int m,n, N2,k;
    double T;
                                    //m,正序数;n,倒序数;k,各个权值;N2,最高位的权值

    N2 = N1/2;                      //最高位加1相当于十进制加上最高位的权 N1/2
    n = N2;                         //第一个倒序值
    for(m = 1;m < = N1 - 2;m + + )  //第零个和最后一个不需到序
    {
        if(m < n)                   //为了避免再次调换,只需对 m < n 的部分调换顺序
        {
            T = xr[m];xr[m] = xr[n];xr[n] = T;
            T = xi[m];xi[m] = xi[n];xi[n] = T;
        }
        k = N2;                     //最高位权值
        while(n > = k)
        {
                                    //次高位为1,继续向下进位
            n = n - k;              //满2置0
            k = (int)(k/2 + 0.5);   //向下权值依次比上级减半
        }
        n = n + k;                  //得到下一倒序值
    }
}
```

图 15.7　倒序运算子函数

15.5.2　FIR 数字滤波器

利用窗函数法设计 FIR 滤波器,可以实现线性相位的数字滤波器,也是常用的一种数字信号处理运算。

1. FIR 数字滤波器的设计方法

设 $N-1$ 阶 FIR 数字滤波器的单位冲激响应为 $h(n)$,则传递函数 $H(z)$ 为

$$H(z) = \sum_{n=0}^{N-1} h(n) z^{-n}$$

窗函数法的设计步骤如下:

(1) 根据给定的理想频率响应 $H_d(e^{jw})$,利用傅里叶反变换,求出单位冲激响应 $h_d(n)$

$$h_d(n) = \frac{1}{2\pi}\int_{-\pi}^{\pi} H_d(e^{j\omega}) e^{j\omega n} d\omega$$

(2) 将 $h_d(n)$ 乘以窗函数 $w(n)$,得到所要求的 FIR 滤波器系数 $h(n)$
$$h(n) = w(n)h_d(n), \qquad 0 \leqslant n \leqslant N-1$$

常见的窗函数有矩形窗、汉宁窗、海明窗、布拉克曼窗、凯塞窗等。

2. FIR 数字滤波器的设计实现

这里给出利用凯塞窗实现 FIR 滤波器的程序示例,如图 15.8 所示。

```
# define NN 33                          //滤波器长度

int A,j;
double wk[NN];                          //凯塞窗系数矩阵
double hd[NN + NN - 2];                 //低通滤波器系数矩阵(实部)
double Wc;                              //归一化截止频率
double a;                               //double a—凯赛窗系数

Wc = Wc * Pi;
A = (int)((NN - 1)/2 + 0.5);
ResultWk(wk,NN,a);
for(j = 0;j < NN;j ++ )
{
    if(j == A)hd[j] = Wc/Pi;
    else hd[j] = sin(Wc*(j - A))/(Pi*(j - A));   //理想值
    hd[j] = hd[j] * wk[j];              //经过凯塞窗采样后的滤波器系数
}                                       //hd 即为 FIR 滤波器系数
```

图 15.8　利用凯塞窗实现 FIR 数字滤波器设计

图 15.8 所示程序中调用了函数 ResultWk(wk, NN, a),这是计算凯塞窗系数的函数,如图 15.9 所示。

```
//功能:计算凯塞窗系数
//wk[],窗口系数矩阵;N0,采样点数,也即窗宽;a,窗口参数
void ResultWk(double wk[],int N0,double a)
{
    double b;
    int n;
    for(n = 0;n < N0;n ++ )             //计算各窗口系数
    {
        b = a * pow((1 - pow((2 * n - N0 + 1)/(N0 - 1),2)),0.5);
        wk[n] = f1(b)/f1(a);            //调用计算贝塞尔函数程序
    }
}
```

图 15.9　凯塞窗系数计算子程序

而在图 15.9 所示程序中又调用了函数 f1(a),这是计算贝塞尔函数的子程序,如图 15.10所示。

```
//功能:计算零阶第一类贝塞尔函数的值,只计算 25 项级数和
double f1(double x)
{
    int k;
    double result = 1.0;
    double Temp = 1.0;

    for(k = 0; k < 25; k++)
    {
        Temp = Temp * pow((x/(2*k+2)),2);
        result = result + Temp;
    }
    return result;
}
```

图 15.10 贝塞尔函数计算子程序

至此完全实现了利用凯塞窗进行 FIR 滤波器设计的程序。由于程序中调用了 pow、sine 等函数,程序所在的 C 文件必须包含头文件 math.h。

15.6 闪存程序化

在 DSP 控制程序编写、调试完成后,需要将程序编译、链接所得到的可执行文件(.out)编程到 DSP 的程序存储器中,使 DSP 可以摆脱开发系统运行,所开发的系统成为一套独立的系统。

对于 TMS320LF2407 而言,应该将软件开发得到的可执行文件编程到内部闪存(Flash)中,即进行 Flash 编程,这同样要利用硬件仿真器(XDS)来实现。不同的仿真器会提供不同的编程工具,但使用起来没有太多不同。我们以瑞泰创新公司的 ICETEK – 5100PP(或 ICETEK – 5100USB1.1/2.0)仿真器在 CCS 开发环境下的编程为例介绍闪存编程的方法。

15.6.1 闪存编程插件的安装

瑞泰创新公司的 ICETEK – 5100PP(或 ICETEK – 5100USB1.1/2.0)硬件仿真器实现 TMS320LF2407 的闪存编程的工具是作为 DSP 开发环境 CCS(或 CC)的一个插件来提供的,在硬件仿真器配套光盘里面会提供这个插件的安装程序。编程工具的安装过程如下:

(1) 找到安装程序,运行该程序,会出现如图 15.11 所示的安装界面。
(2) 点击"Next",安装程序会自动找到已安装的 CCS 软件的安装目录,出现如图 15.12 所示的安装界面。
(3) 点击"Next",直到软件安装结束。

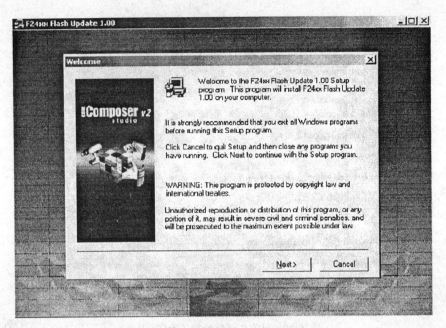

图 15.11 闪存编辑工具安装示意图 1

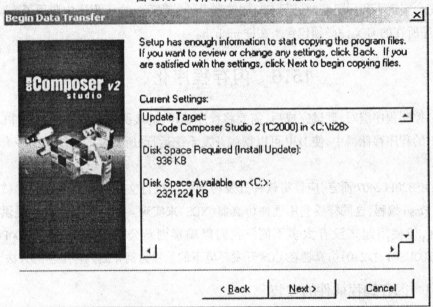

图 15.12 闪存编辑工具安装示意图 2

15.6.2 闪存编程插件的使用

闪存编程插件安装程序完成后,在 CCS 环境中就会增加一个闪存编程选项,对 TMS320LF2407 进行闪存编程就是通过这个选项来实现的。当开发调试完成,得到可执行文件之后,按照下面的过程进行闪存编程。

(1) 配置系统中 DSP 为 MC 方式。
(2) 连接硬件仿真器,启动 CCS 开发环境,如图 15.13 所示。

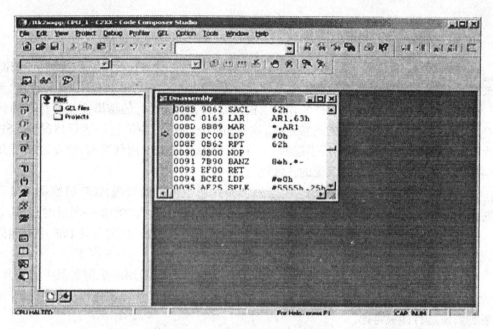

图 15.13 闪存编程插件使用示意图 1

(3) 选择 Tools 菜单下的 On Chip Flash Programmer,弹出如图 15.14 所示的界面。

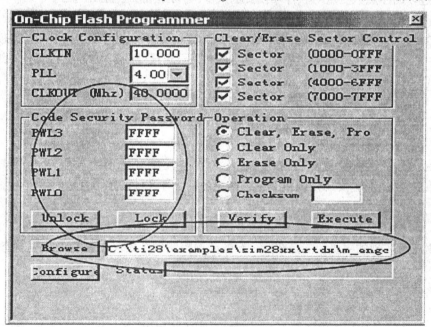

图 15.14 闪存编程插件使用示意图 2

(4) 在 Browse 按钮右边的窗口中指定要烧写的 .out 文件的路径后,点击 Execute 按钮即可启动编程,下方 Status 状态栏中有编程进度指示。

(5) 需要注意的是,如果芯片已经被加密,在对芯片烧写前要先解密。解密方法就是在图 15.14 中的 Code Security Password 栏中先输入相应的密码,然后点击 Unlock 按钮即可。如果想对芯片进行加密,同样的先输入密码,再点击 Lock 即可。

15.6.3 闪存编程的注意事项

闪存编程的过程依赖于所使用的硬件仿真器的具体实现,在进行编程之前要仔细阅读相关说明,并认真按照说明中的要求和条件设置编程环境,否则可能会造成编程失败。

在实际应用中,仿真调试通过的程序编程到 DSP 中独立运行的结果往往与仿真的状态有差异,甚至可能系统完全不能正常运行,这是由于仿真过程中的程序运行情况和 DSP 独立运行时的程序运行情况不同所引起的。在将程序编程到 DSP 内部之前,需要对以下几个问题深入考虑,以保证编程后系统的正常运行。

(1) 电路元件初始化同步问题。由于外部元件初始化可能较慢,DSP 初始化完成后要延时一段时间再访问外部慢速器件,通常要在控制程序的主函数中添加一段延时程序。

(2) 用仿真器调试时程序执行速度比较慢,循环时间比较长,而烧写到 DSP 中可能循环时间比较短,要对决定循环时间的循环次数重新考虑。

(3) 用仿真器调试的时候,DSP 运行的一些资源(如堆栈等)用的是仿真器中的资源,烧写到 DSP 中执行必须利用 DSP 本身的资源,烧写前必须对链接命令文件(.cmd 文件)中定义的各种资源进行详细考虑。

(4) 浮点数运算的问题。浮点型变量考虑使用全局变量,因为局部变量都是在堆栈里生成的,过多的浮点数变量对软件堆栈要求太多,容易造成堆栈溢出问题。

闪存编程之后 DSP 独立运行的时候出现的很多问题都是由于时序配合引起的,其根本原因是 DSP 控制程序在仿真状态下和独立运行状态下的运行速度不同引起的,这就需要调整程序中的各种延时,甚至可能要经过反复调整来寻求最佳的延时设置,以保证系统功能的正常实现。

15.7 程序设计举例

在这一节我们将给出一个完整的 DSP 控制程序,包含工程中的所有文件。程序的功能和复杂度并不重要,重要的是说明 DSP 控制程序中各种文件的编写方法。

15.7.1 功能要求

示例工程实现的主要功能是按照一定的频率控制四个发光二极管的点亮状态,要求如下。

(1) 四个发光二极管依次循环显示 0000b ~ 1111b。
(2) 发光二极管显示刷新频率 10 Hz。
(3) 发光二极管的控制映射在 I/O 空间 0xC 的低四位,写 1 点亮。
(4) 显示刷新频率的控制利用定时器实现。

15.7.2 工程组成

分析 15.7.1 的功能要求,对发光二极管的控制可以通过对 I/O 空间的端口读写来实现,而显示频率的控制要利用定时器来实现。由于程序功能要求简单,流程控制容易实现,对定时器中断的处理可以采用回调方式来处理,由此,此控制程序的工程中应该包含如下文件。
(1) 链接命令文件(.cmd),配置资源映射。
(2) 头文件(.h),定义 TMS320LF2407 的片内外设控制寄存器。
(3) 汇编代码文件(.asm),定义中断向量表。
(4) C 代码文件(.c),程序文件。

15.7.3 链接命令文件

工程中的链接命令文件 led.cmd 如图 15.15 所示。

```
- l rts2xx.lib
MEMORY{
    PAGE 0:
        VECS: o = 0, l = 40h
        PROG: o = 9000h, l = 2000h
    PAGE 1:
        IDATA1: o = 300h, l = 100h
        IDATA2: o = 0c00h, l = 400h
        REG_MEM: o = 7000h, l = 1000h    }
SECTIONS{
    .vectors:> VECS PAGE 0
    .text:> PROG PAGE 0
    .cinit:> PROG PAGE 0
    .data:> PROG PAGE 0
    .stack:> IDATA2 PAGE 1
    .bss:> IDATA2 PAGE 1
    .reg 240x:> REG_MEM PAGE 1    }
```

图 15.15 链接命令文件 led.cmd

链接命令文件分为以下三部分。
(1) 设置链接选项,在程序连接的时候加载运行期支持库 rts2xx.lib。
(2) 将物理存储器(程序存储器和数据存储器)分为若干存储器块。
(3) 将程序中的各种数据和代码段映射到存储器块。中断向量、程序段和初始化数据映射在程序空间;软件堆栈、全局变量映射在数据空间。

15.7.4 头文件

头文件 2407c.h 主要定义 TMS320LF2407 的片内外设控制寄存器,具体的定义见附录 B,此文件在利用 TMS320LF2407 进行的各种开发中可以通用。

15.7.5 汇编文件

示例程序中没有利用汇编语言编写控制程序,但由于对定时器中断的处理采用回调方式,需要编写汇编文件定义中断向量表。汇编文件 vectors.h 如图 15.16 所示。

```
        .ref _gptime 1,_c_int0
        .sect    ".vectors"
RSVECT       B _ c _ int0        ;Reset Vector
INT1         B PHANTOM           ;Interrupt Level 1
INT2         B _ gptime1         ;Interrupt Level 2
INT3         B GISR3             ;Interrupt Level 3
INT4         B GISR4             ;Interrupt Level 4
INT5         B GISR5             ;Interrupt Level 5
INT6         B GISR6             ;Interrupt Level 6
RESERVED     B PHANTOM           ;Reserved
SW _ INT8    B PHANTOM           ;Software Interrupt
SW _ INT9    B PHANTOM           ;Software Interrupt
SW _ INT10   B PHANTOM           ;Software Interrupt
SW _ INT11   B PHANTOM           ;Software Interrupt
SW _ INT12   B PHANTOM           ;Software Interrupt
SW _ INT13   B PHANTOM           ;Software Interrupt
SW _ INT14   B PHANTOM           ;Software Interrupt
SW _ INT15   B PHANTOM           ;Software Interrupt
SW _ INT16   B PHANTOM           ;Software Interrupt
TRAP         B PHANTOM           ;Trap vector
NMI          B NMI               ;Nonmaskable Interrupt
EMU _ TRAP   B PHANTOM           ;Emulator Trap
SW _ INT20   B PHANTOM           ;Software Interrupt
SW _ INT21   B PHANTOM           ;Software Interrupt
SW _ INT22   B PHANTOM           ;Software Interrupt
SW _ INT23   B PHANTOM           ;Software Interrupt
SW _ INT24   B PHANTOM           ;Software Interrupt
SW _ INT25   B PHANTOM           ;Software Interrupt
SW _ INT26   B PHANTOM           ;Software Interrupt
SW _ INT27   B PHANTOM           ;Software Interrupt
SW _ INT28   B PHANTOM           ;Software Interrupt
SW _ INT29   B PHANTOM           ;Software Interrupt
SW _ INT30   B PHANTOM           ;Software Interrupt
SW _ INT31   B PHANTOM           ;Software Interrupt
```

图 15.16 汇编文件 vectors.h

文件首先定义要引用 gptime1 和 c_int0 两个函数。其中 gptime1 是在 C 源代码文件中定义的中断服务函数，用来处理定时器 1 的周期中断；c_int0 是开发系统提供的初始化函数，通常在发生系统复位时调用，我们已经在 15.2.11 小节进行了详细讨论。需要注意的是，在汇编语言中引用这两个函数时，必须在对象名的前面添加"_"，因此，两个函数应该分别写作"_gptime1"和"_c_int0"。

接下来文件开始定义.vectors 段，即中断向量表。在中端向量表中，复位中断向量和定时器 1 周期中断所在的中断级别 2 的中断向量分别分配了函数 c_int0 和 gptime1，使中断发生时会自动跳转到相应的中断服务函数,而对于其他未用的中断,则分配了开发系统提供的通用中断服务函数。

15.7.6 C源文件

C源文件需要定义主函数和中断服务函数等。本例中的C源文件led.c主要包括以下几部分。

1. 声明段

按照C源文件的标准写法,在C源文件起始处应该定义包含的头文件、C常量、C全局变量和函数声明,如图15.17所示。

```
# includ "2407c.h"

# define T1MS        0x9c3f    /* 9c3fH = 40000 - 1 */

void interrupt gptime1(void);/* 中断服务程序,定时器计数T1MS次时中断调用 */
void gp_init(void);          /* 定时器初始化 */

ioport unsigned int port000c;
unsigned int nCount,uWork,uWork1;
```

图15.17　C源文件声明段

文件包含了工程中定义TMS320LF2407片内外设控制寄存器定义的头文件2407c.h,并定义了一些常宏、函数和全局变,如表15.5所示。

表15.5　C源文件定义对象

对象类型	对象名	含　义
宏	T1MS	用于设置定时器周期的常量
函数	gp_init	通用定时器1初始化函数
函数	gptime1	中断服务函数,处理定时器1周期中断
全局变量	port000c	定义的I/O端口,控制四个发光二极管
全局变量	nCount	定时器1周期中断计数
全局变量	uWork	程序中的临时变量
全局变量	uWork1	发光二极管点亮状态

2. 主函数

主函数定义如图15.18所示。

```
main()
{
    nCount = 0;

    asm("setc INTM");  /*关中断,进行关键设置时不允许发生中断,以免干扰*/

    * WDCR = 0x6f;
    * WDKEY = 0x5555;
    * WDKEY = 0xaaaa;              /*关闭看门狗中断*/

    * SCSR1 = 0x81fe;              /*设置 DSP 运行频率 40 MHz*/
    ( * MCRB) = 0;

    gp_init();                     /*设置定时器*/

    * IMR = 0x2;                   /*使能定时器中断(INT2)*/
    * IFR = 0xffff;                /*清除中断标志*/

    asm("clrc INTM");              /*开中断*/
    while(1){}
}
```

图 15.18 主函数

主函数主要完成了以下工作。
(1) 定时器周期中断计数变量 nCount 清 0。
(2) 关闭 WD。
(3) DSP 运行频率设置。
(4) 调用 gp_init 进行定时器初始化设置。
(5) 中断设置。

在主程序中对定时器 1 的初始化设置是通过调用函数 gp_init 来实现的,此函数的定义如图 15.19 所示。

```
void gp_init(void)
{
    * EVAIMRA = 0x80;         /*使能 T1PINT 即通用定时器 1 周期中断*/
    * EVAIFRA = 0xffff;       /*清除中断标志*/
    * GPTCONA = 0x0000;
    * T1PR  = T1MS;           /*周期寄存器 = 40000*/
    * T1CNT = 0;              /*计数初值 = 0*/
    * T1CON = 0x1040;         /*启历计数器*/
}
```

图 15.19 初始化定时器函数

3. 中断服务函数

按照功能要求分析的结果，发光二极管显示的刷新应该在定时器 1 的周期中断服务函数中实现，而中断服务函数是一个两级的结构，本例中定义的中断服务函数 gptime1 如图 15.20 所示。

```c
void interrupt gptime1(void)
{
    uWork = (*PIVR);              /*读外设中断向量寄存器*/
    switch(uWork)
    {
        case 0x27:                /* T1PINT,0x27 为定时器 1 的周期中断的向量值*/
        {
            (*EVAIFRA) = 0x80;    /*清除中断标志 T1PINT*/
            nCount++;
            if(nCount >= 100)     /*计数 100 次 100 ms = 0.1s*/
            {
                port000c = uWork1++;
                uWork1 %= 0x100;
                nCount = 0;
            }
            break;
        }
    }
}
```

图 15.20 中断服务函数定义

中断服务函数首先要读取外设中断向量寄存器 PIVR 的内容，根据读取的结果判断具体是哪个中断源发生了中断。如果是期望的中断（如本例中的定时器 1 周期中断），则在清除中断标志后进行相应的中断处理。

本例中由于定时器 1 设置为 1 ms 中断，发光二极管显示刷新速率要求为 10 Hz (100 ms)，因此需要计数 100 次定时器 1 周期中断 100 次后对发光二极管的显示进行刷新，而每进行一次刷新要将 nCount 计数值清 0，以进行下一次计数。

15.7.7 实例总结

本实例功能要求虽然简单，却包含了 DSP 控制程序设计中的许多问题。

(1) 各种文件的编写。头文件(.h)、链接命令文件(.cmd)、汇编代码文件(.asm)、C 源文件(.c)。

(2) 数据空间的读写。对各种片内外设控制寄存器的设置都是通过数据空间的写操作实现的。

(3) I/O 空间的读写。4 个发光二极管的显示控制就是通过对 I/O 空间的写操作实现的。

(4) 中断服务函数的编写。程序中的 gptime1 函数是一个中断服务函数，从函数定义到两级中断服务函数的结构都是常用的中断处理方法。

(5) 中断向量表的定义。虽然实例程序中只有一个自定义中断服务函数,但中断向量表的定义方法在各种 DSP 应用中是类似的。

实例程序已经覆盖了 DSP 控制程序设计中大多数常见的问题,而在实际应用中可能存在的各种复杂问题的解决方法则需要读者在应用中深入研究。

附录 A 运行期支持库及宏列表

表 1 出错信息宏(assert.h)

宏	描述
void assert (int expr)	在程序中插入诊断信息

表 2 字符输入及转换函数(ctype.h)

函数	描述
int isalnum (int c);	测试 c 中的 ASCII 码数字符号
int isalpha (int c);	测试 c 中的 ASCII 码字母符号
int isascii (int c);	测试 c 中的 ASCII 码字符
int iscntrl (int c);	测试 c 中的控制字符
int isdigit (int c);	测试 c 中的数字符号
int isgraph (int c);	测试 c 中的除空格外的印刷字符
int islower (int c);	测试 c 中的小写 ASCII 码字母符号
int isprint (int c);	测试 c 中可印刷的 ASCII 码符号(包括空格)
int ispunct (int c);	测试 c 中的 ASCII 码标点符号
int isspace (int c);	测试 c 中的 ASCII 码空格键、Tab 键(水平或竖直的)、回车键、打印式输送或换行字符
int isupper (int c);	测试 c 中的大写 ASCII 码字母符号
int isxdigit (int c);	测试 c 中的十六进制数
char toascii (int c);	把 c 掩码为 ASCII 值
char tolower (int char c);	把 c 中大写字母转为小写字母
char toupper (int char c);	把 c 中小写字母转为大写字母

表 3 输入/输出端口宏(ioports.h)

宏	描述
int inport (int port, int * ret);	读取指定端口,并将结果通过指针 ret 返回
void outport (int port, int value)	把值写入指定端口

表 4 可变变量宏(stdarg.h)

宏	描述
type va_arg (va_list, type);	取得可变变量列表中下一个变量的变量类型
void va_end (va_list);	使用 va_arg 后复位调用机构
void va_start (va_list, parmN);	初始化 ap 使其指向可变变量列表中的第一个操作数

表 5　浮点数学函数(math.h)

函数	描述
double acos (double x);	返回 x 的反余弦值
double asin (double x);	返回 x 的反正弦值
double atan (double x);	返回 x 的反正切值
double atan2 (double y, double x);	返回 y/x 的反正切值
double ceil (double x);	返回 ≥x 的最小的整数。若 –x 选项选中则扩展为内联函数
double cos (double x);	返回 x 的余弦值
double cosh (double x);	返回 x 的双曲余弦值
double exp (double x);	返回 e^x 值
double fabs (double x);	返回 x 的绝对值
double floor (double x);	返回 ≤x 的最大的整数。若 –x 选项选中则扩展为内联函数
double fmod (double x, double y);	返回 x/y 余数精确的浮点值
double frexp (double value, int * exp);	返回 f 和指数值,使得 value 等于 $f \times 2^{exp}$,而 $0.5 \leqslant |f| < 1$
double ldexp (double x, int exp);	返回 $x \times 2^{exp}$ 值
double log (double x);	返回 x 的自然对数值
double log10 (double x);	返回 x 的常用对数值
double modf (double value, double * ip);	将 value 分解成为一个有符号整数和一个有符号小数
double pow (double x, double y);	返回 x^y 值
double sin (double x);	返回 x 的正弦值
double sinh (double x);	返回 x 的双曲正弦值
double sqrt (double x);	返回 x 的非负方根
double tan (double x);	返回 x 的正切值
double tanh (double x);	返回 x 的双曲正切值

表 6　非本地转移宏和函数(setjmp.h)

函数	描述
int setjmp (jmp_buf env);	宏,用于存储长转移时的调用环境
void longjmp (jmp_buf env, int_val);	使用 jmp_buf 恢复以前存储的环境

表7 基本应用函数(stdlib.h)

函数或宏	描述
void abort (void);	非正常结束程序
int abs (int i);	返回 i 的绝对值。除使用 -x0 选项外,函数扩展为内联函数
int atexit (void (* fun)(void));	注册由 fun 指向的函数,程序终止时进行无参数调用
double atof (const char * st);	把字符转换为浮点值。当 -x 选项选中时扩展为内联函数
int atoi (register const char * st);	把字符转换为整型值
long atol (register const char * st);	把字符转换为长整型值,当 -x 选项选中时扩展为内联函数
void * bsearch (register const void * key, register const void * base, size_t nmemb, size_t size, int (* compar)(const void * , const void *));	在一组 nmemb 目标中寻找 key 指向的目标
void * calloc (size_t num, size_t size);	为 num 个大小为 size 的目标分配内存
div_t div (retister int numer, register int denom);	用 denom 去除 numer 得到一个商和一个余数
void exit (int status);	正常终止一个程序
void free (void * packet);	释放由 malloc,calloc 或 realloc 分配的内存空间
long labs (long i);	返回 i 的绝对值。除使用 -x0 选项外,函数扩展为内联函数
ldiv_t ldiv (register long numer, register long denom);	用 denom 去除 numer 得到一个商和一个余数
int ltoa (long val, char * buffer);	把 val 转换为等价的字符
void * malloc (size_t size);	为一个大小为 size 的目标分配内存
void minit (void);	将以前由 malloc,calloc 或 realloc 分配的内存空间复位
void qsort (void * base, size_t nmemb, size_t size, int (* compar) ());	将一列 nmemb 成员分类,基地址指向未排序数组的第一个成员,size 指定了每个成员的大小
int rand (void);	返回一系列在 0 和 RAND_MAX 范围内的伪随机数
void * realloc (void * packet, size_t size);	改变分配的内存空间的大小
void srand (unsigned int seed);	设置伪随机数发生器的随机数种子
double strtod (const char * st, char ** endptr);	把字符转换为浮点值
long strol (const char * st, char ** endptr, int base);	把字符转换为长整型值
unsigned long stroul (const char * st, char ** endptr, int base);	把字符转换为无符号长整型值

表8 字符串函数(string.h)

函 数	描 述
void * memchr (const void * cs, int c, size_t n);	定位 cs 的前 n 个字符中第一次出现的 c 字符。当 -x 选项选中时扩展为内联函数
int memcmp (const void * cs, const void * ct, size_t n);	对比 cs 与 ct 的前 n 个字符。当 -x 选项选中时扩展为内联函数
void * memcpy (void * s1, const void * s2, register size_t n);	从 s1 复制 n 个字符到 s2 中
void * memmove (void * s1, const void * s2, register size_t n);	从 s1 移动 n 个字符到 s2 中
void * memset (void * mem, register int ch, register size_t length);	把 ch 的值复制到 mem 起始的长度为 length 的内存中。当 -x 选项选中时扩展为内联函数
char * strcat (char * string1, char * string2);	将 string2 添加到 string1 的结尾处
char * strchr (const char * string, int c);	定位 string 中第一次出现的 c 字符。当 -x 选项选中时扩展为内联函数
int strcmp (register const char * string1, register const char * string2);	比较两个字符串并返回以下值:若 string1 小于 string2,返回值 < 0;若 string1 等于 string2,返回值 = 0;若 string1 大于 string2,返回值 > 0。当 -x 选项选中时扩展为内联函数
int strcoll (const char * string1, const char * string2);	比较两个字符串并返回以下值:若 string1 小于 string2,返回值 < 0;若 string1 等于 string2,返回值 = 0;若 string1 大于 string2,返回值 > 0。
char * strcpy (register char * dest, register const char * src);	把字符串 src 复制到 dest 中。当 -x 选项选中时扩展为内联函数
size_t strcspn (register const char * string, const char * chs);	返回完全由非 chs 中的字符组成的字符串初始段的长度
char * strerror (int errno);	将 errno 错误代码映射成为一条错误信息字符串
size_t strlen (const char * string);	返回一个字符串的长度
char * strncat (char * dest, const char * src, register size_t n);	把 src 中的 n 个字符添加到 dest 的结尾
int strncmp (const char * string1, const char * string2, size_t n);	比较两个字符串中的最多 n 个字符。当 -x 选项选中时扩展为内联函数
char * strncpy (register char * dest, register const char * src, register size_t n);	复制 src 中的最多 n 个字符到 dest 中。当 -x 选项选中时扩展为内联函数
char * strpbrk (const char * string, const char * chs);	定位在 string 中出现的第一个属于 chs 中的字符
char * strrchr (const char * string, int c);	定位在 string 中出现的最后一个 c 字符。当 -x 选项选中时扩展为内联函数
size_t strspn (retister const char * string, const char * chs);	返回完全由 chs 中的字符组成的 string 的初始段的长度
char * strstr (register const char * string1, const char * string2);	定位在 string1 中第一次出现的 string2
char * strtok (char * str1, const char * str2);	将 str1 分为几块,每一块由 str2 中的字符定界

表9 时间支持函数(time.h)

函数或宏	描述
char * asctime (const struct tm * timeptr);	把时间转为字符串
clock_t clock (void);	决定使用的处理器时间
char * ctime (const time_t * timer);	把日历时间转为当地时间
double difftime (time_t time1, time_t time0);	返回两个日历时间的差值
struct tm * gmtime (const time_t * timer);	把地区时间转为格林威治标准时间
stmct tm * localtime (const time_t * timer);	把 time_t 转为 broken down 时间值
time_t mktime (register struct tm * tptr);	把 broken down 时间转为 time_t 值
size_t strftime (char * out, size_t maxsize, const char * format, const stmct tm * time);	把一个时间格式化为一个字符串
time_t time(time_t * timer);	返回当前日历时间

附录 B 头文件 2407C.H

```
/****************************************************************************
/* File name: 2407c.h
/*
/* Description: 240x register definitions, Bit codes for BIT instruction
/****************************************************************************

/* 240x CPU core registers */
unsigned int * IMR      = (unsigned int *)0x0004; /* Interrupt Mask Register */
unsigned int * IFR      = (unsigned int *)0x0006; /* Interrupt Flag Register */

/* System configuration and interrupt registers */
unsigned int * SCSR1    = (unsigned int *)0x7018; /* System Control & Status register. 1 */
unsigned int * SCSR2    = (unsigned int *)0x7019; /* System Control & Status register. 2 */
unsigned int * DINR     = (unsigned int *)0x701C; /* Device Identification Number register. */
unsigned int * PIVR     = (unsigned int *)0x701E; /* Peripheral Interrupt Vector register. */
unsigned int * PIRQR0   = (unsigned int *)0x7010; /* Peripheral Interrupt Request register 0 */
unsigned int * PIRQR1   = (unsigned int *)0x7011; /* Peripheral Interrupt Request register 1 */
unsigned int * PIRQR2   = (unsigned int *)0x7012; /* Peripheral Interrupt Request register 2 */
unsigned int * PIACKR0  = (unsigned int *)0x7014;
                                /* Peripheral Interrupt Acknowledge register 0 */
unsigned int * PIACKR1  = (unsigned int *)0x7015;
                                /* Peripheral Interrupt Acknowledge register 1 */
unsigned int * PIACKR2  = (unsigned int *)0x7016;
                                /* Peripheral Interrupt Acknowledge register 2 */

/* External interrupt configuration registers */
unsigned int * XINT1CR  = (unsigned int *)0x7070; /*  External interrupt 1 control register */
unsigned int * XINT2CR  = (unsigned int *)0x7071; /*  External interrupt 2 control register */

/* Digital I/O registers */
unsigned int * MCRA     = (unsigned int *)0x7090; /* I/O Mux Control Register A */
unsigned int * MCRB     = (unsigned int *)0x7092; /* I/O Mux Control Register B */
unsigned int * MCRC     = (unsigned int *)0x7094; /* I/O Mux Control Register C */
unsigned int * PADATDIR = (unsigned int *)0x7098; /* I/O port A Data & Direction register */
```

```c
unsigned int * PBDATDIR  =   (unsigned int *)0x709A; /* I/O port B Data & Direction register */
unsigned int * PCDATDIR  =   (unsigned int *)0x709C; /* I/O port C Data & Direction register */
unsigned int * PDDATDIR  =   (unsigned int *)0x709E; /* I/O port D Data & Direction register */
unsigned int * PEDATDIR  =   (unsigned int *)0x7095; /* I/O port E Data & Direction register */
unsigned int * PFDATDIR  =   (unsigned int *)0x7096; /* I/O port F Data & Direction register */

/* Watchdog (WD) registers */
unsigned int * WDCNTR    =   (unsigned int *)0x7023; /* WD Counter register */
unsigned int * WDKEY     =   (unsigned int *)0x7025; /* WD Key register */
unsigned int * WDCR      =   (unsigned int *)0x7029; /* WD Control register */

/* ADC registers */

unsigned int * ADCTRL1   =   (unsigned int *)0x70A0; /* ADC Control register 1 */
unsigned int * ADCTRL2   =   (unsigned int *)0x70A1; /* ADC Control register 2 */
unsigned int * MAXCONV=  (unsigned int *)0x70A2;
                           /* Maximum conversion channels register */
unsigned int * CHSELSEQ1 =   (unsigned int *)0x70A3;
                           /* Channel select Sequencing control register 1 */
unsigned int * CHSELSEQ2 =   (unsigned int *)0x70A4;
                           /* Channel select Sequencing control register 2 */
unsigned int * CHSELSEQ3 =   (unsigned int *)0x70A5;
                           /* Channel select Sequencing control register 3 */
unsigned int * CHSELSEQ4 =   (unsigned int *)0x70A6;
                           /* Channel select Sequencing control register 4 */
unsigned int * AUTO_SEQ_SR =  (unsigned int *)0x70A7; /* Auto Sequence status register */
unsigned int * RESULT0   =   (unsigned int *)0x70A8; /* Conversion result buffer register 0 */
unsigned int * RESULT1   =   (unsigned int *)0x70A9; /* Conversion result buffer register 1 */
unsigned int * RESULT2   =   (unsigned int *)0x70Aa; /* Conversion result buffer register 2 */
unsigned int * RESULT3   =   (unsigned int *)0x70Ab; /* Conversion result buffer register 3 */
unsigned int * RESULT4   =   (unsigned int *)0x70Ac; /* Conversion result buffer register 4 */
unsigned int * RESULT5   =   (unsigned int *)0x70Ad; /* Conversion result buffer register 5 */
unsigned int * RESULT6   =   (unsigned int *)0x70Ae; /* Conversion result buffer register 6 */
unsigned int * RESULT7   =   (unsigned int *)0x70Af; /* Conversion result buffer register 7 */
unsigned int * RESULT8   =   (unsigned int *)0x70B0; /* Conversion result buffer register 8 */
unsigned int * RESULT9   =   (unsigned int *)0x70B1; /* Conversion result buffer register 9 */
unsigned int * RESULT10  =   (unsigned int *)0x70B2; /* Conversion result buffer register 10 */
unsigned int * RESULT11  =   (unsigned int *)0x70B3; /* Conversion result buffer register 11 */
unsigned int * RESULT12  =   (unsigned int *)0x70B4; /* Conversion result buffer register 12 */
```

```c
unsigned int * RESULT13   =   (unsigned int * )0x70B5; /* Conversion result buffer register 13 */
unsigned int * RESULT14   =   (unsigned int * )0x70B6; /* Conversion result buffer register 14 */
unsigned int * RESULT15   =   (unsigned int * )0x70B7; /* Conversion result buffer register 15 */
unsigned int * CALIBRATION =  (unsigned int * )0x70B8;
                             /* Calib result, used to correct * subsequent conversions */


/* SPI registers */
unsigned int * SPICCR    =   (unsigned int * )0x7040; /* SPI Config Control register */
unsigned int * SPICTL    =   (unsigned int * )0x7041; /* SPI Operation Control register */
unsigned int * SPISTS    =   (unsigned int * )0x7042; /* SPI Status register */
unsigned int * SPIBRR    =   (unsigned int * )0x7044; /* SPI Baud rate control register */
unsigned int * SPIRXEMU  =   (unsigned int * )0x7046; /* SPI Emulation buffer register */
unsigned int * SPIRXBUF  =   (unsigned int * )0x7047; /* SPI Serial receive buffer register */
unsigned int * SPITXBUF  =   (unsigned int * )0x7048; /* SPI Serial transmit buffer register */
unsigned int * SPIDAT    =   (unsigned int * )0x7049; /* SPI Serial data register */
unsigned int * SPIPRI    =   (unsigned int * )0x704F; /* SPI Priority control register */


/* SCI registers */
unsigned int * SCICCR    =   (unsigned int * )0x7050;
                             /* SCI Communication control register */
unsigned int * SCICTL1   =   (unsigned int * )0x7051; /* SCI Control register 1 */
unsigned int * SCIHBAUD  =   (unsigned int * )0x7052; /* SCI Baud Rate MS byte register */
unsigned int * SCILBAUD  =   (unsigned int * )0x7053; /* SCI Baud Rate LS byte register */
unsigned int * SCICTL2   =   (unsigned int * )0x7054; /* SCI Control register 2 */
unsigned int * SCIRXST   =   (unsigned int * )0x7055; /* SCI Receiver Status register */
unsigned int * SCIRXEMU  =   (unsigned int * )0x7056; /* SCI Emulation Data Buffer register */
unsigned int * SCIRXBUF  =   (unsigned int * )0x7057; /* SCI Receiver Data buffer register */
unsigned int * SCITXBUF  =   (unsigned int * )0x7059; /* SCI Transmit Data buffer register */
unsigned int * SCIPRI    =   (unsigned int * )0x705F; /* SCI Priority control register */


/* Event Manager A (EVA) registers */
unsigned int * GPTCONA   =   (unsigned int * )0x7400; /* GP Timer control register A */
unsigned int * T1CNT     =   (unsigned int * )0x7401; /* GP Timer 1 counter register */
unsigned int * T1CMPR    =   (unsigned int * )0x7402; /* GP Timer 1 compare register */
unsigned int * T1PR      =   (unsigned int * )0x7403; /* GP Timer 1 period register */
unsigned int * T1CON     =   (unsigned int * )0x7404; /* GP Timer 1 control register */
unsigned int * T2CNT     =   (unsigned int * )0x7405; /* GP Timer 2 counter register */
unsigned int * T2CMPR    =   (unsigned int * )0x7406; /* GP Timer 2 compare register */
unsigned int * T2PR      =   (unsigned int * )0x7407; /* GP Timer 2 period register */
```

```c
unsigned int * T2CON      = (unsigned int *)0x7408; /* GP Timer 2 control register */

unsigned int * COMCONA    = (unsigned int *)0x7411; /* Compare control register A */
unsigned int * ACTRA      = (unsigned int *)0x7413;
                                                    /* Full compare Action control register A */
unsigned int * DBTCONA    = (unsigned int *)0x7415; /* Dead band and timer control register A */

unsigned int * CMPR1      = (unsigned int *)0x7417; /* Full compare unit compare register1 */
unsigned int * CMPR2      = (unsigned int *)0x7418; /* Full compare unit compare register2 */
unsigned int * CMPR3      = (unsigned int *)0x7419; /* Full compare unit compare register3 */

unsigned int * CAPCONA    = (unsigned int *)0x7420; /* Capture control register A */
unsigned int * CAPFIFOA   = (unsigned int *)0x7422; /* Capture FIFO status register A */

unsigned int * CAP1FIFO   = (unsigned int *)0x7423; /* Capture Channel 1 FIFO Top */
unsigned int * CAP2FIFO   = (unsigned int *)0x7424; /* Capture Channel 2 FIFO Top */
unsigned int * CAP3FIFO   = (unsigned int *)0x7425; /* Capture Channel 3 FIFO Top */

unsigned int * CAP1FBOT   = (unsigned int *)0x7427; /* Bottom reg. of capture FIFO stack 1 */
unsigned int * CAP2FBOT   = (unsigned int *)0x7428; /* Bottom reg. of capture FIFO stack 2 */
unsigned int * CAP3FBOT   = (unsigned int *)0x7429; /* Bottom reg. of capture FIFO stack 3 */

unsigned int * EVAIMRA    = (unsigned int *)0x742C; /* Group A Interrupt Mask Register */
unsigned int * EVAIMRB    = (unsigned int *)0x742D; /* Group B Interrupt Mask Register */
unsigned int * EVAIMRC    = (unsigned int *)0x742E; /* Group C Interrupt Mask Register */

unsigned int * EVAIFRA    = (unsigned int *)0x742F; /* Group A Interrupt Flag Register */
unsigned int * EVAIFRB    = (unsigned int *)0x7430; /* Group B Interrupt Flag Register */
unsigned int * EVAIFRC    = (unsigned int *)0x7431; /* Group C Interrupt Flag Register */

/* Event Manager B (EVB) registers */
unsigned int * GPTCONB    = (unsigned int *)0x7500; /* GP Timer control register B */
unsigned int * T3CNT      = (unsigned int *)0x7501; /* GP Timer 3 counter register */
unsigned int * T3CMPR     = (unsigned int *)0x7502; /* GP Timer 3 compare register */
unsigned int * T3PR       = (unsigned int *)0x7503; /* GP Timer 3 period register */
unsigned int * T3CON      = (unsigned int *)0x7504; /* GP Timer 3 control register */
unsigned int * T4CNT      = (unsigned int *)0x7505; /* GP Timer 4 counter register */
unsigned int * T4CMPR     = (unsigned int *)0x7506; /* GP Timer 4 compare register */
unsigned int * T4PR       = (unsigned int *)0x7507; /* GP Timer 4 period register */
```

```c
unsigned int * T4CON     =   (unsigned int * )0x7508; /* GP Timer 4 control register */

unsigned int * COMCONB   =   (unsigned int * )0x7511; /* Compare control register B */
unsigned int * ACTRB     =   (unsigned int * )0x7513;
                                      /* Full compare Action control register B */
unsigned int * DBTCONB   =   (unsigned int * )0x7515; /* Dead bard and timer control register B */

unsigned int * CMPR4     =   (unsigned int * )0x7517; /* Full compare unit compare register4 */
unsigned int * CMPR5     =   (unsigned int * )0x7518; /* Full compare unit compare register5 */
unsigned int * CMPR6     =   (unsigned int * )0x7519; /* Full compare unit compare register6 */

unsigned int * CAPCONB   =   (unsigned int * )0x7520; /* Capture control register B */
unsigned int * CAPFIFOB  =   (unsigned int * )0x7522; /* Capture FIFO status register B */

unsigned int * CAP4FIFO  =   (unsigned int * )0x7523; /* Capture Channel 4 FIFO Top */
unsigned int * CAP5FIFO  =   (unsigned int * )0x7524; /* Capture Channel 5 FIFO Top */
unsigned int * CAP6FIFO  =   (unsigned int * )0x7525; /* Capture Channel 6 FIFO Top */

unsigned int * CAP4FBOT  =   (unsigned int * )0x7527; /* Bottom reg. of capture FIFO stack 4 */
unsigned int * CAP5FBOT  =   (unsigned int * )0x7527; /* Bottom reg. of capture FIFO stack 5 */
unsigned int * CAP6FBOT  =   (unsigned int * )0x7527; /* Bottom reg. of capture FIFO stack 6 */

unsigned int * EVBIMRA   =   (unsigned int * )0x752C; /* Group A Interrupt Mask Register */
unsigned int * EVBIMRB   =   (unsigned int * )0x752D; /* Group B Interrupt Mask Register */
unsigned int * EVBIMRC   =   (unsigned int * )0x752E; /* Group C Interrupt Mask Register */

unsigned int * EVBIFRA   =   (unsigned int * )0x752F; /* Group A Interrupt Flag Register */
unsigned int * EVBIFRB   =   (unsigned int * )0x7530; /* Group B Interrupt Flag Register */
unsigned int * EVBIFRC   =   (unsigned int * )0x7531; /* Group C Interrupt Flag Register */

/* CAN registers */
unsigned int * CANMDER   =   (unsigned int * )0x7100;
                                      /* CAN Mailbox Direction/Enable register */
unsigned int * CANTCR    =   (unsigned int * )0x7101; /* CAN Transmission Control register */
unsigned int * CANRCR    =   (unsigned int * )0x7102; /* CAN Recieve Control register */
unsigned int * CANMCR    =   (unsigned int * )0x7103; /* CAN Master Control register */
int * CANBCR2            =   (int * )0x7104;          /* CAN Bit Config register 2 */
unsigned int * CANBCR1   =   (unsigned int * )0x7105; /* CAN Bit Config register 1 */
unsigned int * CANESR    =   (unsigned int * )0x7106; /* CAN Error Status register */
```

```c
unsigned int * CANGSR    =   (unsigned int * )0x7107; /* CAN Global Status register */
unsigned int * CANCEC    =   (unsigned int * )0x7108; /* CAN Trans and Rcv Err counters */
unsigned int * CANIFR    =   (unsigned int * )0x7109; /* CAN Interrupt Flag Register */
unsigned int * CANIMR    =   (unsigned int * )0x710a; /* CAN Interrupt Mask Register */
unsigned int * CANLAM0H =   (unsigned int * )0x710b;
                                /* CAN Local Acceptance Mask MBX0/1 */
unsigned int * CANLAM0L =   (unsigned int * )0x710c;
                                /* CAN Local Acceptance Mask MBX0/1 */
unsigned int * CANLAM1H =   (unsigned int * )0x710d;
                                /* CAN Local Acceptance Mask MBX2/3 */
unsigned int * CANLAM1L =   (unsigned int * )0x710e;
                                /* CAN Local Acceptance Mask MBX2/3 */

unsigned int * CANMSGID0L = (unsigned int * )0x7200;
                                /* CAN Message ID for mailbox 0 (lower 16 bits) */
unsigned int * CANMSGID0H = (unsigned int * )0x7201;
                                /* CAN Message ID for mailbox 0 (upper 16 bits) */
unsigned int * CANMSGCTRL0 =   (unsigned int * )0x7202; /* CAN RTR and DLC */
unsigned int * CANMBX0A =   (unsigned int * )0x7204; /* CAN 2 of 8 bytes of Mailbox 0 */
unsigned int * CANMBX0B =   (unsigned int * )0x7205; /* CAN 2 of 8 bytes of Mailbox 0 */
unsigned int * CANMBX0C =   (unsigned int * )0x7206; /* CAN 2 of 8 bytes of Mailbox 0 */
unsigned int * CANMBX0D =   (unsigned int * )0x7207; /* CAN 2 of 8 bytes of Mailbox 0 */

unsigned int * CANMSGID1L =   (unsigned int * )0x7208;
                                /* CAN Message ID for mailbox 1 (lower 16 bits) */
unsigned int * CANMSGID1H =   (unsigned int * )0x7209;
                                /* CAN Message ID for mailbox 1 (upper 16 bits) */
unsigned int * CANMSGCTRL1 =   (unsigned int * )0x720A; /* CAN RTR and DLC */
unsigned int * CANMBX1A =   (unsigned int * )0x720C; /* CAN 2 of 8 bytes of Mailbox 1 */
unsigned int * CANMBX1B =   (unsigned int * )0x720D; /* CAN 2 of 8 bytes of Mailbox 1 */
unsigned int * CANMBX1C =   (unsigned int * )0x720E; /* CAN 2 of 8 bytes of Mailbox 1 */
unsigned int * CANMBX1D =   (unsigned int * )0x720F; /* CAN 2 of 8 bytes of Mailbox 1 */

unsigned int * CANMSGID2L =   (unsigned int * )0x7210;
                                /* CAN Message ID for mailbox 2 (lower 16 bits) */
unsigned int * CANMSGID2H =   (unsigned int * )0x7211;
                                /* CAN Message ID for mailbox 2 (upper 16 bits) */
unsigned int * CANMSGCTRL2 =   (unsigned int * )0x7212; /* CAN RTR and DLC */
```

```c
unsigned int * CANMBX2A  =    (unsigned int * )0x7214; /* CAN 2 of 8 bytes of Mailbox 2 */
unsigned int * CANMBX2B  =    (unsigned int * )0x7215; /* CAN 2 of 8 bytes of Mailbox 2 */
unsigned int * CANMBX2C  =    (unsigned int * )0x7216; /* CAN 2 of 8 bytes of Mailbox 2 */
unsigned int * CANMBX2D  =    (unsigned int * )0x7217; /* CAN 2 of 8 bytes of Mailbox 2 */

unsigned int * CANMSGID3L =   (unsigned int * )0x7218;
                              /* CAN Message ID for mailbox 3 (lower 16 bits) */
unsigned int * CANMSGID3H =   (unsigned int * )0x7219;
                              /* CAN Message ID for mailbox 3 (upper 16 bits) */
unsigned int * CANMSGCTRL3 =  (unsigned int * )0x721A; /* CAN RTR and DLC */
unsigned int * CANMBX3A  =    (unsigned int * )0x721C; /* CAN 2 of 8 bytes of Mailbox 3 */
unsigned int * CANMBX3B  =    (unsigned int * )0x721D; /* CAN 2 of 8 bytes of Mailbox 3 */
unsigned int * CANMBX3C  =    (unsigned int * )0x721E; /* CAN 2 of 8 bytes of Mailbox 3 */
unsigned int * CANMBX3D  =    (unsigned int * )0x721F; /* CAN 2 of 8 bytes of Mailbox 3 */

unsigned int * CANMSGID4L =   (unsigned int * )0x7220;
                              /* CAN Message ID for mailbox 4 (lower 16 bits) */
unsigned int * CANMSGID4H =   (unsigned int * )0x7221;
                              /* CAN Message ID for mailbox 4 (upper 16 bits) */
unsigned int * CANMSGCTRL4 =  (unsigned int * )0x7222; /* CAN RTR and DLC */
unsigned int * CANMBX4A  =    (unsigned int * )0x7224; /* CAN 2 of 8 bytes of Mailbox 4 */
unsigned int * CANMBX4B  =    (unsigned int * )0x7225; /* CAN 2 of 8 bytes of Mailbox 4 */
unsigned int * CANMBX4C  =    (unsigned int * )0x7226; /* CAN 2 of 8 bytes of Mailbox 4 */
unsigned int * CANMBX4D  =    (unsigned int * )0x7227; /* CAN 2 of 8 bytes of Mailbox 4 */

unsigned int * CANMSGID5L =   (unsigned int * )0x7228;
                              /* CAN Message ID for mailbox 5 (lower 16 bits) */
unsigned int * CANMSGID5H =   (unsigned int * )0x7229;
                              /* CAN Message ID for mailbox 5 (upper 16 bits) */
unsigned int * CANMSGCTRL5 =  (unsigned int * )0x722A; /* CAN RTR and DLC */
unsigned int * CANMBX5A =     (unsigned int * )0x722C; /* CAN 2 of 8 bytes of Mailbox 5 */
unsigned int * CANMBX5B =     (unsigned int * )0x722D; /* CAN 2 of 8 bytes of Mailbox 5 */
unsigned int * CANMBX5C =     (unsigned int * )0x722E; /* CAN 2 of 8 bytes of Mailbox 5 */
unsigned int * CANMBX5D =     (unsigned int * )0x722F; /* CAN 2 of 8 bytes of Mailbox 5 */
/* ---------------------------------------------------------------- */
/* Bit codes for Test bit instruction (BIT) (15 Loads bit 0 into TC) */
/* ---------------------------------------------------------------- */
#define BIT15        0x0000;   /* Bit Code for 15 */
#define BIT14        0x0001;   /* Bit Code for 14 */
```

```
# define BIT13        0x0002;    /* Bit Code for 13 */
# define BIT12        0x0003;    /* Bit Code for 12 */
# define BIT11        0x0004;    /* Bit Code for 11 */
# define BIT10        0x0005;    /* Bit Code for 10 */
# define BIT9         0x0006;    /* Bit Code for 9 */
# define BIT8         0x0007;    /* Bit Code for 8 */
# define BIT7         0x0008;    /* Bit Code for 7 */
# define BIT6         0x0009;    /* Bit Code for 6 */
# define BIT5         0x000A;    /* Bit Code for 5 */
# define BIT4         0x000B;    /* Bit Code for 4 */
# define BIT3         0x000C;    /* Bit Code for 3 */
# define BIT2         0x000D;    /* Bit Code for 2 */
# define BIT1         0x000E;    /* Bit Code for 1 */
# define BIT0         0x000F;    /* Bit Code for 0 */
```

参考文献

[1] TMS320LF/LC240xA DSP Reference Guide – Controllers System and Peripherals[M]. Texas Instruments Incorporated. 2001.

[2] TMS320LF2407, TMS320LF2406, TMS320LF2402 DSP Controllers[M]. Texas Instruments Incorporated.1999.

[3] TMS320C2x – C2xx – C5x Optimizing C Compiler User's Guide[M]. Texas Instruments Incorporated. 1999.

[4] Code Composer Studio User's Guide[M]. Texas Instruments Incorporated.2000.

[5] Writing a C Callable Assembly Function Using the TMS320C2000[M]. Application Report. Texas Instruments. 1999.8.

[6] 江思敏.TMS320LF240x DSP 硬件开发教程[M].北京:机械工业出版社,2003.

[7] 陈金鹰.DSP 技术及应用[M].北京：机械工业出版社,2004.

[8] 彭启琮,李玉柏,管庆.DSP 技术的发展与应用[M].北京:高等教育出版社,2002.

[9] 王军宁,吴成柯,党英.数字信号处理器技术原理与开发应用[M].北京:高等教育出版社,2003.

[10] 尹勇,欧光军,关荣锋.DSP 集成开发环境 CCS 开发指南[M].北京:北京航天航空大学出版社,2003.

[11] 清源科技.TMS320LF240x DSP 应用程序设计教程[M].北京:机械工业出版社,2003.

[12] 徐科军,肖本贤,张兴,等编译. Texas Instruments Incorporated,TMS320LF/LC24 系列 DSP 指令和编程工具[M].北京:清华大学出版社,2005.

[13] 殷福亮,宋爱军.数字信号处理 C 语言程序[M].沈阳:辽宁科学技术出版社,1997.

[14] 周霖.DSP 系统设计与实现[M].北京：国防工业出版社,2003.

[15] 徐科军,张兴,肖本贤,等编译. Texas Instruments Incorporated.TMS320LF/LC24 系列 DSP 的 CPU 与外设[M]. 北京:清华大学出版社,2005.

[16] 张雄伟,邹霞,贾冲.DSP 芯片原理与应用[M].北京:机械工业出版社,2005.